できる
Excel
グラフ

魅せる&伝わる資料作成

に役立つ本

2016/2013/2010 対応

きたみあきこ&できるシリーズ編集部

インプレス

できるシリーズはますます進化中！
3大特典のご案内

© インプレス

特典1 操作を「聞ける！」できるサポート

「できるサポート」では書籍で解説している内容について、電話などで質問を受け付けています。たとえ分からないことがあっても安心です。

詳しくは……
380ページをチェック！

特典2 すぐに「試せる！」練習用ファイル

レッスンで解説している操作をすぐに試せる練習用ファイルを用意しています。好きなレッスンから繰り返し学べ、学習効果がアップします。

詳しくは……
22ページをチェック！

特典3 操作が「見える！」できるネット1分動画

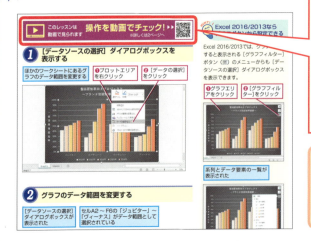

動画だから分かりやすい！

一部のレッスンには、解説手順を見られる動画を用意。画面の動きがそのまま見られるので、より理解が深まります。動画を見るにはスマートフォンでQRコードを読み取るか、以下のURLにアクセスしてください。

動画一覧ページを
チェック！
https://dekiru.net/graph2016/

2 | できる

まえがき

即効性が求められるビジネスの現場において、「グラフ」は欠かせない情報伝達ツールです。表の数値をグラフ化すれば、数値が増えているのか減っているのか、また、その変化は急速なのか緩やかなのかが、一目瞭然（りょうぜん）になります。プレゼンテーションやデータ分析など、さまざまなシーンでグラフの重要度は高まるばかりです。それを後押しするかのように、最新バージョンのExcel 2016では6種類もの新グラフが追加されました。

Excelのグラフ機能は非常に優秀です。わずか数クリックで、グラフを手早く作成できます。ただし、その数クリックでグラフ作りを完了してしまっては、グラフのメリットが半減します。ひと目で情報が得られるような分かりやすいグラフに仕上げるには、「プラスアルファのテクニック」が必要です。テクニックを駆使することで、グラフの分かりやすさや完成度は格段にアップします。

本書では、基本編、実践編、応用編の3部構成で、グラフ作りの知識やテクニックを紹介します。基本編では、表からグラフを作成する方法と、どのグラフにも共通する基本的なテクニックを解説します。続く実践編では、日常的によく使う棒グラフ、折れ線グラフ、円グラフにスポットを当て、各グラフに特有のテクニックを紹介します。最後の応用編では、データ分析やデータ管理に役立つ応用的なグラフの作成方法を説明します。レーザーチャート、散布図、バブルチャートなどExcelのグラフの種類に含まれるグラフから、ポジショニングマップ、ピラミッドグラフ、ガントチャートなど、工夫を重ねなければ作成できない実務的なグラフまで盛りだくさんです。もちろん、Excel 2016の新グラフについても解説しています。

本書で対応するExcelのバージョンは、Excel 2016、2013、2010の3つです。手順は基本的にExcel 2016の画面を使用して説明しますが、操作が異なる場合はExcel 2013やExcel 2010の手順も説明しているので、どのバージョンの方も安心してお読みいただけます。

伝えたいことを相手に正しく伝達できる分かりやすいグラフ、相手の興味をグンと引き寄せる美しいグラフ、情報を正しく分析するための表現力のあるグラフ、本書には、そんなグラフ作りをお手伝いする知識やテクニックがたくさん詰め込まれています。本書が、皆さまのグラフ作りの手助けになれば幸いです。

最後に、本書の執筆にあたりご尽力いただいた編集部の小野孝行さま、そして本書の制作にご協力くださったすべての皆さまに、心からお礼申し上げます。

2016年4月　きたみあきこ

できるシリーズの読み方

本書は、大きな画面で操作の流れを紙面に再現して、丁寧に操作を解説しています。初めての人でも迷わず進められ、操作をしながら必要な知識や操作を学べるように構成されています。レッスンの最初のページで、「解説」と「Before・After」の画面と合わせてレッスン概要を詳しく解説しているので、レッスン内容をひと目で把握できます。

対応バージョン
レッスンの内容が、Excelのどのバージョンに対応しているか確認できます。

関連レッスン
関連レッスンを紹介しています。関連レッスンを通して読むと、同じテーマを効果的に学べます。

練習用ファイル
レッスンで使用するExcelのファイル名を明記しています。練習用ファイルのダウンロード方法については、12ページを参照してください。

解説
操作の要点やレッスンの概要を解説します。解説を読むだけでレッスンの目的と内容、操作イメージが分かります。

左ページのつめでは、章タイトルでページを探せます。

図解
レッスンで使用する練習用ファイルの「Before」(操作前)と「After」(操作後)の画面のほか、レッスンの目的と内容を紹介しています。レッスンで学ぶ操作や機能の概要がひと目で分かります。

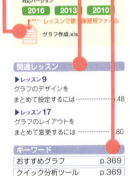

レッスン **3**

グラフを作成するには

グラフ作成

選択したデータから瞬時にグラフができる！

グラフの作成方法は至って簡単、表を選択してリボンのボタンからグラフの種類を指定するだけです。このわずか2ステップで、即座にグラフを作成できます。
このレッスンでは、「来客数調査」の表から集合縦棒グラフを作成します。作成されるのはグラフの周りにグラフタイトルと凡例があるだけの単純なものですが、表とは比べ物にならないほどの表現力を持っています。数値の大小関係を表から読み取るのは大変ですが、集合縦棒グラフならひと目で把握できます。簡単な操作で瞬時にグラフを作成できるので、気軽に表のデータからグラフを作成しましょう。さらに、この先のレッスンを参考に、色や目盛りなどの細かい設定を行えば、より見栄えのする分かりやすいグラフになるでしょう。

対応バージョン 2016 2013 2010
レッスンで使う練習用ファイル グラフ作成.xls

関連レッスン
▶レッスン9
グラフのデザインをまとめて設定するには……p.48
▶レッスン17
グラフのレイアウトをまとめて変更するには……p.80

キーワード
おすすめグラフ	p.369
クイック分析ツール	p.369
凡例	p.373

Before

	A	B	C	D	E	F
1	来客数調査					
2	店舗	4月	5月	6月	合計	
3	広尾店	897	1,127	931	2,955	
4	赤坂店	667	896	921	2,484	
5	お台場店	1,023	1,244	1,147	3,414	
6	恵比寿店	753	1,211	1,185	3,149	
7	合計	3,340	4,478	4,184	12,002	

店舗ごとに4月から6月の来客数と合計を表にまとめている

「合計」を含まずにグラフを作成する

After

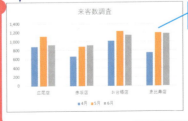

店舗ごとの来客数を棒グラフにすると、データの大小がひと目で分かる

28 できる

4 できる

手順

必要な手順を、すべての画面と操作を掲載して解説しています。

手順見出し
「○○を表示する」など、1つの手順ごとに内容の見出しを付けています。番号順に読み進めてください。

① グラフにする範囲を選択する

合計を除いたセル範囲を選択する　　セルA2〜D6をドラッグして選択

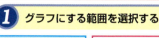

操作説明
「○○をクリック」など、それぞれの手順での実際の操作です。番号順に操作してください。

解説
操作の前提や意味、操作結果に関して解説しています。

キーワード

そのレッスンで覚えておきたい用語の一覧です。巻末の用語集の該当ページも掲載しているので、意味もすぐに調べられます。

① グラフにする範囲を選択する

合計を除いたセル範囲を選択する　　セルA2〜D6をドラッグして選択

② グラフの種類を選択する

ここでは集合縦棒を選択する

❶[挿入]タブをクリック　　❷[縦棒/横棒グラフの挿入]をクリック

Excel 2013では[縦棒グラフの挿入]をクリックする　　Excel 2010では[縦棒]をクリックする　　❸[集合縦棒]をクリック

テクニック　Excel 2016/2013ではおすすめグラフを活用できる

Excel 2016/2013で[おすすめグラフ]ボタンを使用すると、選択したデータに適した数種類のグラフが提示され、その中から選ぶだけで最適なグラフを作成できます。選択したデータによっては、棒と折れ線を組み合わせた複合グラフのような複雑なグラフも作成できます。グラフの種類に迷ったときは、利用するといいでしょう。

❶セルA2〜D6をドラッグして選択　❷[挿入]タブをクリック　❸[おすすめグラフ]をクリック

[グラフの挿入]ダイアログボックスが表示された　　選択したデータに合わせたグラフの種類が自動的に表示された　　❹[集合縦棒]をクリック　❺[OK]をクリック

集合縦棒グラフが作成される

HINT! データの選択範囲に「合計」は含めない

手順1でセル範囲をドラッグするときは、「合計」を含めずに選択しましょう。合計の行や列を含めると、合計値までグラフ化されて思い通りのグラフになりません。

HINT! グラフ作成で選択するセルを「データ範囲」と呼ぶ

グラフの基になるデータのセル範囲を「データ範囲」と呼びます。このレッスンで作成するグラフの場合、セルA2〜D6がデータ範囲です。

間違った場合は?

グラフが表示されたときは、手順1でデータ範囲を正しく選択できていない可能性があります。クイックアクセスツールバーの[元に戻す]ボタン（⤺）をクリックしてグラフの作成を取り消し、手順1から操作をやり直します。

ショートカットキー

Alt + F1 …… 標準グラフの作成

HINT!

レッスンに関連したさまざまな機能や、一歩進んだ使いこなしのテクニックなどを解説しています。

右ページのつめでは、知りたい機能でページを探せます。

間違った場合は？

手順の画面と違うときには、まずここを見てください。操作を間違った場合の対処法を解説してあるので安心です。

ショートカットキー

知っておくと何かと便利。複数のキーを組み合わせて押すだけで、簡単に操作できます。

テクニック

レッスンの内容を応用した、ワンランク上の使いこなしワザを解説しています。身に付ければパソコンがより便利になります。

※ここに掲載している紙面はイメージです。実際のレッスンページとは異なります。

強力な表現ツール「グラフ」を自在に操るメリットを知ろう！

その1 グラフの用途とメリットとは？

グラフは、即効性のある情報伝達手段として、さまざまなシーンで活躍します。企画書の資料にグラフを添付すれば、計画の具体的な裏付けデータとなります。プレゼンテーションでは、視覚に響く華やかなデザインのグラフを使うことで、訴求効果を発揮します。データ分析の現場では、市場の動向や需要を見極め、経営やマーケティングに生かせます。Excelでは簡単にグラフを作成できるので、大いに利用しましょう。

その2

「魅せる」グラフの効果とは？

人に見せることを目的としたグラフでは、相手の気を引くインパクトが大切です。情報を正確に伝えるだけなら標準のグラフで十分ですが、そもそも見てもらえなければ意味がありません。洗練されたデザイン、イメージを広げるイラスト、キャッチコピー入りの吹き出しなど、いつものグラフに手を加え、ワンランク上のグラフに仕上げましょう。「魅せる」グラフの演出が、プレゼンテーションや企画を成功へと導きます。

標準的な集合縦棒グラフはインパクトに欠ける

絵グラフを使うことでインパクトが増す！

その3

「伝わる」グラフの効果とは？

数値をビジュアルに表現するグラフでは、さまざまな視覚効果の工夫を凝らせます。大きさの違う2つの円グラフを並べて数値の大きさの違いを強調したり、棒グラフの棒を1本だけ赤くして目立たせたりと、ちょっとした工夫をすることで、相手の視線を誘導し、伝えたい情報をダイレクトに伝えられます。

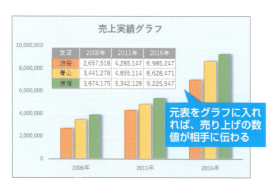
元表をグラフに入れれば、売り上げの数値が相手に伝わる

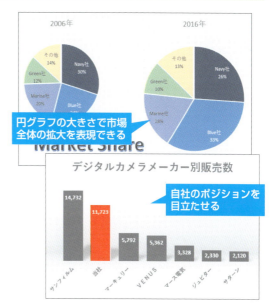
円グラフの大きさで市場全体の拡大を表現できる

自社のポジションを目立たせる

目　次

3大特典のご案内 ……………………………………………………… 2

まえがき ………………………………………………………………… 3

できるシリーズの読み方 ……………………………………………… 4

強力な表現ツール「グラフ」を自在に操るメリットを知ろう！ ……… 6

グラフ早引き一覧表 …………………………………………………… 16

練習用ファイルの使い方 ……………………………………………… 22

基本編　第1章　グラフを作成しよう　　23

❶ グラフの種類を理解しよう　　<グラフの種類> ……………………… 24

❷ グラフ作成のポイントを理解しよう　　<グラフ要素とグラフツール> ……… 26

❸ グラフを作成するには　　<グラフ作成> ……………………………… 28

　テクニック Excel 2016/2013ではおすすめグラフを活用できる ……… 30

　テクニック クイック分析ツールでもグラフを作成できる ……………… 31

❹ 項目軸と凡例を入れ替えるには　　<行/列の切り替え> ……………… 32

❺ グラフの種類を変更するには　　<グラフの種類の変更> …………… 34

❻ グラフの位置やサイズを変更するには　　<移動とサイズ変更> …… 36

　テクニック 複数のグラフで位置やサイズをそろえる ………………… 38

　テクニック セルに連動してグラフの位置やサイズが変わらないようにする ……… 39

❼ グラフだけを印刷するには　　<グラフの印刷> …………………… 40

❽ グラフ専用のシートを利用するには　　<グラフシート> …………… 44

この章のまとめ…………… 46

基本編 **第2章　グラフをきれいに修飾しよう** **47**

⑨ グラフのデザインをまとめて設定するには　＜グラフスタイル＞ ……………… **48**

テクニック 異なるバージョンで互いに配色を変更する ………………………………… **51**

⑩ グラフ内の文字サイズを変更するには　＜フォントサイズ＞ ………………………… **52**

⑪ 1本だけ棒の色を変えて目立たせるには　＜系列とデータ要素の選択＞ …………… **54**

テクニック 棒の色を塗り分ければ説明がしやすくなる ………………………………… **57**

⑫ グラフの背景に模様を設定するには　＜テクスチャ＞ ……………………………… **58**

テクニック 背景に画像を設定してグラフを彩ろう ……………………………………… **61**

⑬ 棒にグラデーションを設定するには　＜グラデーション＞ ………………………… **62**

⑭ グラフに影や立体表示を設定するには　＜図形の効果＞ …………………………… **66**

テクニック グラフの角を丸めて印象を変えよう………………………………………… **68**

テクニック 影の距離を変更して立体感を調整できる …………………………………… **69**

⑮ 軸や目盛り線の書式を変更するには　＜目盛り線の書式設定、図形の枠線＞ ……… **70**

テクニック 軸を区切る線の種類をカスタマイズできる ………………………………… **73**

⑯ グラフの中に図形を描画するには　＜図形の挿入＞ ………………………………… **74**

テクニック 余白を調整して図形に文字を収める………………………………………… **76**

この章のまとめ………… **78**

基本編 **第3章　グラフの要素を編集しよう** **79**

⓱ グラフのレイアウトをまとめて変更するには　＜クイックレイアウト＞ ･･････････････ 80

⓲ グラフタイトルにセルの内容を表示するには　＜セルの参照＞ ･･････････････････････ 82

⓳ 数値軸や項目軸に説明を表示するには　＜軸ラベルの挿入＞ ･･･････････････････････ 84

⓴ 凡例の位置を変更するには　＜凡例＞ ･･･ 88

㉑ グラフ上に元データの数値を表示するには　＜データラベル＞ ･･････････････････････ 90

　テクニック １つの系列のみにデータラベルを追加できる ･･･････････････････････････ 92

　テクニック 数値以外の系列名や割合を表示できる ･･･････････････････････････････････ 93

㉒ グラフに表を貼り付けるには　＜リンク貼り付け＞ ･･･････････････････････････････ 94

㉓ 項目名を縦書きで表示するには　＜縦書き＞ ･･･････････････････････････････････････ 98

㉔ 項目名を負の目盛りの下端位置に表示するには　＜ラベルの位置＞ ･･･････････････ 100

　テクニック 作業ウィンドウを切り離して表示できる ･･･････････････････････････････ 102

　テクニック プラスとマイナスで棒の色を変えるには ･･･････････････････････････････ 103

㉕ 目盛りの範囲や間隔を指定するには　＜軸の書式設定＞ ･･･････････････････････････ 104

㉖ 目盛りを万単位で表示するには　＜軸の表示単位＞ ･･･････････････････････････････ 106

　テクニック 目盛りの数値の色を１つだけ変えて目立たせる ･･･････････････････････ 109

この章のまとめ･･････････110

基本編 **第4章　元データを編集して思い通りにグラフ化しよう　111**

㉗ グラフのデータ範囲を変更するには　＜カラーリファレンス＞ ················ 112

㉘ ほかのワークシートにあるデータ範囲を変更するには

　　　　　　　　＜データソースの選択＞ ················ 114

　テクニック コピーを利用してグラフにデータを手早く追加する ··············· 117

㉙ 長い項目名を改行して表示するには　＜折り返して全体を表示する＞ ······· 118

㉚ 凡例の文字列を直接入力するには　＜凡例項目の編集＞ ················ 120

　テクニック ［系列名］の引数を書き換えてもいい ····························· 122

　テクニック 横（項目）軸に文字列を直接入力できる ··························· 123

㉛ 非表示の行や列のデータがグラフから消えないようにするには

　　　　　　　　＜非表示および空白のセル＞ ················ 124

㉜ 元表にない日付が勝手に表示されないようにするには　＜テキスト軸＞ ········· 126

㉝ 項目軸の日付を半年ごとに表示するには　＜目盛間隔、表示形式コード＞ ······· 128

㉞ 横軸の項目に「年」を数字で表示するには　＜横（項目）軸の編集＞ ········· 132

　テクニック Excel 2016/2013ではおすすめグラフを活用しよう ·············· 133

　テクニック グラフを最初から作るときは［年度］を含めないで作成しよう ········ 135

㉟ 項目軸に「月」を縦書きで表示するには　＜セルの書式設定＞ ················ 136

㊱ 2種類の単位の数値からグラフを作成するには

　　　　　　　　＜2軸グラフ、複合グラフ＞ ················ 138

この章のまとめ ··········· 144

実践編 **第5章 棒グラフで大きさを比較しよう** **145**

㊲ 棒を太くするには　＜要素の間隔＞ ･･････････････････････ 146

㊳ 2系列の棒を重ねるには　＜系列の重なり＞ ･･････････････ 148

㊴ 棒グラフの高さを波線で省略するには　＜図の挿入＞ ･･･････ 150

　テクニック すべての棒の高さを波線で省略できる ･･･････････････ 155

㊵ 縦棒グラフに基準線を表示するには　＜散布図の利用＞ ･････ 156

㊶ 横棒グラフの項目の順序を表と一致させるには　＜軸の反転＞ ･･････ 160

㊷ 絵グラフを作成するには　＜塗りつぶし＞ ･･････････････････ 162

　テクニック Excel 2016/2013ではピープルグラフが利用できる ･･････ 165

㊸ 3-D棒グラフを回転するには　＜軸の直交＞ ･････････････････ 166

㊹ 3-D棒グラフの背面の棒を見やすくするには　＜棒の形状＞ ･･････ 168

この章のまとめ ･･･････ 170

練習問題 ･･･････････ 171　　　解答 ･･････････････ 172

実践編 **第6章 棒グラフで割合の変化を比較しよう** **173**

㊺ 積み上げグラフの積み上げの順序を変えるには　＜系列の移動＞ ･･････ 174

　テクニック 区分線でデータの変化を強調できる ･････････････････ 177

㊻ 積み上げ縦棒グラフに合計値を表示するには　＜積み上げ縦棒の合計値＞ ･･････ 178

㊼ 積み上げ横棒グラフに合計値を表示するには　＜積み上げ横棒の合計値＞ ･･････ 182

㊽ 100%積み上げ棒グラフにパーセンテージを表示するには

　　　　＜パーセントスタイル＞ ･････････････････････････ 188

　テクニック 棒の一部に系列名を表示できる ･･･････････････････ 191

㊾ 上下対称グラフを作成するには　＜上下対称グラフ＞ ･･･････ 192

この章のまとめ ･･･････ 196

練習問題 ･･･････････ 197　　　解答 ･･････････････ 198

実践編 第7章 折れ線グラフで変化や推移を表そう 199

(50) 折れ線全体の書式や一部の書式を変更するには ＜図形の塗りつぶしと枠線＞…………200
テクニック マーカーの図形やサイズを変更できる……………………………………………203
(51) 縦の目盛り線をマーカーと重なるように表示するには
＜横（項目）軸目盛線＞…………………………………………………………………………204
テクニック 補助目盛り線で折れ線の数値を読み取る…………………………………………207
(52) 折れ線の途切れを線で結ぶには ＜空白セルの表示方法＞……………………………208
(53) 計算結果のエラーを無視して前後の点を結ぶには ＜NA関数の利用＞………………210
(54) 特定の期間だけ背景を塗り分けるには ＜縦棒グラフの利用＞…………………………212
(55) 採算ラインで背景を塗り分けるには ＜積み上げ面グラフの利用＞……………………218
(56) 面グラフを見やすく表示するには ＜3-D面グラフ＞……………………………………224

この章のまとめ…………226
練習問題……………………227　解答……………………228

実践編 第8章 円グラフで割合を表そう 229

(57) 項目名とパーセンテージを見やすく表示するには ＜円グラフのデータラベル＞……230
テクニック パーセンテージのけた数を変更して正確な数値を表示できる…………233
(58) 円グラフから扇形を切り離すには ＜データ要素の切り離し＞…………………………234
(59) 円グラフの特定の要素の内訳を表示するには ＜補助縦棒付き円グラフ＞……………236
(60) 円グラフを2つ並べて合計量を表すには ＜グラフのサイズ変更＞……………………240
(61) ドーナツ状の3-D円グラフの中心に合計値を表示するには ＜円/楕円＞……………244
(62) 分類と明細を二重のドーナツグラフで表すには ＜ドーナツグラフの系列の追加＞……248
テクニック Excel 2016ではサンバーストを利用できる……………………………………250
テクニック 階層構造はツリーマップでも表現できる…………………………………………253
(63) 左右対称の半ドーナツグラフを作成するには ＜グラフのコピー＞……………………254
テクニック 円グラフを回転して半円グラフを作成する………………………………………261

この章のまとめ…………262
練習問題……………………263　解答……………………264

応用編 **第9章　グラフをデータ分析やデータ管理に役立てよう　265**

㉔ 性能や特徴のバランスを分析するには　＜レーダーチャート＞ ……………………266

テクニック 透過性を設定すれば背面の多角形を見やすくできる …………………………269

㉕ 数学の関数をXYグラフで表すには　＜散布図（平滑線）＞ ………………………270

㉖ 数学の関数をXYZグラフで表すには　＜等高線グラフ＞ …………………………272

テクニック スタイルを使って同系色のグラフに仕上げよう …………………………………277

テクニック 凡例の選択で特定の値の色を変更できる ……………………………………………277

㉗ 2種類の数値データの相関性を分析するには　＜散布図と近似曲線＞ …………278

テクニック 系列が2つある散布図を作成する ……………………………………………………281

㉘ 3種類の数値データの関係を分析するには　＜バブルチャート＞ ………………282

テクニック 系列が2つあるバブルチャートを作成するには …………………………………289

テクニック データの吹き出しの形を変更できる ……………………………………………………289

㉙ ポジショニングマップで商品の特徴を分類するには　＜散布図の軸の移動＞ …290

㉚ 階段グラフで段階的な変化を表すには　＜積み上げ縦棒グラフの利用＞ ………300

㉛ ヒストグラムで人数の分布を表すには　＜FREQUENCY関数＞ …………………304

テクニック Excel 2016ではヒストグラムも選べる …………………………………………308

テクニック Excel 2016のヒストグラムは度数分布表が不要 ……………………………309

㉜ ピラミッドグラフで男女別に人数の分布を表すには

　　　　　　＜積み上げ横棒グラフの利用＞ …………………………………………………310

㉝ 箱ひげ図でデータの分布を表すには　＜箱ひげ図＞ …………………………………320

テクニック 集計結果の数値を表示できる …………………………………………………………322

テクニック 箱の色を変えるとグラフが見やすくなる …………………………………………329

㉞ ガントチャートで日程を管理するには　＜シリアル値の数値軸＞ ………………330

テクニック Excel 2010ではシリアル値を使って設定する ……………………………332

㉟ Zチャートで12カ月の業績を分析するには　＜累計と移動和の計算＞ ………336

㊱ パレート図でABC分析するには　＜累積構成比の計算＞ …………………………340

テクニック Excel 2010で累積構成比を表す折れ線を表示する ……………………………344

㊲ 株価の動きを分析するには　＜株価チャート＞ ………………………………………350

㊳ 財務データの正負の累計を棒グラフで表すには　＜ウォーターフォール図＞ ……354

テクニック じょうごグラフでデータの絞り込みを表現できる ……………………………357

㊴ セルの中にグラフを表示するには　＜スパークライン＞ ……………………………358

この章のまとめ…………362

| 付録1 | Excelのファイルをブラウザーで表示するには | 363 |
| 付録2 | 作成したグラフの種類を保存するには | 366 |

用語集	368
索引	376
できるサポートのご案内	380
本書を読み終えた方へ	381
読者アンケートのお願い	382

ご利用の前に必ずお読みください

本書は、2016年4月現在の情報をもとに「Microsoft Excel 2016」の操作方法について解説しています。本書の発行後に「Microsoft Excel 2016」の機能や操作方法、画面などが変更された場合、本書の掲載内容通りに操作できなくなる可能性があります。本書発行後の情報については、弊社のWebページ（http://book.impress.co.jp/）などで可能な限りお知らせいたしますが、すべての情報の即時掲載ならびに、確実な解決をお約束することはできかねます。また本書の運用により生じる、直接的、または間接的な損害について、著者ならびに弊社では一切の責任を負いかねます。あらかじめご理解、ご了承ください。

本書で紹介している内容のご質問につきましては、できるシリーズの無償電話サポート「できるサポート」にて受け付けております。ただし、本書の発行後に発生した利用手順やサービスの変更に関しては、お答えしかねる場合があります。また、本書の奥付に記載されている最新発行年月日から5年を経過した場合、もしくは解説する製品の提供会社が製品サポートを終了した場合にも、ご質問にお答えしかねる場合があります。できるサポートのサービス内容については380ページの「できるサポートのご案内」をご覧ください。

練習用ファイルについて

本書で使用する練習用ファイルは、弊社Webサイトからダウンロードできます。
練習用ファイルと書籍を併用することで、より理解が深まります。

▼練習用ファイルのダウンロードページ
http://book.impress.co.jp/books/1115101141

●本書の前提

　本書では、「Windows 10」と「Office 2016」がインストールされているパソコンで、インターネットに常時接続されている環境を前提に画面を再現しています。

「できる」「できるシリーズ」は、株式会社インプレスの登録商標です。
Microsoft、Windows 10は、米国Microsoft Corporationの米国およびその他の国における登録商標または商標です。
そのほか、本書に記載されている会社名、製品名、サービス名は、一般に各開発メーカーおよびサービス提供元の登録商標または商標です。
なお、本文中には™および®マークは明記していません。

Copyright © 2016 Akiko Kitami and Impress Corporation. All rights reserved.
本書の内容はすべて、著作権法によって保護されています。著者および発行者の許可を得ず、転載、複写、複製等の利用はできません。

グラフ早引き一覧表

以下の一覧は、本書で紹介するグラフとテクニックの抜粋です。それぞれにレッスン番号と掲載ページを記載しているので、「目で見る目次」としてご利用ください。

●グラフのデザインを一気に変える

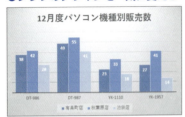

→レッスン❾ P.48

●文字のサイズを変える

→レッスン❿ P.52

●1本だけ棒の色を変える

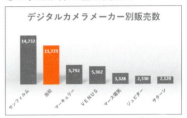

→レッスン⓫ P.54

●グラフの背景を模様にする

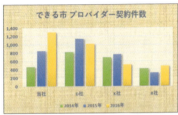

→レッスン⓬ P.58

●棒をグラデーションにする

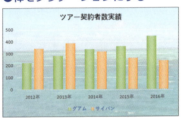

→レッスン⓭ P.62

●立体効果や影を設定する

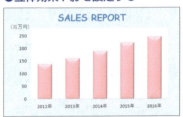

→レッスン⓮ P.66

●目盛り線を点線にする

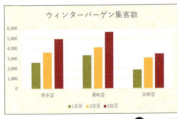

→レッスン⓯ P.70

●グラフに図形を挿入する

→レッスン⓰ P.74

●グラフ要素を一気に設定する

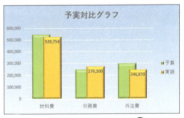

→レッスン⓱ P.80

●タイトルにセルの内容を表示する

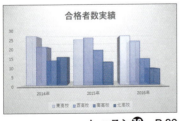

→レッスン⓲ P.82

●軸の横に単位や内容の説明を入れる

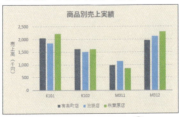

→レッスン⓳ P.84

●凡例を移動する

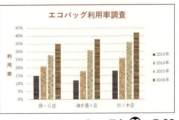

→レッスン⓴ P.88

●グラフに元データの値を表示する

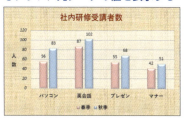

→レッスン㉑　P.90

●グラフに表を画像として貼り付ける

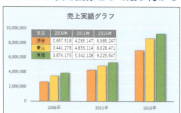

→レッスン㉒　P.94

●項目名を縦書きにする

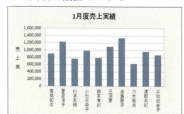

→レッスン㉓　P.98

●項目名を負数の位置に移動する

→レッスン㉔　P.100

●目盛りの範囲や間隔を変える

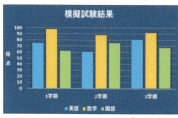

→レッスン㉕　P.104

●目盛りを万単位で表示する

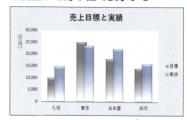

→レッスン㉖　P.106

●元データの範囲を変える①

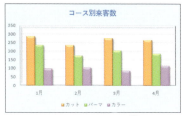

→レッスン㉗　P.112

●元データの範囲を変える②

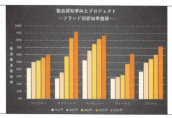

→レッスン㉘　P.114

●項目名を改行して表示する

→レッスン㉙　P.118

●凡例の文字数を短くする

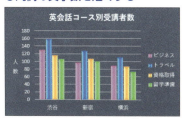

→レッスン㉚　P.120

●非表示セルのデータを表示する

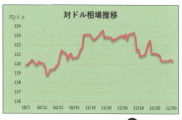

→レッスン㉛　P.124

●元表にある日付だけを表示する

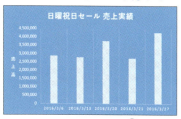

→レッスン㉜　P.126

できる | 17

●目盛りの日付を半年置きにする

→レッスン㉝　P.128

●横（項目）軸に数値を表示する

→レッスン㉞　P.132

●月の表示を見やすくする
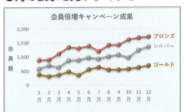
→レッスン㉟　P.136

●縦棒と折れ線を一緒に表示する

→レッスン㊱　P.138

●間隔を狭めて棒を太くする
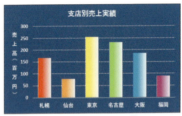
→レッスン㊲　P.146

●2系列の棒を重ねる
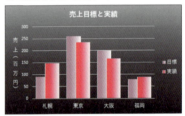
→レッスン㊳　P.148

●棒の高さを波線で省略する
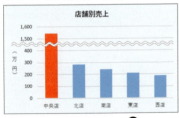
→レッスン㊴　P.150

●グラフに基準線を入れる
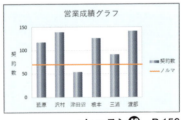
→レッスン㊵　P.156

●項目名の順序を逆にする

→レッスン㊶　P.160

●絵グラフを作成する
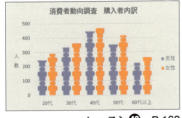
→レッスン㊷　P.162

●3-D縦棒グラフを回転する
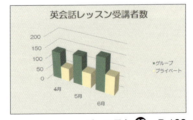
→レッスン㊸　P.166

●3-D縦棒グラフを円錐にする
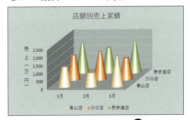
→レッスン㊹　P.168

●積み上げの順序を入れ替える

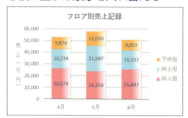

→レッスン㊺ P.174

●積み上げ縦棒に合計を表示する

→レッスン㊻ P.178

●積み上げ横棒に合計を表示する

→レッスン㊼ P.182

●パーセンテージを表示する

→レッスン㊽ P.188

●上下対称グラフを作成する

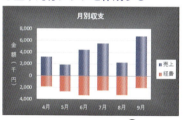

→レッスン㊾ P.192

●折れ線の一部を点線にする

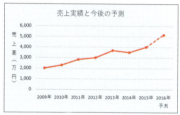

→レッスン㊿ P.200

●折れ線の山や谷を目盛り線と重ねる

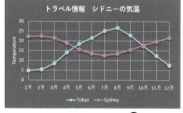

→レッスン51 P.204

●折れ線の途切れを結ぶ

→レッスン52 P.208

●元表のエラーを無視する

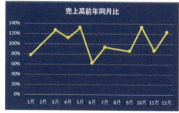

→レッスン53 P.210

●グラフの背景を塗り分ける①

→レッスン54 P.212

●グラフの背景を塗り分ける②

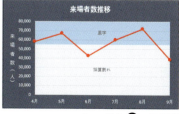

→レッスン55 P.218

●面グラフの背面を見やすくする

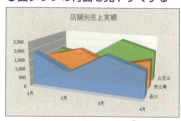

→レッスン56 P.224

●項目名とパーセンテージを表示する

→レッスン❺ P.230

●円グラフの要素を切り離す

→レッスン❺ P.234

●特定の要素の内訳を表示する

→レッスン❺ P.236

●合計に応じて円のサイズを変える

→レッスン❻ P.240

●円グラフの中心に合計を表示する

→レッスン❻ P.244

●二重の円で分類と明細を表示する

→レッスン❻ P.248

●左右対称ドーナツグラフを作成する

→レッスン❻ P.254

●レーダーチャートを作成する

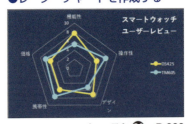

→レッスン❻ P.266

●XYグラフを作成する

→レッスン❻ P.270

●XYZグラフを作成する

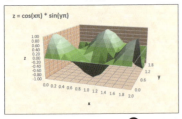

→レッスン❻ P.272

●近似曲線入りの散布図を作成する

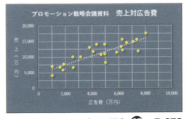

→レッスン❻ P.278

●バブルチャートを作成する

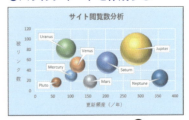

→レッスン❻ P.282

20 できる

●ポジショニングマップを作成する ●階段グラフを作成する ●ヒストグラムを作成する

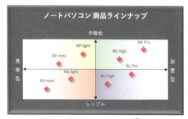 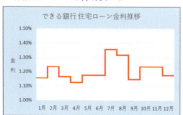 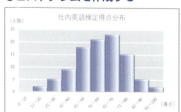

→レッスン❻❾　P.290　　→レッスン❼⓿　P.300　　→レッスン❼❶　P.304

●ピラミッドグラフを作成する ●箱ひげ図を作成する ●ガントチャートを作成する

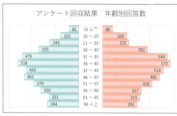 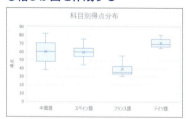 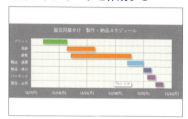

→レッスン❼❷　P.310　　→レッスン❼❸　P.320　　→レッスン❼❹　P.330

●Zチャートを作成する ●パレート図を作成する ●株価チャートを作成する

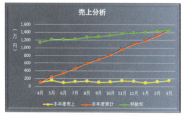 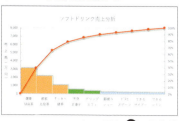 

→レッスン❼❺　P.336　　→レッスン❼❻　P.340　　→レッスン❼❼　P.350

●ウォーターフォール図を作成する ●セルの中にグラフを表示する

→レッスン❼❽　P.354　　→レッスン❼❾　P.358

練習用ファイルの使い方

本書では、レッスンの操作をすぐに試せる無料の練習用ファイルを用意しています。Excel 2016/2013/2010 の初期設定では、ダウンロードした練習用ファイルを開くと、保護ビューで表示される仕様になっています。本書の練習用ファイルは安全ですが、練習用ファイルを開くときは以下の手順で操作してください。

▼ 練習用ファイルのダウンロードページ
http://book.impress.co.jp/books/1115101141

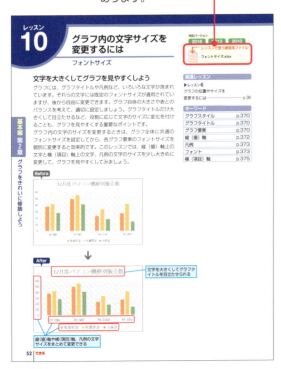

何で警告が表示されるの？

Excel 2016/2013/2010では、インターネットを経由してダウンロードしたファイルを開くと、保護ビューで表示されます。ウイルスやスパイウェアなど、セキュリティ上問題があるファイルをすぐに開いてしまわないようにするためです。ファイルの入手時に配布元をよく確認して、安全と判断できた場合は、［編集を有効にする］ボタンをクリックしてください。［編集を有効にする］ボタンをクリックすると、次回以降同じファイルを開いたときに保護ビューが表示されません。

第1章 グラフを作成しよう

グラフは、数値データを視覚的に表現する道具です。表に並んだ数値を眺めてデータを分析するのは至難の業。しかしデータをグラフ化すれば、数値の大小関係や、時系列の傾向などが一目瞭然です。この章ではまず、グラフに関する基本知識と基本操作を身に付けましょう。基本を押さえておけば、この先の発展的なグラフ作りにすんなり進めるはずです。

●この章の内容
❶ グラフの種類を理解しよう ……………………………… 24
❷ グラフ作成のポイントを理解しよう ………………… 26
❸ グラフを作成するには…………………………………… 28
❹ 項目軸と凡例を入れ替えるには ……………………… 32
❺ グラフの種類を変更するには ………………………… 34
❻ グラフの位置やサイズを変更するには ……………… 36
❼ グラフだけを印刷するには …………………………… 40
❽ グラフ専用のシートを利用するには ………………… 44

レッスン 1

グラフの種類を理解しよう

グラフの種類

表現したいことを効果的に見せるグラフを選ぼう

グラフは、数値の情報を目で見て把握するための道具です。グラフで何を伝えたいのか、それを伝えるためには「どんなグラフが効果的か」ということを理解してグラフの種類を選ぶことが大切です。例えば同じ売り上げを扱うグラフでも、売れ筋の商品を見極めたいなら大きさを比較しやすい「棒グラフ」、売り上げの貢献度を分析したいときは割合を表現できる「円グラフ」というように、グラフ化の目的に応じて最適なグラフを選びます。Excelでは、棒グラフ、折れ線グラフ、円グラフのような基本的なグラフから、レーダーチャートやバブルチャートのようなより高度なグラフまで、さまざまな種類のグラフを作成できます。各グラフの特徴を理解し、目的に応じて使い分けてください。

キーワード

| グラフ | p.370 |

●棒グラフで数値の大きさを比較する

◆棒グラフ
数値の大きさを
比較しやすい

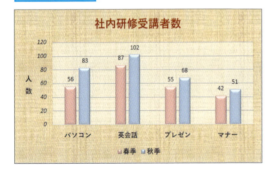

◆横棒グラフ
複数項目の大きさを水平に表示して
比較するのに向いている

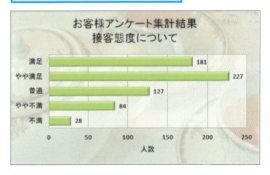

◆積み上げ縦棒グラフ
項目の大きさだけでなく
割合も把握できる

◆上下対称グラフ
マイナスの数値が下に伸びているので、
プラスの数値と比較しやすい

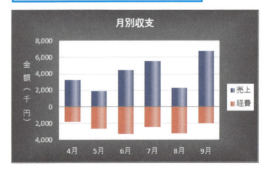

●折れ線グラフで推移が直感的に分かる

◆折れ線グラフ
数値の推移を表現できる

◆2軸グラフ
単位の異なる数値を折れ線と棒グラフで表現できる

◆面グラフ
データの推移を立体的に表示できる

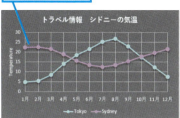

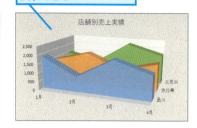

●円グラフやドーナツグラフでデータの割合や内訳を表せる

◆円グラフ
数値の割合を表現できる

◆補助縦棒付き円
円グラフに含まれる項目の内訳を縦棒で表示する

◆二重ドーナツグラフ
固定費と変動費などの内訳をグラフで表せる

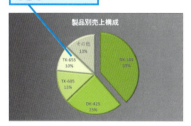

●高度なグラフで傾向や動きを分析する

◆レーダーチャート
性能や特徴といったバランスを分析できる

◆バブルチャート
更新頻度、被リンク数、閲覧数の3項目の関係を立体的に表現できる

◆ピラミッドグラフ
年齢別の人口構成をピラミッド型に示せる

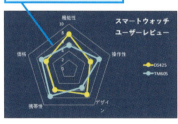
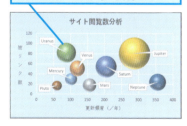
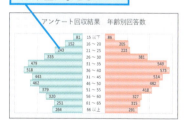

◆ウォーターフォール
値の増減による累計の結果を示せる。財務状況の把握などに使われる

◆箱ひげ図
データのばらつき具合を分かりやすく表示できる

◆パレート図
商品の売り上げ構成率を視覚化し、重点商品の洗い出しなどができる

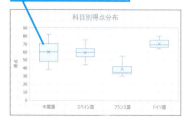
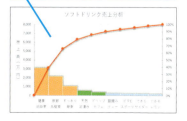

レッスン 2

グラフ作成のポイントを理解しよう

グラフ要素とグラフツール

対応バージョン 2016 2013 2010

レッスンで使う練習用ファイル
グラフ要素とグラフツール.xlsx

グラフの構成要素を理解しよう

グラフはさまざまな要素で構成されます。思い通りのグラフを完成させるには、グラフにどのような要素があるのかを知っておくことが大切です。
下の例は、縦棒グラフを構成する標準的なグラフ要素です。まずは、各要素の名称と役割を把握しておきましょう。一度に全部を覚えるのは難しいかもしれませんが、この先のレッスンを進めながら何度もこのページに戻って確認してください。横棒グラフや円グラフなど、グラフの種類によっては一部の構成が異なりますが、縦棒グラフの要素を理解しておけば、ほかのグラフの習得も早いでしょう。

関連レッスン	
▶レッスン1 グラフの種類を理解しよう	p.24
▶レッスン3 グラフを作成するには	p.28

キーワード	
グラフツール	p.370
グラフ要素	p.370
コンテキストタブ	p.370
作業ウィンドウ	p.371

●グラフの構成要素

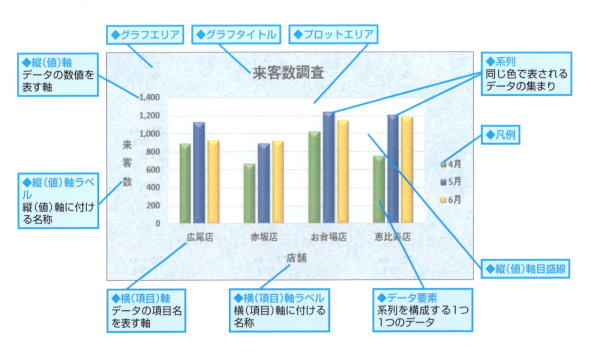

グラフツールが操作のカギ

グラフを選択すると、リボンに［グラフツール］コンテキストタブが表示されます。グラフのレイアウトやデザインを設定するために欠かせないグラフの編集専用のタブです。ここでは各タブの役割を大まかにつかんでおきましょう。

> **HINT! バージョンによってタブの種類が違う**
>
> Excel 2016/2013の［グラフツール］には［デザイン］［書式］の2つのタブが、Excel 2010にはその2つに加えて［レイアウト］タブがあります。Excel 2010の［レイアウト］タブの機能は、Excel 2016/2013の2つのタブや作業ウィンドウに割り当てられています。

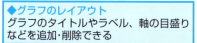

Excel 2016/2013の場合

● ［デザイン］タブ：グラフ全体に関する設定を変更する

◆グラフのレイアウト
グラフのタイトルやラベル、軸の目盛りなどを追加・削除できる

◆データ
軸のデータの入れ替えやグラフに表示されるデータの範囲を設定できる

◆場所
グラフを表示するシートを設定できる

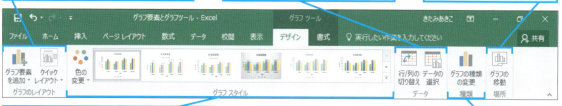

◆グラフスタイル
グラフ全体のデザインをまとめて設定できる

◆種類
作成されたグラフの種類を変更できる

● ［書式］タブ：グラフ要素の書式を別個に変更する

◆現在の選択範囲
選択したグラフ要素を確認できるほか、書式を変更できる

◆図形のスタイル
グラフ要素に色や影などの効果を設定できる

◆配置
ワークシートに配置されたグラフや図形の配置を設定できる

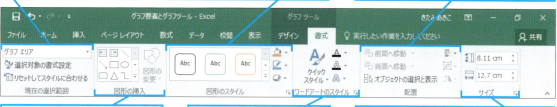

◆図形の挿入
グラフに図形を挿入できる

◆ワードアートのスタイル
グラフにワードアートを設定できる

◆サイズ
ワークシートに配置されたグラフや図形の大きさを設定できる

Excel 2010の場合

● ［レイアウト］タブ：グラフのレイアウトを変更できる（Excel 2010のみ）

◆現在の選択範囲
グラフ要素の書式設定を表示できる

◆ラベル
グラフタイトルやラベル、凡例を設定できる

◆背景
プロットエリアの色を設定できる

◆プロパティ
選択しているグラフ要素のプロパティを表示できる

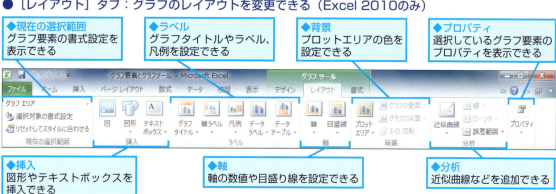

◆挿入
図形やテキストボックスを挿入できる

◆軸
軸の数値や目盛り線を設定できる

◆分析
近似曲線などを追加できる

レッスン 3

グラフを作成するには

グラフ作成

対応バージョン: 2016 / 2013 / 2010

レッスンで使う練習用ファイル
グラフ作成.xlsx

選択したデータから瞬時にグラフができる！

グラフの作成方法は至って簡単、表を選択してリボンのボタンからグラフの種類を指定するだけです。このわずか2ステップで、即座にグラフを作成できます。

このレッスンでは、「来客数調査」の表から集合縦棒グラフを作成します。作成されるのはグラフの周りにグラフタイトルと凡例があるだけの単純なものですが、表とは比べ物にならないほどの表現力を持っています。数値の大小関係を表から読み取るのは大変ですが、集合縦棒グラフならひと目で把握できます。簡単な操作で瞬時にグラフを作成できるので、気軽に表のデータからグラフを作成しましょう。さらに、この先のレッスンを参考に、色や目盛りなどの細かい設定を行えば、より見栄えのする分かりやすいグラフになるでしょう。

関連レッスン

▶レッスン9
グラフのデザインを
まとめて設定するには …………… p.48

▶レッスン17
グラフのレイアウトを
まとめて変更するには …………… p.80

キーワード

おすすめグラフ	p.369
クイック分析ツール	p.369
凡例	p.373

ショートカットキー

Alt + F1 …… 標準グラフの作成

Before

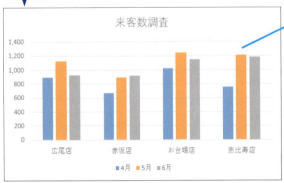

店舗ごとに4月から6月の来客数と合計を表にまとめている

「合計」を含まずにグラフを作成する

After

店舗ごとの来客数を棒グラフにすると、データの大小がひと目で分かる

① グラフにする範囲を選択する

合計を除いたセル範囲を選択する　セルA2〜D6をドラッグして選択

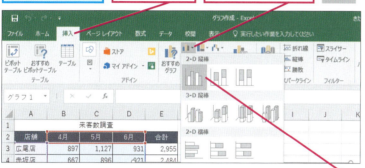

HINT! データの選択範囲に「合計」は含めない

手順1でセル範囲をドラッグするときは、「合計」を含めずに選択しましょう。合計の行や列を含めると、合計値までグラフ化されて思い通りのグラフになりません。

HINT! グラフ作成で選択するセルを「データ範囲」と呼ぶ

グラフの基になるデータのセル範囲を「データ範囲」と呼びます。このレッスンで作成するグラフの場合、セルA2〜D6がデータ範囲です。

② グラフの種類を選択する

ここでは集合縦棒を選択する　❶[挿入]タブをクリック　❷[縦棒/横棒グラフの挿入]をクリック

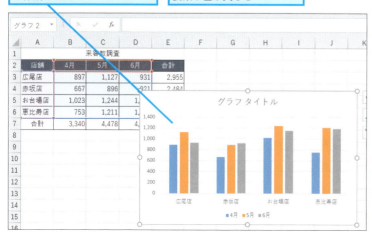

Excel 2013では[縦棒グラフの挿入]をクリックする　Excel 2010では[縦棒]をクリックする　❸[集合縦棒]をクリック

HINT! グラフの種類はリボンのボタンで指定する

リボンの[挿入]タブには、縦棒、折れ線、円など、グラフの種類を指定するボタンが並んでいます。ボタンをクリックすると、グラフの細かい分類が一覧表示されるので、その中から作成したいものを選択します。このレッスンでは集合縦棒グラフを選択していますが、ほかの種類のグラフも同じ要領で作成できます。

③ グラフが作成された

選択したデータから集合縦棒が作成された　Excel 2010ではグラフの要素や色が異なる

HINT! Excel 2010のグラフはデザインが少し違う

Excel 2010は、テーマの配色の設定がExcel 2016/2013と異なるため、作成されるグラフの色合いも異なります。また、Excel 2010では凡例が右側に配置され、グラフタイトルが表示されません。

Excel 2010では、グラフタイトルが表示されない

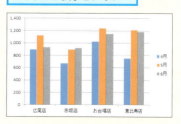

次のページに続く

❹ グラフタイトルを編集できるようにする

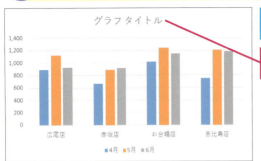

「グラフタイトル」の文字を削除する

グラフタイトルをクリック

HINT! Excel 2010でグラフタイトルを追加するには

Excel 2010で複数行×複数列の数値からグラフを作成すると、グラフタイトルは表示されません。レッスン⓮のHINT!「Excel 2010では[レイアウト]タブから追加する」を参考に、グラフタイトルを追加してください。

❺ グラフタイトルのカーソルを表示する

グラフタイトルにハンドルが表示された

❶グラフタイトルのここをクリック

カーソルが表示された

❷ Backspace キーを8回押す

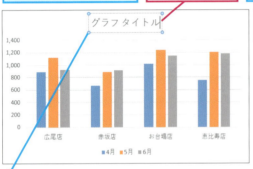

◆ハンドル

⚠ 間違った場合は?

手順3で異なるグラフが表示されたときは、手順1でデータ範囲を正しく選択できていない可能性があります。クイックアクセスツールバーの[元に戻す]ボタン（ ）をクリックしてグラフの作成を取り消し、手順1から操作をやり直します。

[元に戻す]をクリックして操作を取り消せる

テクニック Excel 2016/2013ではおすすめグラフを活用できる

Excel 2016/2013で[おすすめグラフ]ボタンを使用すると、選択したデータに適した数種類のグラフが提示され、その中から選ぶだけで最適なグラフを作成できます。選択したデータによっては、棒と折れ線を組み合わせた複合グラフのような複雑なグラフも作成できます。グラフの種類に迷ったときは、利用するといいでしょう。

❶セルA2〜D6をドラッグして選択

❷[挿入]タブをクリック

❸[おすすめグラフ]をクリック

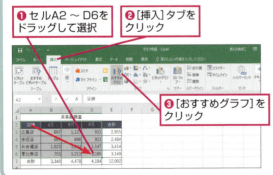

[グラフの挿入]ダイアログボックスが表示された

選択したデータに合わせたグラフの種類が自動的に表示された

❹[集合縦棒]をクリック

❺[OK]をクリック

集合縦棒グラフが作成される

⑥ グラフタイトルを入力する

「グラフタイトル」の文字が削除された

「来客数調査」と入力

⑦ グラフタイトルが入力された

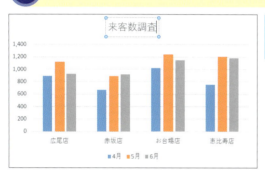

セルをクリックしてグラフタイトルの選択を解除しておく

HINT! グラフタイトルを削除するには

グラフタイトルをクリックして選択し、Deleteキーを押すと削除できます。また、Excel 2016/2013では以下の手順で、Excel 2010では［グラフツール］の［レイアウト］タブの［グラフタイトル］-［なし］の順にクリックしても、グラフタイトルを削除できます。

❶ グラフエリアをクリック

❷ ［グラフツール］の［デザイン］をクリック

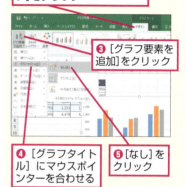

❸ ［グラフ要素を追加］をクリック

❹ ［グラフタイトル］にマウスポインターを合わせる

❺ ［なし］をクリック

テクニック クイック分析ツールでもグラフを作成できる

Excel 2016/2013では、数値のセル範囲を選択したときに表示される［クイック分析］ボタンをクリックすると、選択した数値データの分析に適したさまざまな機能が提示されます。選択肢にマウスポインターを合わせると、設定結果をプレビューできるので、グラフをはじめ、条件付き書式やテーブルなど、最適なデータ分析機能を手軽に試せます。どのようなツールでデータを分析すればいいか迷ったときは、利用してみましょう。

❶ セルA2～D6をドラッグして選択

❷ ［クイック分析］をクリック

❹ ［集合縦棒］をクリック

グラフの種類にマウスポインターを合わせると、作成後のグラフが表示される

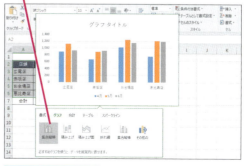

クイック分析ツールが表示された

❸ ［グラフ］をクリック

集合縦棒グラフが作成される

レッスン 4

項目軸と凡例を入れ替えるには

行/列の切り替え

対応バージョン 2016 2013 2010

レッスンで使う練習用ファイル
行と列の切り替え.xlsx

ボタン1つで瞬時にグラフの情報が切り替わる

グラフは、数値データを分かりやすく伝えるための手段です。グラフで何を伝えたいのか、そしてどのようなグラフにしたら、伝えたいことを効果的に見せられるかを考えることが大切です。例えば、集合縦棒グラフは、横（項目）軸に表示される内容と凡例に表示される内容を入れ替えるだけで、グラフで伝えたい内容が変わります。下の［Before］のグラフを見てください。横（項目）軸に店舗名、凡例に月が配置されており、店舗ごとの来客数の違いを重視したグラフになっています。［After］のグラフでは、横（項目）軸に月、凡例に店舗名を配置しました。横（項目）軸と凡例の項目を入れ替えただけですが、どうでしょうか？［After］のグラフでは、月ごとの来客数の違いが手に取るように分かります。入れ替えの操作は簡単なので、データをいろいろな角度から分析したいときは、横（項目）軸と凡例を入れ替えてみるといいでしょう。

関連レッスン

▶レッスン20
凡例の位置を変更するには ………… p.88

キーワード

カラーリファレンス	p.369
グラフエリア	p.370
データ範囲	p.373
凡例	p.373
横（項目）軸	p.375

基本編 第1章 グラフを作成しよう

Before

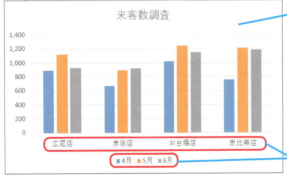

店舗別に月ごとの来客数を比較できる

横（項目）軸に店舗名、凡例に月が配置されている

After

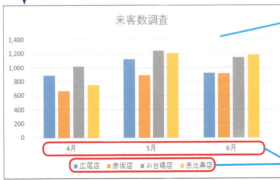

月別に店舗ごとの来客数を比較できる

横（項目）軸に月、凡例に店舗名が配置されている

32 できる

このレッスンは動画で見られます　操作を動画でチェック！▶▶
※詳しくは2ページへ

1 横（項目）軸と凡例を入れ替える

店舗名（横（項目）軸）と月（凡例）を入れ替える

❶ グラフエリアをクリック
❷ ［グラフツール］の［デザイン］タブをクリック
❸ ［行/列の切り替え］をクリック

Excel 2010では画面の左上にある［行/列の切り替え］をクリックする

2 横（項目）軸と凡例が入れ替わった

横（項目）軸に月、凡例に店舗名が配置された

別の角度から来客数を比較できる

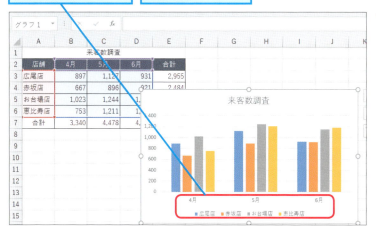

HINT! グラフエリアを選択するには

グラフを編集するときは、まずグラフを選択します。グラフを選択するには、マウスポインターを合わせたときに［グラフエリア］と表示される場所をクリックします。

グラフ全体を選択するには［グラフエリア］と表示される場所をクリックする

HINT! 横（項目）軸と凡例はどのように決まるの？

横（項目）軸と凡例は、データ範囲の数値の行数と列数の関係で決まります。数が多い方が横（項目）軸になります。このレッスンの元表の場合、広尾店〜恵比寿店の行数が4行、列数が3列なので、各行の見出しの店舗名が横（項目）軸に並びます。

列数より行数が多いので、店舗名が横（項目）軸に並ぶ

HINT! 元の表に表示されている色の枠は何？

グラフエリアをクリックすると、グラフの元になるセルが色の枠で囲まれます。この枠は「カラーリファレンス」と呼ばれ、グラフのデータ範囲の変更に利用できます。詳しくは、レッスン㉗で解説します。

レッスン 5

グラフの種類を変更するには

グラフの種類の変更

対応バージョン 2016 2013 2010

レッスンで使う練習用ファイル
グラフの種類の変更.xlsx

データに応じて最適なグラフに変更しよう

Excelで作成できるグラフの種類は豊富です。棒グラフからは数値の大小、折れ線グラフからは時系列の変化、円グラフからは内訳というように、グラフの種類によって伝えたい内容が変わります。同じ縦棒グラフの中にも、集合縦棒や積み上げ縦棒など、複数の形式が用意されています。グラフの種類は簡単に変更できるので、いろいろと試して最適なグラフの種類を選びましょう。

下の［Before］のグラフは集合縦棒グラフです。各月、各店舗の来客数の大小を比較するのに向いています。それに対して、月別の合計来客数に注目させるには、積み上げ縦棒グラフがお薦めです。［After］のグラフと比較してみましょう。棒の高さが月全体の来客数を表し、月ごとの来客数全体が比較しやすくなります。同時に、各店舗の来客数が月ごとにどうなっているかも分かります。グラフの種類を変えるだけで、違った視点からの分析が可能になるのです。

関連レッスン

▶レッスン9
グラフのデザインを
まとめて設定するには …………… p.48

▶レッスン17
グラフのレイアウトを
まとめて変更するには …………… p.80

キーワード

グラフエリア	p.370
ダイアログボックス	p.372

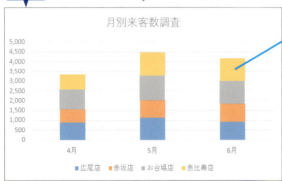

Before
月別に店舗ごとの来客数が集合縦棒で表示されている
各月、各店舗の来客数の大小を比較しやすい

After
積み上げ縦棒グラフに変更すると、月ごとの来客数の合計と店舗別の来客数の割合がひと目で分かる

① [グラフの種類の変更] ダイアログボックスを表示する

グラフエリアをクリックしてグラフ全体を選択する

❶ グラフエリアをクリック

❷ [グラフツール]の[デザイン]タブをクリック

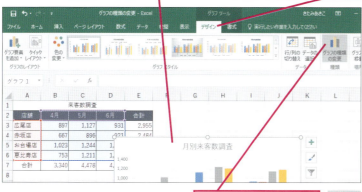

❸ [グラフの種類の変更]をクリック

② グラフの種類を積み上げ縦棒に変更する

[グラフの種類の変更] ダイアログボックスが表示された

❶ [縦棒] をクリック

❷ [積み上げ縦棒] をクリック

変更後のグラフが表示された

❸ 積み上げ縦棒のグラフをクリック

❹ [OK] をクリック

③ グラフの種類が変更された

グラフの種類が積み上げ縦棒に変更された

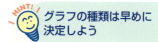
グラフの種類は早めに決定しよう

グラフの種類は、後から何度でも変更できます。ただし、グラフのレイアウトやデザインを作り込んだ後でグラフの種類を変更すると、レイアウトやデザインの再調整が必要になることがあります。グラフの種類は、細部を作り込む前に決定した方がいいでしょう。

変更した結果を事前に確認できる

Excel 2016/2013では、[グラフの種類の変更] ダイアログボックスに実際のデータによるグラフのプレビューが表示されます。プレビューにマウスポインターを合わせると、さらに大きなプレビューが表示され、変更後の状態を詳しく確認できます。

グラフのプレビューにマウスポインターを合わせると、大きいサイズで表示される

Excel 2010ではダイアログボックスの構成が異なる

Excel 2010では、[グラフの種類の変更]ダイアログボックスがExcel 2016/2013と異なります。左欄でグラフの種類を選択し、右欄でグラフの形式を選択します。

レッスン 6

グラフの位置やサイズを変更するには

移動とサイズ変更

対応バージョン 2016 2013 2010

レッスンで使う練習用ファイル
移動とサイズ変更.xlsx

ドラッグ操作でグラフを見やすく配置！

グラフをワークシート上に作成すると、グラフは画面の中央に配置されます。元の表やほかのグラフなど、ワークシート上の内容とのバランスを考え、グラフの位置とサイズを調整しましょう。
また、グラフエリアは通常横長ですが、円グラフの場合は幅を狭くしたり、項目数が多いときはグラフのサイズを大きくしたりするなど、作成するグラフに応じてサイズを調整しましょう。移動とサイズ変更は、マウスのドラッグ操作で簡単に行えます。
下の[Before]のワークシートは、グラフを作成した直後の状態です。表の一部と重なり、セルの内容が見えづらくなっています。[After]のワークシートでは、グラフを元表の真下に移動し、サイズを元表の幅にそろえました。これなら表のデータも確認でき、右側のセルに別の表を入力したり、新しいグラフを挿入したりすることも可能です。

関連レッスン

▶レッスン 10
グラフ内の文字サイズを
変更するには ………………… p.52

キーワード

クイックアクセスツールバー	p.369
グラフエリア	p.370
セル	p.372
ハンドル	p.373
プロットエリア	p.374

表とグラフの位置がそろっておらず、表の一部が隠れている

グラフの位置とサイズを変更して、バランスよく配置できる

① グラフを移動する

グラフを表の下に移動する

❶グラフエリアにマウスポインターを合わせる

マウスポインターの形が変わった

❷ここまでドラッグ

② グラフのサイズを変更する

グラフが表の下に移動した

グラフのサイズを表と同じ幅に変更する

❶グラフのハンドルにマウスポインターを合わせる

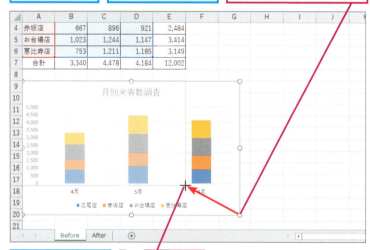

マウスポインターの形が変わった

❷ここまでドラッグ

 マウスポインターを合わせる位置に注意する

グラフを移動できるのは、グラフエリアをドラッグしたときです。プロットエリアやグラフタイトルなど、ほかの要素をドラッグすると、そのグラフ要素がグラフ内で移動してしまうので注意してください。

 セルの枠線に合わせてレイアウトするには

移動やサイズを変更するときに、[Alt]キーを押しながらドラッグすると、グラフをセルの枠線にぴったり合わせられます。

[Alt]キーを押しながらドラッグすると、セルの枠線にそろえられる

 縦横比を保ったままサイズを変更するには

[Shift]キーを押しながらグラフの右下角のハンドルをドラッグすると、グラフの縦横比を保ったままサイズを変更できます。

 間違った場合は?

手順1で間違ってプロットエリアやグラフタイトルを移動してしまった場合は、クイックアクセスツールバーの[元に戻す]ボタン（ ）をクリックしてから、操作し直しましょう。

次のページに続く

6 移動とサイズ変更

できる 37

❸ グラフのサイズが変更された

グラフのサイズが変更され、表の下にバランスよく配置できた

HINT! 表とグラフで幅をそろえるときの注意点

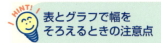

Alt キーを利用してグラフの幅を表の幅に合わせた場合、画面上では表とグラフで左右の境界線がぴったり合っているように見えても、印刷時にわずかにグラフがはみ出ることがあります。用紙の幅いっぱいに表を作成し、表に合わせてグラフの幅を広げると、グラフの一部が2ページ目に印刷されてしまうので、グラフの幅をほんの少し狭くしましょう。

テクニック 複数のグラフで位置やサイズをそろえる

複数のグラフを配置するときは、サイズや位置をそろえるときれいです。マウス操作で同じサイズにするのは難しいので、以下のようにグラフの高さと幅をセンチメートル単位の数値で指定するといいでしょう。配置は、[オブジェクトの配置]ボタンの項目でそろえます。例えば、2つのグラフを選択して[上揃え]を設定すると、2つのグラフのうち、上にある方のグラフの上端を基準に、もう一方のグラフが上に移動します。

❶ Ctrl キーを押しながら2つのグラフエリアをクリック

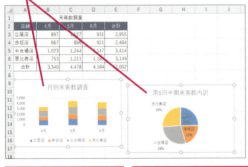

❷ [描画ツール]の[書式]タブをクリック
❸ [図形の高さ]に「6」と入力して Enter キーを押す
❹ [図形の幅]に「9.5」と入力して Enter キーを押す

❺ [オブジェクトの配置]をクリック
❻ [上揃え]をクリック

2つのグラフの大きさと位置がそろった

テクニック セルに連動してグラフの位置やサイズが変わらないようにする

既定の設定では、グラフを配置しているセルのサイズに連動して、グラフの位置やサイズが変わります。例えば列幅を広げるとグラフの幅も広がり、列を削除するとグラフの幅は狭くなります。グラフのサイズが勝手に変わると、グラフ内のレイアウトの微調整が必要になり面倒です。グラフの細部を作り込んだ後は、以下の手順のように操作して、グラフの位置やサイズが変わらないようにするといいでしょう。

 **Excel 2016/2013の場合**

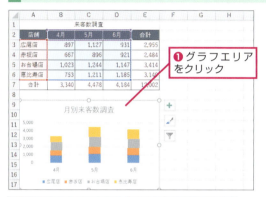

❶ グラフエリアをクリック

❷ [グラフツール]の[書式]タブをクリック

❸ [サイズとプロパティ]をクリック

❹ [プロパティ]をクリック

❺ [セルに合わせて移動するがサイズ変更はしない]をクリック

❻ [閉じる]をクリック

[セルに合わせて移動やサイズ変更をしない]をクリックするとグラフのサイズと位置が固定される

セルのサイズを変更してもグラフのサイズが変わらなくなる

 **Excel 2010の場合**

❶ グラフエリアをクリック

❷ [グラフツール]の[書式]タブをクリック

❸ [サイズとプロパティ]をクリック

❹ [プロパティ]をクリック

ここではグラフのサイズを固定する

❺ [セルに合わせて移動するがサイズ変更はしない]をクリック

ここをクリックすると、グラフのサイズと位置が固定される

❻ [閉じる]をクリック

セルのサイズを変更してもグラフのサイズが変わらなくなる

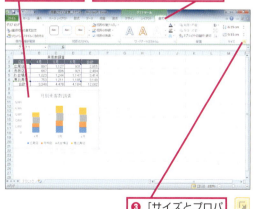
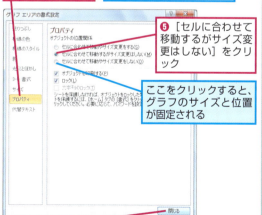

6 移動とサイズ変更

レッスン 7

グラフだけを印刷するには

グラフの印刷

対応バージョン 2016 2013 2010

レッスンで使う練習用ファイル
グラフの印刷.xlsx

グラフを用紙いっぱいに拡大して印刷できる

作成したグラフを、会議やプレゼンテーションの資料として添付したいことがあります。表とグラフの両方が配置されたワークシートを普通に印刷すると、用紙に収まるときは、表とグラフが一緒に印刷されます。下の［Before］のワークシートの場合、標準の設定では、A4サイズの縦向きの用紙に来客数調査の表とグラフが一緒に印刷されます。グラフと表を照らし合わせて数値を確認したいときには便利です。しかし、細かい数値にとらわれず、グラフでデータ全体の分布や傾向を見て欲しいときもあります。そのようなときは、用紙いっぱいにグラフだけを印刷するといいでしょう。
グラフだけを印刷するには、あらかじめグラフを選択してから印刷を実行します。印刷したくない表をグラフで隠したり、グラフのハンドルをドラッグしてグラフのサイズを大きくする必要はありません。配置はそのままで、グラフだけを用紙いっぱいに拡大印刷できます。このレッスンでは、［After］の図のように、グラフだけを横向きの用紙いっぱいに印刷します。印刷イメージの確認とページ設定、印刷の実行という流れで印刷の手順を説明します。

関連レッスン

▶レッスン8
グラフ専用のシートを
利用するには ……………… p.44

キーワード

印刷プレビュー	p.369
グラフエリア	p.370
ハンドル	p.373
ブック	p.374
ワークシート	p.375

ショートカットキー

Ctrl + P ……… ［印刷］画面の表示

基本編 第1章 グラフを作成しよう

Before
表とグラフがあるワークシートでグラフのみを印刷する

→

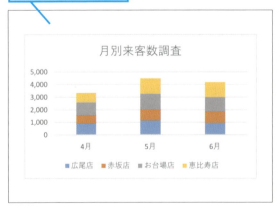

After
横向きの用紙いっぱいにグラフのみを印刷できる

1 [印刷]の画面を表示する

プリンターを使えるように
準備しておく

グラフのみを印刷するので
グラフエリアを選択する

❶グラフエリアを
クリック

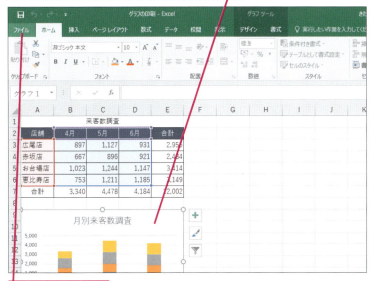

❷[ファイル]タブを
クリック

2 [印刷]の画面を表示する

[情報]の画面が
表示された

[印刷]を
クリック

HINT! 選択内容によって印刷対象が決まる

セルを選択した状態で印刷や印刷プレビューを実行すると、ワークシートが印刷対象になります。そのため、表とグラフが一緒に印刷されます。
一方、グラフエリアを選択しているときに印刷や印刷プレビューを実行すると、そのグラフのみが印刷対象になります。グラフだけを印刷したいときは、必ず事前にグラフエリアを選択しましょう。

HINT! [情報]の画面では何ができるの？

手順1でクリックした[ファイル]タブには、ファイル全般や印刷に関する機能が集められています。左側の一覧からメニュー項目を選ぶと、その項目に関する機能が画面に表示されます。最初に表示される[情報]の画面では、ブックの作成者や更新日時などの確認、ブックの保護、パスワードの設定、別バージョンのExcelとの互換性のチェックなどを実行できます。

HINT! ワークシートの編集画面を表示するには

[情報]の画面でブックの情報を確認した後、元のワークシートの画面に戻るには、Excel 2016/2013では手順2の画面左上にあるをクリックします。Excel 2010では[ファイル]タブをクリックします。[印刷]の画面で印刷プレビューを確認した後、印刷せずに元の画面に戻る場合も同様です。

次のページに続く

❸ ページ設定を変更する

[印刷]の画面に印刷プレビューが表示された

❶[ページ設定]をクリック

注意 利用するプリンターの設定によって印刷プレビューの表示が異なります

[ページ設定]ダイアログボックスが表示された

印刷の向きを変更してA4の用紙いっぱいにグラフが印刷されるようにする

❷[ページ]タブをクリック

❸[横]をクリック

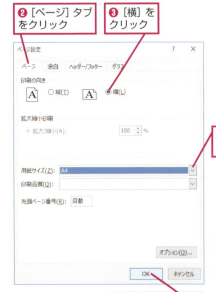

❹ここをクリックして[A4]を選択

❺[OK]をクリック

 [印刷]の画面にさまざまな機能がまとまっている

[印刷]の画面では、印刷プレビューとページ設定、印刷の実行の3つの機能がまとめられています。

 [印刷]の画面で用紙の向きを変更するには

以下の手順で操作すれば、[印刷]の画面で用紙の向きを変更できます。わざわざ[ページ設定]ダイアログボックスを表示しなくてもいいので便利です。ただし、[ページ設定]ダイアログボックスでないと設定できない項目もあるので、ダイアログボックスを利用する方法も覚えておきましょう。

❶[縦方向]をクリック

❷[横方向]をクリック

用紙の向きが横に設定される

 間違った場合は?

印刷プレビューに表とグラフが一緒に表示される場合は、事前にグラフを選択できていません。前ページのHINT!「ワークシートの編集画面を表示するには」を参考に、いったん[印刷]の画面を閉じ、ワークシートを表示して手順1から操作をやり直しましょう。

④ 印刷を実行する

用紙の向きが横に設定された

❶印刷部数を確認

❷[印刷]をクリック

⑤ グラフのみが印刷された

選択したグラフのみが印刷された

モノクロプリンターで印刷するには

カラーのグラフをモノクロプリンターで印刷すると、グラフの色の違いが分かりにくくなることがあります。[ページ設定]ダイアログボックスの[グラフ]タブで[白黒印刷]をクリックしてチェックマークを付けると、色の代わりにモノクロの網かけ模様が表示され、きれいに印刷できます。

手順3と同様の操作を実行しておく

❶[グラフ]タブをクリック

❷[白黒印刷]をクリックしてチェックマークを付ける

❸[OK]をクリック

カラーのグラフがモノクロの網かけ模様で表示された

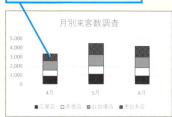

7 グラフの印刷

レッスン 8

グラフ専用のシートを利用するには

グラフシート

グラフを作るだけでなく、作業のしやすさも追求しよう

グラフを作成すると、元の表と同じワークシートに配置されます。表とグラフを見比べたいときには便利ですが、細かい設定作業をしたいときや、グラフに表示するデータが多い場合などは、グラフを大きく表示した方が見やすく扱いも容易です。そのようなときは、グラフ専用のワークシートである「グラフシート」を利用するといいでしょう。

下の［Before］のグラフは、ワークシート上に配置されています。元の表と見比べたいときには便利ですが、細かい作業には不向きです。［After］のように、グラフをグラフシートに移動すると、グラフが画面全体に表示され、扱いやすくなります。データ量が多い場合にも、見やすく表示できます。

関連レッスン
▶レッスン7 グラフだけを印刷するには………… p.40

キーワード	
グラフシート	p.370
ワークシート	p.375

Before
ワークシートに表とグラフが作成されている

→

After
新しく作成するグラフシートにグラフのみを移動できる

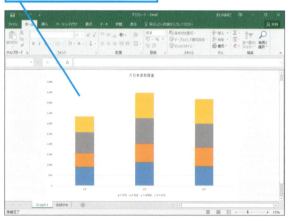

1 グラフをグラフシートに移動する

❶ グラフエリアを
クリック

❷ [グラフツール]の[デザイン]タブをクリック

❸ [グラフの移動]をクリック

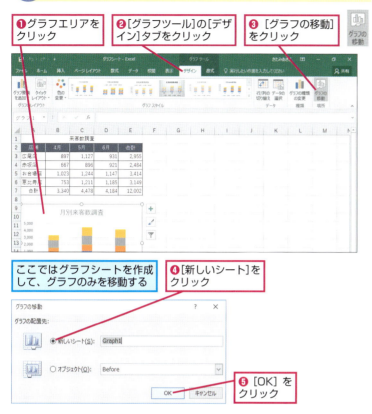

ここではグラフシートを作成して、グラフのみを移動する

❹ [新しいシート]を
クリック

❺ [OK]を
クリック

2 グラフがグラフシートに移動した

[Graph1]シートが作成され
グラフのみが移動した

HINT! グラフシートのグラフを ワークシートに移動するには

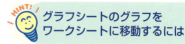

グラフシートのグラフをワークシートに移動するには、手順1と同様に操作して [グラフの移動] ダイアログボックスを表示します。[オブジェクト] をクリックし、ボックスのボタンで移動先のワークシートを選択すると、グラフが選択したワークシートに移動します。移動したグラフは、レッスン❻を参考にワークシート内で位置やサイズを自由に変更できます。

[オブジェクト]を
クリック

ここをクリックして、移動先のワークシートを指定できる

HINT! ワークシートから ワークシートへの移動も可能

手順1の操作で [オブジェクト] をクリックして移動先のワークシートを選択すれば、ワークシート上のグラフをほかのワークシートに移動することもできます。別々のワークシートに作成したグラフを同じワークシートに移動して、並べて印刷したいときなどに便利です。

HINT! もっと簡単にグラフシートを 利用するには

グラフの元データとなるセル範囲を選択して、F11キーを押すと、ブックに新しいグラフシートが追加され、集合縦棒グラフが作成されます。必要に応じてレッスン❺を参考にグラフの種類を変更するといいでしょう。

できる 45

この章のまとめ

●基本が分かれば、すぐにグラフが作れる！

Excelではセルにデータを入力するだけで簡単に表を作成できますが、その表からグラフを作成するとなると、ハードルが高いと感じるかもしれません。しかし、心配はありません。Excelのグラフ作成機能は強力で、単純なグラフなら誰でも簡単に作成できます。グラフは視覚で数値を判断できる有用な道具ですが、グラフを作ればその便利さが実感できます。すると今度は、より分かりやすいグラフを作りたい、という欲がわいてきます。そうなればシメタモノ、どんどんグラフ作りが上達し、作業が楽しくなってきます。
「分かりやすいグラフにするにはどうしたらいいか」と迷ったときは、まずグラフの種類を検討しましょう。グラフで何を表現したいのかを考え、それを最も効果的に見せるには、棒グラフがいいのか、折れ線グラフがいいのか、と考えるのです。グラフの種類が決まったら、次にグラフに配置するグラフ要素を考えます。グラフにはいろいろなグラフ要素を配置できますが、最初からすべて覚える必要はありません。そのとき必要なグラフ要素を配置しながら、1つずつ理解していけばいいのです。グラフをいくつか作成していくうちに理解が深まり、グラフ作りが上達するはずです。

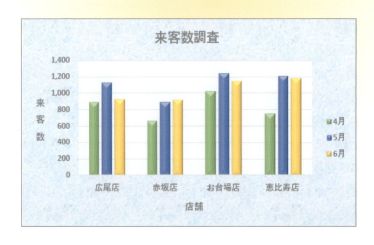

種類や要素を意識して数値をグラフ化する

データに応じたグラフの種類やグラフを構成する要素を知れば、分かりやすいグラフが作れるようになる

第2章 グラフをきれいに修飾しよう

グラフは、いろいろなシーンで資料として使われます。「会議用には落ち着いたデザイン」「プレゼンテーション用には華やかなデザイン」というように、目的と用途に応じて適切なデザインを設定することが大切です。この章で紹介する機能を使いこなして、グラフを思い通りに修飾してみましょう。

●この章の内容
❾ グラフのデザインをまとめて設定するには…………48
❿ グラフ内の文字サイズを変更するには……………52
⓫ 1本だけ棒の色を変えて目立たせるには……………54
⓬ グラフの背景に模様を設定するには………………58
⓭ 棒にグラデーションを設定するには………………62
⓮ グラフに影や立体表示を設定するには……………66
⓯ 軸や目盛り線の書式を変更するには………………70
⓰ グラフの中に図形を描画するには…………………74

レッスン 9

グラフのデザインをまとめて設定するには

グラフスタイル

対応バージョン 2016 2013 2010

レッスンで使う練習用ファイル
グラフスタイル.xlsx

グラフの見ためや印象をガラリと変更できる

作成直後のExcelのグラフは、色合いやデザインが決まっていて、やや単調です。しかし、見栄えを整えたくても手間をかける時間がない、ということもあるでしょう。そんなときにお薦めなのが［グラフスタイル］と［色の変更］の機能です。これらを使うと、一覧から選択するだけで、簡単にグラフ全体のデザインと色合いを変更できます。各スタイルにはグラデーションや影など、見栄えのする書式が設定されています。さらに、Excel 2016/2013のスタイルには、データラベルや目盛り線など、グラフ要素の表示の設定も含まれており、グラフ全体のデザインをまとめて設定できます。
下の［Before］のグラフは、リボンのボタンを使用して作成した直後の縦棒グラフで、既定のデザインが適用されています。［After］のグラフは、［グラフスタイル］と［色の変更］を使用して、デザインを変更したグラフです。グラフの印象がガラリと変わることが分かるでしょう。

関連レッスン

▶レッスン12
グラフの背景に模様を
設定するには ……………… p.58

▶レッスン13
棒にグラデーションを
設定するには ……………… p.62

▶レッスン14
グラフに影や立体表示を
設定するには ……………… p.66

▶レッスン17
グラフのレイアウトをまとめて
変更するには ……………… p.80

キーワード

グラフスタイル	p.370
リボン	p.375

Before

何も設定を変更しない状態では、［スタイル1］（Excel 2010では［スタイル2］）という書式がグラフに設定される

After

［グラフスタイル］と［色の変更］の一覧からスタイルと色を選ぶだけで、デザインをまとめて変更できる

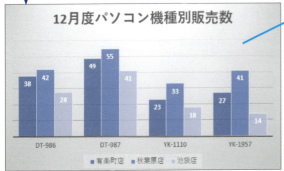

Excel 2016/2013の場合

1 グラフのデザインを変更する

❶ グラフエリアをクリック
❷ [グラフツール]の[デザイン]タブをクリック
❸ [グラフスタイル]の[その他]をクリック

[グラフスタイル]の一覧が表示された
❹ [スタイル4]をクリック

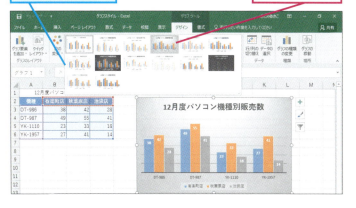

2 グラフの色を変更する

グラフのデザインが[スタイル4]に変更された
❶ [色の変更]をクリック
❷ [色9]をクリック

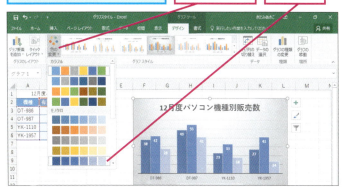

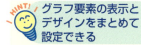

グラフ要素の表示とデザインをまとめて設定できる

Excel 2016/2013の[グラフスタイル]には、グラフ要素の表示/非表示の設定と、グラデーションや影などの見栄えの設定が含まれます。手順1の操作4で[スタイル4]を適用すると、データラベルが表示され、縦(値)軸が非表示になり、グラフエリアに灰色のグラデーションが設定されます。

スタイルと色の組み合わせでデザインが決まる

Excel 2016/2013では、[グラフスタイル]と[色の変更]を組み合わせてデザインを設定します。集合縦棒グラフの場合、組み合わせの数は14(スタイル)×17(配色)=238通りにもなります。いずれの設定も、項目にマウスポインターを合わせると、設定効果がプレビューされるので便利です。

Excel 2016/2013では[グラフスタイル]ボタンからデザインを選べる

Excel 2016/2013では、グラフの右上に表示される[グラフスタイル]ボタン(　)からもスタイルや色を変更できます。リボンまでマウスを移動せずに素早く設定できるので効率的です。

❶ グラフエリアをクリック
❷ [グラフスタイル]をクリック

[グラフスタイル]の一覧が表示された
[色]をクリックすると、グラフの色を変更できる

次のページに続く

❸ グラフの色が変更された

縦棒や凡例の色が変更された

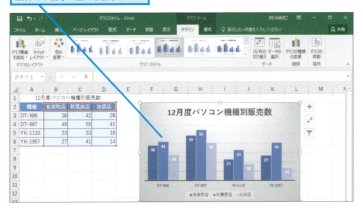

HINT! スタイルを設定してから個別に書式を設定しよう

塗りつぶしの色や線の種類など、グラフ要素に設定した書式は、[グラフスタイル]や[色の変更]を設定すると、そのスタイルで上書きされてしまいます。個別に書式を設定したい場合は、[グラフスタイル]や[色の変更]を適用した後で個別に設定しましょう。

Excel 2010の場合

❶ グラフのデザインを変更する

❶ グラフエリアをクリック
❷ [グラフツール]の[デザイン]タブをクリック
❸ [グラフのスタイル]の[その他]をクリック

[グラフのスタイル]の一覧が表示された

❹ [スタイル35]をクリック

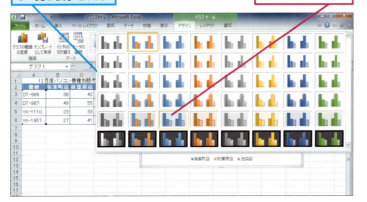

HINT! スタイルと色の組み合わせが登録されている

Excel 2010の[グラフのスタイル]には、6種類のスタイルと8種類の配色を組み合わせた48種類のデザインが登録されています。[グラフのスタイル]を設定するだけで、スタイルと配色を一度に変更できます。なお、Excel 2010では[グラフのスタイル]を適用しても、グラフタイトルやデータラベルなどのグラフ要素が追加されることはありません。

HINT! グラフの種類に応じたデザインが表示される

[グラフスタイル]の一覧に表示されるデザインは、円グラフ用、折れ線グラフ用、というように、グラフの種類に応じて変化します。

50 できる

② グラフのデザインが変更された

グラフのデザインが [スタイル35] に変更された

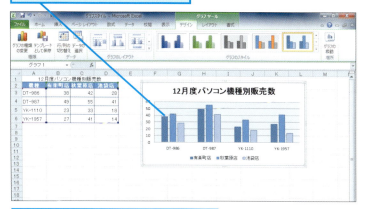

Excel 2010でグラフの色を変更するには、レッスン⑪を参考に操作する

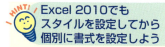

Excel 2010でもスタイルを設定してから個別に書式を設定しよう

Excel 2016/2013と同様にExcel 2010でも [グラフのスタイル] を設定すると、塗りつぶしの色や線の種類など、グラフ要素に設定した書式は、そのスタイルで上書きされてしまいます。個別に書式を設定したい場合は、[グラフのスタイル] を適用した後で個別に設定しましょう。

Excel 2010には [色の変更] ボタンがない

49ページの手順2で [色の変更] ボタンを使用していますが、Excel 2010には [色の変更] ボタンがありません。[グラフのスタイル] からグラフ全体の色を変えるか、レッスン⑪を参考に手動で色を設定しましょう。

9 グラフスタイル

テクニック　異なるバージョンで互いに配色を変更する

Excel 2010で作成したブックをExcel 2013以降で開いてグラフの編集を行うと、[デザイン] タブの [色の変更] や [書式] タブの [図形の塗りつぶし] にExcel 2010の配色が表示されます。Excel 2013以降の配色を使いたい場合は、以下の手順で [配色] を [Office] に変更しましょう。Excel 2013以降で作成したブックをExcel 2010で編集する場合も、同様の操作でExcel 2010の配色に変更できます。

❶ [ページレイアウト] タブをクリック

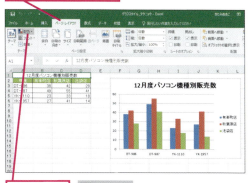

❷ [配色] をクリック

❸ [Office] をクリック

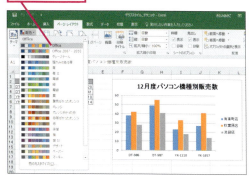

グラフや表の塗りつぶしの色がExcel 2013以降の配色に変わる

できる 51

レッスン 10

グラフ内の文字サイズを変更するには

フォントサイズ

対応バージョン 2016 2013 2010

レッスンで使う練習用ファイル
フォントサイズ.xlsx

文字を大きくしてグラフを見やすくしよう

グラフには、グラフタイトルや凡例など、いろいろな文字が含まれています。それらの文字には既定のフォントサイズが適用されていますが、後から自由に変更できます。グラフ自体の大きさや表とのバランスを考えて、適切に設定しましょう。グラフタイトルだけ大きくして目立たせるなど、役割に応じて文字のサイズに変化を付けることも、グラフを見やすくする重要なポイントです。

グラフ内の文字のサイズを変更するときは、グラフ全体に共通のフォントサイズを設定してから、各グラフ要素のフォントサイズを個別に変更すると効率的です。このレッスンでは、縦（値）軸上の文字と横（項目）軸上の文字、凡例の文字のサイズを少し大きめに変更して、グラフを見やすくしてみましょう。

関連レッスン

▶レッスン6
グラフの位置やサイズを
変更するには ……………………… p.36

キーワード

グラフスタイル	p.370
グラフタイトル	p.370
グラフ要素	p.370
縦（値）軸	p.372
凡例	p.373
フォント	p.373
横（項目）軸	p.375

Before

After

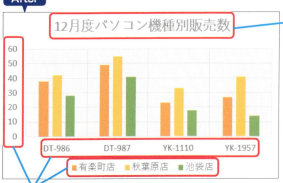

文字を大きくしてグラフタイトルを目立たせられる

縦(値)軸や横(項目)軸、凡例の文字サイズをまとめて変更できる

① [フォントサイズ]の一覧を表示する

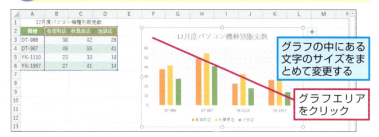

グラフの中にある文字のサイズをまとめて変更する

グラフエリアをクリック

② グラフの文字のサイズを変更する

❶[ホーム]タブをクリック　❷[フォントサイズ]のここをクリック　❸[12]をクリック

③ グラフタイトルの文字のサイズを変更する

グラフタイトル以外の文字のサイズが[12]に変更された

❶グラフタイトルをクリック

❷[フォントサイズ]のここをクリック　❸[18]をクリック

④ グラフタイトルの文字のサイズが変更された

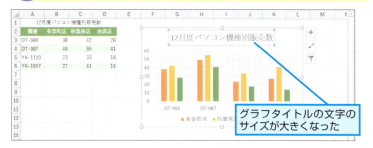

グラフタイトルの文字のサイズが大きくなった

特定の文字だけサイズを変更するには

グラフエリアを選択してフォントサイズを変更すると、グラフタイトル以外の文字が同じ大きさになります。また、グラフタイトルの文字は、自動で大きさが変わります。「凡例の文字だけを大きくしたい」というときは、グラフ要素を選択してからフォントサイズを変更しましょう。

フォントサイズを段階的に変更するには

[ホーム]タブにある[フォントサイズの拡大]ボタン（A˘）や[フォントサイズの縮小]ボタン（A˘）を使用すると、フォントサイズを1段階ずつ拡大／縮小できます。手順2の方法だと[フォントサイズ]の一覧が邪魔になることがありますが、以下のように操作すればワークシート全体のバランスを見ながら、フォントサイズを少しずつ変えられます。

[フォントサイズの拡大]をクリック　フォントサイズが1段階大きくなる

[フォントサイズの縮小]をクリックすると、フォントサイズを1段階小さくできる

フォントサイズを直接入力できる

[フォントサイズ]の一覧にない文字のサイズを設定したいときは、[フォントサイズ]に直接数値を入力します。

数値を入力して[Enter]キーを押す

10 フォントサイズ

できる | 53

レッスン 11

1本だけ棒の色を変えて目立たせるには

系列とデータ要素の選択

対応バージョン 2016 / 2013 / 2010

レッスンで使う練習用ファイル
系列とデータ要素の選択.xlsx

データ要素を選択して特定の棒を目立たせよう

「競合他社のグラフの中で自社の棒に注目を集めたい」「各商品のグラフの中で注力商品の棒を目立たせたい」、そんなときは1本だけ棒の色を変えると効果的です。すべての棒に灰色のような地味な色を設定し、目立たせたい棒だけ鮮やかな色を設定しましょう。そうすれば、色を変えた棒だけが際立ち、重要度を強調できます。
このレッスンでは、すべての棒を灰色に変更した後で、その中の1本を赤に変更する例を紹介します。すべての棒（系列）を選択する方法と1本の棒（データ要素）だけを選択する方法の違いに注意しながら操作してください。

関連レッスン

▶レッスン37
棒を太くするには ………………… p.146

▶レッスン38
2系列の棒を重ねるには ………… p.148

キーワード

系列	p.370
データ要素	p.373
データラベル	p.373

基本編 第2章 グラフをきれいに修飾しよう

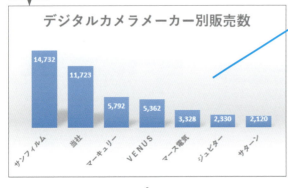

自社を含め、デジタルカメラのメーカー別に販売数がまとめられている

ほかのメーカーに対し、自社のポジションが分かりにくい

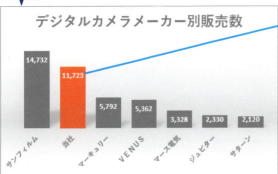

[当社]の棒だけ目立つ色に設定すれば、自社のポジションや販売数の差がひと目で分かる

1 [図形の塗りつぶし]の一覧を表示する

系列全体を灰色で塗りつぶす

❶[販売数]の系列をクリック

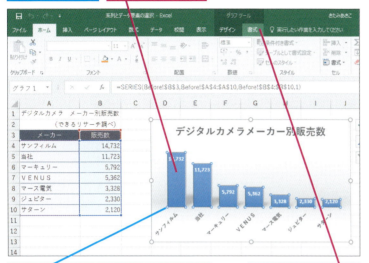

系列が選択され、棒のすべてにハンドルが表示されていることを確認する

❷[グラフツール]の[書式]タブをクリック

2 系列の色を変更する

系列が選択されているときは、[系列"販売数"]などと表示される

❶[図形の塗りつぶし]のここをクリック

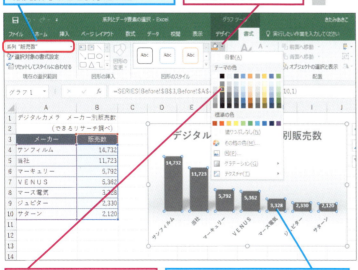

❷[黒、テキスト1、白+基本色35%]をクリック

色にマウスポインターを合わせると、操作結果が一時的に表示される

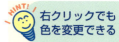 右クリックでも色を変更できる

グラフ要素を右クリックすると表示されるミニツールバーを使用しても、色の設定を行えます。右クリックすることで、グラフ要素に対して確実に設定ができます。

❶[販売数]の系列を右クリック　❷[塗りつぶし]をクリック

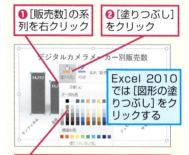

Excel 2010では[図形の塗りつぶし]をクリックする

❸[黒、テキスト1、白+基本色35%]をクリック

⚠ 間違った場合は？

手順1で「14,732」のデータラベルをクリックしてしまったときは、セルをクリックしてグラフの選択を解除してから操作をやり直します。

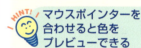 マウスポインターを合わせると色をプレビューできる

[図形の塗りつぶし]ボタンの▼をクリックした後、表示されるカラーパレットの色にマウスポインターを合わせると、グラフが一時的にその色に変わり、設定結果を確認できます。マウスポインターを動かしながらさまざまな色を試し、気に入った色が見つかったらクリックして設定するといいでしょう。

💡 バージョンによってカラーパレットの色が異なる

[図形の塗りつぶし]ボタンの▼をクリックしたときに表示されるカラーパレットの配色は、Excel 2016/2013とExcel 2010で異なります。なお、ほかのバージョンで作成したブックを開いたときは、作成元のバージョンの配色が表示されます。

次のページに続く

❸ 系列のデータ要素を選択する

- すべての棒が灰色に変わった
- ［当社］の棒を1回クリック
- ［当社］の棒のみにハンドルが表示されていることを確認する

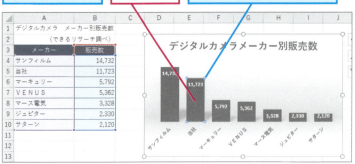

❹ データ要素の色を変更する

- ［当社］の棒が選択された
- ❶［図形の塗りつぶし］のここをクリック
- ❷［赤］をクリック

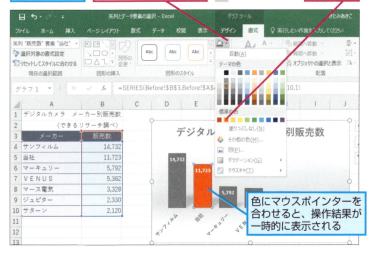

色にマウスポインターを合わせると、操作結果が一時的に表示される

❺ データ要素の色が変更された

- ［当社］の棒が赤い色に変わった

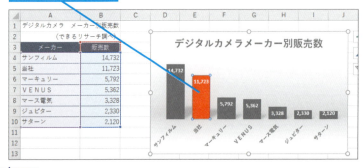

「ゆっくり2回」が棒1本を選択する秘訣

棒グラフの棒を1回クリックすると、同じ系列の棒がすべて選択されます。その状態でもう1回棒をクリックすると、クリックした棒だけが選択されます。ここでは、手順1のクリックで系列の棒がすべて選択され、手順3のクリックで［当社］の棒が選択されました。

より多くの種類から色を選ぶには

手順4で［図形の塗りつぶし］ボタンの￬をクリックし、［その他の色］をクリックすると、［色の設定］ダイアログボックスから別の色を設定できます。

- ［標準］タブでは、より多くの色を選択できる

- ［ユーザー設定］タブでは、赤、緑、青の割合を0～255の範囲の数値で指定して、色を設定できる

間違った場合は?

手順5ですべての棒が赤に変わってしまった場合は、［当社］の棒が選択できていません。［元に戻す］ボタン（⤺）をクリックして色を元に戻し、手順3から操作をやり直しましょう。

テクニック 棒の色を塗り分ければ説明がしやすくなる

プレゼンテーションや会議で使うグラフでは、すべての棒に異なる色を付けると口頭で説明しやすくなります。まず、棒を右クリックして［データ系列の書式設定］を選択します。Excel 2016/2013では［データ系列の書式設定］作業ウィンドウ、Excel 2010では［データ系列の書式設定］ダイアログボックスが表示されるので、［要素を塗り分ける］をクリックしてチェックマークを付けましょう。
なお、グラフに複数の系列がある場合は、［要素を塗り分ける］の項目が表示されません。

Excel 2016/2013の場合

［販売数］のすべての系列に異なる色を付ける
❶［販売数］の系列を右クリック
❷［データ系列の書式設定］をクリック

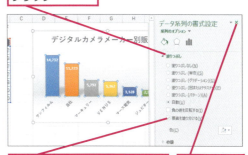

❹［塗りつぶし］をクリック
❺［要素を塗り分ける］をクリックしてチェックマークを付ける
❻［閉じる］をクリック

［データ系列の書式設定］作業ウィンドウが表示された
❸［塗りつぶしと線］をクリック

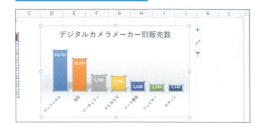

［販売数］のすべての系列に異なる色が設定された

Excel 2010の場合

❶［販売数］の系列を右クリック
❷［データ系列の書式設定］をクリック
❸［塗りつぶし］をクリック

❺［閉じる］をクリック

❹［要素を塗り分ける］をクリックしてチェックマークを付ける

［販売数］のすべての系列に異なる色が設定された

レッスン 12

グラフの背景に模様を設定するには

テクスチャ

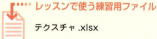

対応バージョン 2016 2013 2010
レッスンで使う練習用ファイル
テクスチャ.xlsx

「テクスチャ」でグラフが際立つ

グラフをプレゼンテーションで使用したり、カラーのパンフレットに掲載したりする場合は、人目を引くデザインに仕上げたいものです。作成した直後のグラフは背景が白く、味気ないデザインですが、背景に模様を付けるだけで見栄えがグンと上がります。Excelには「テクスチャ」と呼ばれるたくさんの模様があるのでグラフの内容や色に合わせた模様を選び、グラフを彩ってみるといいでしょう。グラフの背景は、グラフエリアとプロットエリアの2つの領域に分かれています。このレッスンでは、グラフエリアにテクスチャを設定し、プロットエリアには半透明の白い色を設定します。プロットエリアを半透明にするのもグラフテクニックの1つです。グラフエリアとプロットエリアのデザインの統一感を保ちつつ、模様で棒グラフが見にくくなるのを防げます。

関連レッスン

▶レッスン9
グラフのデザインをまとめて設定するには ……… p.48

▶レッスン13
棒にグラデーションを設定するには ……………… p.62

▶レッスン14
グラフに影や立体表示を設定するには ……………… p.66

キーワード

グラフエリア	p.370
グラフ要素	p.370
系列	p.370
プロットエリア	p.374

Before

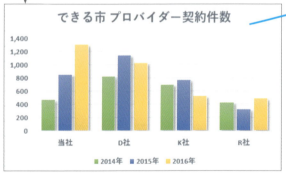

グラフの背景は特に設定されていない

After

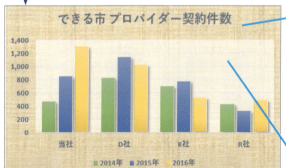

グラフエリアにテクスチャを設定すると、見栄えのするグラフになる

プロットエリアを半透明にすることで、模様で棒グラフが見にくくなるのを防げる

1 ［図形の塗りつぶし］の一覧を表示する

グラフを選択して背景を変更する

❶ グラフエリアをクリック
❷ ［グラフツール］の［書式］タブをクリック

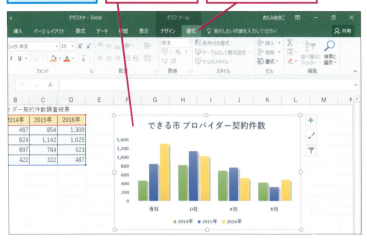

HINT! 設定を確定する前に設定効果を確認できる

手順2の操作3のように［テクスチャ］の項目にマウスポインターを合わせると、設定内容がグラフ上に表示されます。いろいろな項目にマウスポインターを合わせて、好みのテクスチャを決めてから、クリックして設定を確定しましょう。

HINT! 棒グラフの棒にもテクスチャを設定できる

系列をクリックして選択しておき、手順2の操作を行うと、棒グラフの棒の部分にテクスチャを設定できます。棒の質感が変わり、表現力の豊かなグラフになります。

❶ ［2016年］の系列をクリック
❷ ［グラフツール］の［書式］タブをクリック

2 グラフの背景を変更する

ここではグラフエリアに［紙］というテクスチャを設定する

❶ ［図形の塗りつぶし］のここをクリック

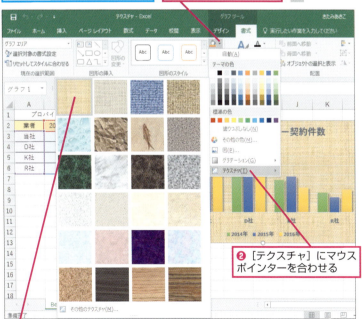

❷ ［テクスチャ］にマウスポインターを合わせる
❸ ［紙］をクリック

グラフエリアにテクスチャが設定される

❸ ［図形の塗りつぶし］のここをクリック
❹ ［テクスチャ］にマウスポインターを合わせる

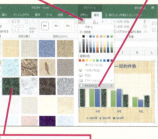

❺ ［大理石（緑）］をクリック

［2016年］の系列にテクスチャが設定される

次のページに続く

③ プロットエリアを塗りつぶす

ここではプロットエリアを半透明の白に設定する

❶ プロットエリアをクリック
❷ [グラフツール]の[書式]タブをクリック
❸ [図形の塗りつぶし]のここをクリック

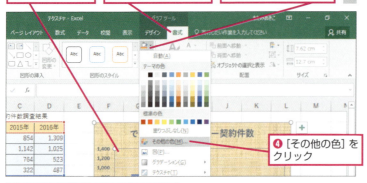

❹ [その他の色]をクリック

❺ [標準]タブをクリック
❻ 「白、背景1」をクリック

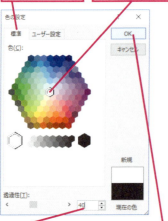

❼ 「40」と入力
❽ [OK]をクリック

④ プロットエリアが塗りつぶされた

プロットエリアが白で塗りつぶされ、透過性が40%に設定された

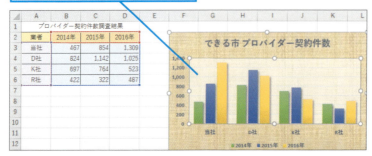

HINT! グラフ要素の名前を確認するには

現在選択されているグラフ要素は、[グラフツール]の[書式]タブにある[グラフ要素]で確認できます。Excel 2010の場合は、[レイアウト]タブにある[グラフの要素]でも同様に確認できます。

❶ グラフ要素を選択
❷ [グラフツール]の[書式]タブをクリック

◆グラフ要素

❸ [グラフ要素]に表示されている名前を確認

HINT! [透過性]の設定を効果的に使おう

プロットエリアを[塗りつぶしなし]に設定すると、プロットエリアの領域にグラフエリアの柄が表示され、棒グラフが見えづらくなることがあります。プロットエリアに[透過性]を設定して半透明にすれば、背景のテクスチャを生かしながら、棒グラフも見やすく表示できます。[透過性]は、0%～100%の範囲で設定します。大きな数値を入力するほど、透明度が高くなります。なお、[透過性]の設定はグラフ上にプレビューされません。思った結果にならなかった場合は、手順3から操作をやり直しましょう。

間違った場合は？

プロットエリアに設定する色を間違った場合は、手順3の操作1からやり直します。

テクニック 背景に画像を設定してグラフを彩ろう

このレッスンではグラフの背景を飾る素材としてテクスチャを使用しましたが、画像も利用できます。グラフの内容にぴったりの画像を使えば、より視覚に響きます。ただし、色数の多い画像だとグラフが読み取りづらくなる心配もあります。そのような事態を防ぐには、事前に画像加工ソフトを使用して、画像の色合いを抑えるなどの工夫をしておくといいでしょう。なお、Excel 2010では、操作4の後に操作5の[画像の挿入]画面は表示されず、操作6の[図の挿入]ダイアログボックスが直接表示されます。

❶グラフエリアをクリック　❷[グラフツール]の[書式]タブをクリック

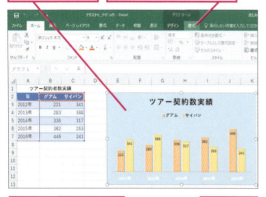

❸[図形の塗りつぶし]のここをクリック　❹[図]をクリック

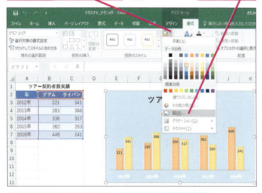

[画像の挿入]画面が表示された　❺[ファイルから]をクリック

Excel 2010では[画像の挿入]の画面が表示されない

❻背景の画像があるフォルダーを選択

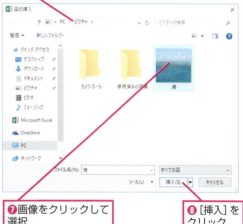

❼画像をクリックして選択　❽[挿入]をクリック

グラフの背景に画像が挿入された

68ページのテクニックを参考に[グラフエリアの書式設定]を選択し、[透明度]の設定を変更してもいい

レッスン 13

棒にグラデーションを設定するには

グラデーション

対応バージョン 2016 / 2013 / 2010

レッスンで使う練習用ファイル
グラデーション.xlsx

グラデーションでグラフをスタイリッシュに

棒グラフの棒にグラデーションを設定すると、棒を立体的に見せる効果があります。単色で塗りつぶすのに比べると手間はかかりますが、そのひと手間でグラフのスタイリッシュさが倍増します。インパクトのあるグラフを作るときに重宝するので、このレッスンの操作を覚えて活用できるようにしましょう。

グラデーションは、基本的に2～3色を使用して作成します。下の[After]のグラフは、棒の左から右に向かって、濃い色、薄い色、濃い色というように、3段階の変化を付けました。このように色の濃淡を変化させると、棒が筒状に立体化して見えます。また、棒の下から上に向かって色を濃くし、棒の伸びを強調するテクニックもお薦めです。グラデーションの方向でグラフの印象が変わるので、いろいろ試してみると面白いでしょう。

関連レッスン

▶レッスン 11
1本だけ棒の色を変えて
目立たせるには ……………………… p.54

▶レッスン 14
グラフに影や立体表示を
設定するには ……………………… p.66

キーワード

クイックアクセスツールバー	p.369
グラフエリア	p.370
系列	p.370
分岐点	p.374

基本編 第2章 グラフをきれいに修飾しよう

Before

グラフの棒が平面的なデザインになっていて印象がさえない

After

グラデーションを設定すると、棒グラフの立体感が増す

1 [データ系列の書式設定] 作業ウィンドウを表示する

ここでは、[グアム] の棒を選択する

❶ [グアム] の系列を右クリック
❷ [データ系列の書式設定] をクリック

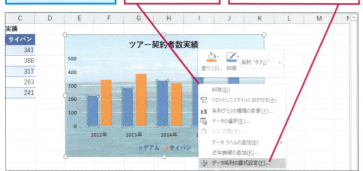

2 グラデーションの分岐点を削除する

4つある分岐点から分岐点を1つ削除する

❶ [塗りつぶしと線] をクリック
❷ [塗りつぶし] をクリック

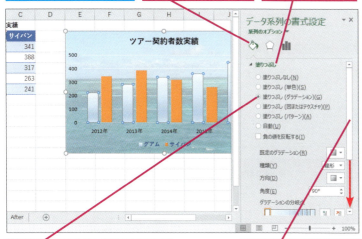

❸ [塗りつぶし (グラデーション)] をクリック
❹ ここを下にドラッグしてスクロール

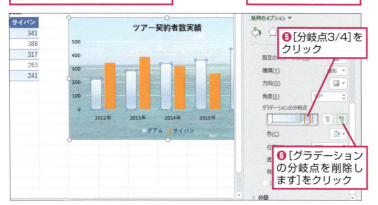

❺ [分岐点3/4] をクリック
❻ [グラデーションの分岐点を削除します] をクリック

HINT! Excel 2010でも同様に設定できる

Excel 2010では、[データ系列の書式設定] ダイアログボックスの [塗りつぶし] の項目で設定します。操作手順は、Excel 2013と同様です。

❶ [塗りつぶし] をクリック
❷ [塗りつぶし (グラデーション)] をクリック

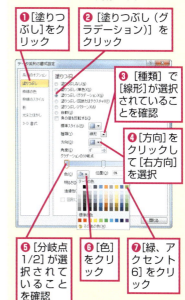

❸ [種類] で [線形] が選択されていることを確認
❹ [方向] をクリックして [右方向] を選択
❺ [分岐点1/2] が選択されていることを確認
❻ [色] をクリック
❼ [緑、アクセント6] をクリック

操作5～7を参考に残りの分岐点を設定する

⚠ 間違った場合は？

[データ系列の書式設定] 作業ウィンドウの設定は即座にグラフに反映されます。[キャンセル] ボタンは用意されていないので、操作を間違えたときは [クイックアクセスツールバー] の [元に戻す] ボタン (↶) をクリックしましょう。

次のページに続く

13 グラデーション

できる | 63

❸ グラデーションの方向を変更する

グラデーションの方向を[右方向]に変更する

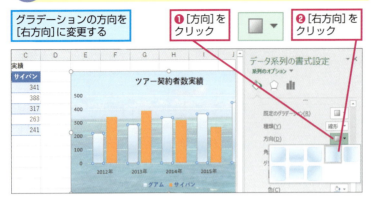

HINT! 分岐点の考え方

グラデーションの色の変化は、分岐点の数、位置、色によって決まります。ここでは両端が濃色、中央が淡色のグラデーションにしたいので、分岐点を3つにし、それぞれの位置と色を下図のように設定します。なお、位置は棒の幅を100%としたパーセンテージで指定します。

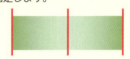

分岐点1	分岐点2	分岐点3
0%	50%	100%
濃い緑	薄い緑	濃い緑

❹ グラデーションの色を変更する

グラデーションの方向が変更された

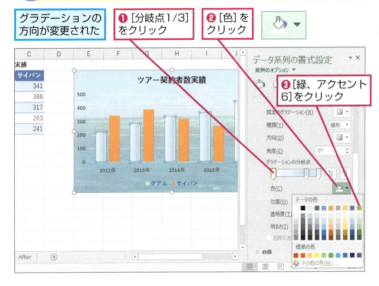

HINT! グラデーションの種類と方向を使い分けよう

手順3の[方向]の選択肢は、[種類]の設定によって変わります。以下の図は、[種類]で[線形][放射][四角]をそれぞれ選択したときの[方向]の選択肢の例です。棒グラフの棒には[線形]、グラフエリアには[放射]という具合に、用途に応じて使い分けましょう。なお、下図ではグラデーションの方向が見やすいように、3つの分岐点に赤、黄、緑を設定しています。

◆線形

◆放射

◆四角

❺ 分岐点の位置を変更する

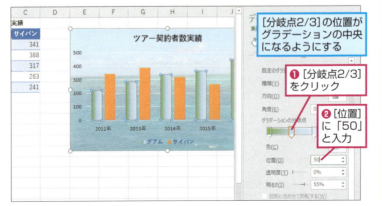

基本編 第2章 グラフをきれいに修飾しよう

⑥ 2つ目の分岐点の色を変更する

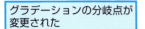
グラデーションの分岐点が変更された

❶[色]をクリック

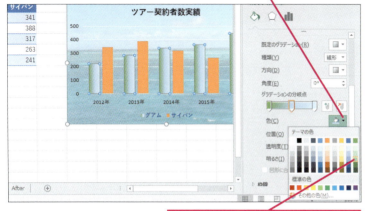

❷[緑、アクセント6、白+基本色40%]をクリック

⑦ 3つ目の分岐点の色を設定する

[分岐点2/3]の色を変更できた

❶[分岐点3/3]をクリック　❷[色]をクリック

❸[緑、アクセント6]をクリック

⑧ 同様にグラデーションを設定する

手順1～7を参考に[サイパン]の系列にグラデーションを設定

[サイパン]の系列は、[分岐点1/3]に[オレンジ、アクセント2]、[分岐点2/3]に[オレンジ、アクセント2、白+基本色40%]、[分岐点3/3]に[オレンジ、アクセント2]を設定する

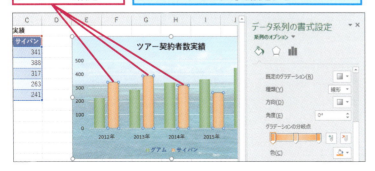

HINT! グラフエリアにも設定できる

グラフエリアにグラデーションを設定するには、グラフエリアを右クリックして[グラフエリアの書式設定]を選択し、63ページの手順2以降の操作で設定します。

❶グラフエリアを右クリック

❷[グラフエリアの書式設定]をクリック

❸手順2～7を参考にグラデーションを設定

HINT! 分岐点の数や位置を変更するには

分岐点を増やすと、虹のような複雑なグラデーションも自在に作成できます。分岐点を追加するには、以下のように操作しましょう。

❶手順2の操作3を参考に実行

❷[グラデーションの分岐点を追加します]をクリック

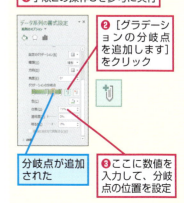

分岐点が追加された

❸ここに数値を入力して、分岐点の位置を設定

レッスン 14

グラフに影や立体表示を設定するには

図形の効果

対応バージョン 2016 / 2013 / 2010

レッスンで使う練習用ファイル
図形の効果.xlsx

図形の効果で華やかなグラフに変身！

グラフを華やかに飾りたいときに欠かせないのが、影や立体表示のテクニックです。グラフ要素をクリックし、[図形の効果]ボタンの一覧から効果を選択するだけで、影、光彩、ぼかし、面取りなど、さまざまな視覚効果を簡単に設定できます。

下の[After]のグラフでは、影の効果を利用して、グラフが浮き出して見えるように設定しています。また、[標準スタイル]を利用して、棒を立体化させました。[標準スタイル]とは、影や面取りなどの立体効果を組み合わせた書式です。[Before]のグラフと比べると、特徴のあるデザインに仕上がっていることが見て取れます。さまざまな[図形の効果]が用意されており、簡単に設定できるので、いろいろ試してみるといいでしょう。

関連レッスン

▶レッスン9
グラフのデザインをまとめて
設定するには ………………… p.48

▶レッスン11
1本だけ棒の色を変えて
目立たせるには ……………… p.54

▶レッスン13
棒にグラデーションを
設定するには ………………… p.62

キーワード

系列	p.370
図形の効果	p.371

Before

グラフに平面的なデザインが設定されている

↓

After

グラフエリアと系列に効果を設定すると、デザインが際立つ

1 ［図形の効果］の一覧を表示する

ここでは［実績］の棒を選択する

❶［実績］の系列をクリック
❷［グラフツール］の［書式］タブをクリック

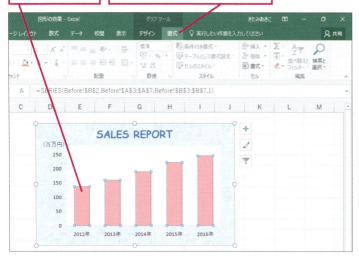

2 系列に効果を設定する

❶［図形の効果］をクリック

❷［標準スタイル］にマウスポインターを合わせる
❸［標準スタイル2］をクリック

HINT! 立体表示の書式を詳細に設定するには

［データ系列の書式設定］作業ウィンドウ（Excel 2010の場合は［データ系列の書式設定］ダイアログボックス）の［3-D書式］では、面取りの幅や高さを変更できます。サイズを大きくすると、角が大きく削れてより立体感が強まります。

❶［実績］の系列をクリック
❷［グラフツール］の［書式］タブをクリック
❸［図形の効果］をクリック

❹［標準スタイル］にマウスポインターを合わせる
❺［3-Dオプション］をクリック

［3-D書式］の設定項目が表示された

［幅］や［高さ］に数値を入力して、面取りの幅や高さを変更できる

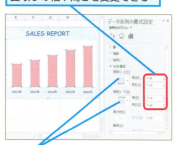

ここをクリックすると、［面取り］の項目を表示できる

次のページに続く

14 図形の効果

できる 67

③ グラフエリアに効果を設定する

系列に立体的な効果が設定された

続けてグラフエリアに効果を設定する

ここではグラフエリアに影を付ける

❶ グラフエリアをクリック

❷ [図形の効果] をクリック

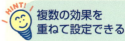

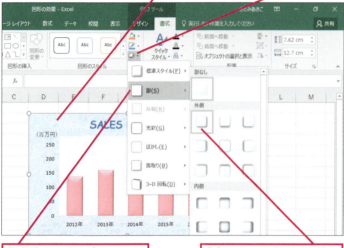

❸ [影] にマウスポインターを合わせる

❹ [オフセット(斜め右下)] をクリック

HINT! 複数の効果を重ねて設定できる

[影] と [面取り] は重ねて設定できます。ただし、組み合わせ方によっては一方の効果しか表示されない場合があります。

間違った場合は?

手順3で [影] の一覧から間違った効果を選択してしまった場合は、もう一度 [影] の一覧を表示し、選択し直しましょう。

HINT! 書式をリセットして元のスタイルに戻すには

グラフタイトルやデータ系列などのグラフ要素を選択して [グラフツール] の [書式] タブにある [リセットしてスタイルに合わせる] ボタンをクリックすると、手動で設定した書式を解除できます。グラフエリアを選択した場合は、グラフ全体の書式が解除されます。

テクニック グラフの角を丸めて印象を変えよう

通常、グラフエリアは長方形の形をしていますが、[グラフエリアの書式設定] 作業ウィンドウ (Excel 2010の場合はダイアログボックス) の [枠線] (Excel 2010の場合は [枠線のスタイル]) で [角を丸くする] を設定すると、グラフエリアの四隅を丸くできます。角をなくすことで、やわらかい印象になります。

グラフエリアの角を丸くする

❶ グラフエリアを右クリック

❷ [グラフエリアの書式設定] をクリック

❸ [枠線] をクリック

❹ ここを下にドラッグしてスクロール

❺ [角を丸くする] をクリックしてチェックマークを付ける

❻ セルをクリックして選択

グラフエリアの角を確認する

④ グラフエリアに効果が設定された

- セルをクリックして選択
- グラフエリアの選択が解除された
- グラフエリアに影が付いたことを確認する

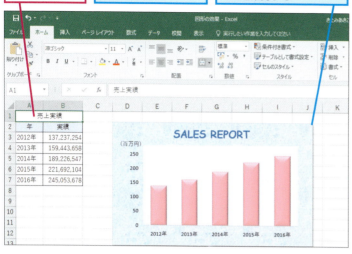

HINT! 棒グラフの棒にも影を付けられる

データ系列を選択して、手順3と同様に操作すれば、棒の部分に影が付きます。棒が浮き出たように見え、面取りとは一味違った立体効果になります。

グラフの棒に影を付けて、浮き出す効果を設定できる

テクニック 影の距離を変更して立体感を調整できる

手順3の要領で影を設定した後、以下のように［グラフエリアの書式設定］作業ウィンドウ（Excel 2010の場合はダイアログボックス）で［距離］の数値を大きくすると、グラフと影の距離が増します。距離が増すと、より立体感が強まります。

- ここではグラフエリアに設定された影の距離を変更する
- ❶ グラフエリアをクリック
- ❷ ［グラフツール］の［書式］タブをクリック
- ❸ ［図形の効果］をクリック
- ❹ ［影］にマウスポインターを合わせる
- ❺ ［影のオプション］をクリック
- ［グラフエリアの書式設定］作業ウィンドウが表示された
- ❻ ［距離］に「10」と入力
- ❼ ［閉じる］をクリック
- グラフエリアの影の距離が変更される

14 図形の効果

69

レッスン 15

軸や目盛り線の書式を変更するには

目盛り線の書式設定、図形の枠線

対応バージョン 2016 2013 2010

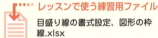
レッスンで使う練習用ファイル
目盛り線の書式設定、図形の枠線.xlsx

線の書式設定で細部にこだわったグラフを作ろう

グラフには軸や目盛り線など、さまざまな「線」が含まれています。データ要素やプロットエリアの境界にも「枠線」があります。これらの線の色や太さ、線種などは自由に変更できます。塗りつぶしやテクスチャなど、グラフ全体の印象を決定付ける派手さはありませんが、線の書式のようなグラフの細部にまでこだわることで、デザインの完成度がグンと上がります。

このレッスンでは、目盛り線に破線と色を設定する操作を例に、[図形の枠線] ボタンで線の書式を設定する方法を説明します。この [図形の枠線] ボタンでは、線の種類と色のほか、太さも変更できるので、いろいろな書式を試してグラフの雰囲気に合う線をデザインしましょう。

関連レッスン

▶レッスン25
目盛りの範囲や間隔を
指定するには ………………… p.104

▶レッスン26
目盛りを万単位で
表示するには ………………… p.106

キーワード

図形	p.371
縦（値）軸	p.372
目盛線	p.374
目盛の種類	p.375

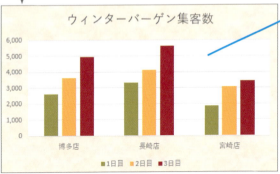

目盛り線が目立たないので、集客数が比較しにくい

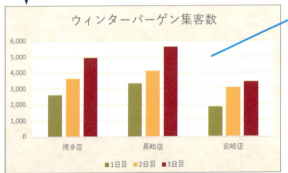

目盛り線の書式を変更することで、単位の区切りや数の違いが分かりやすくなる

[図形の枠線]の一覧を表示する

❶[縦(値)軸目盛線]にマウスポインターを合わせる
マウスポインターの形が変わった
❷そのままクリック
❸[グラフツール]の[書式]タブをクリック

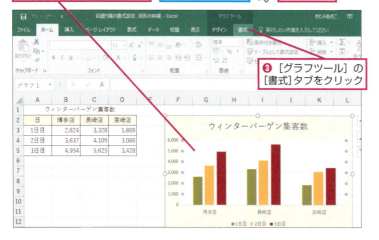

HINT! 目盛り線が選択しにくいときは

目盛り線は細いので、クリックの場所が少しでもずれると目盛り線ではなくプロットエリアが選択されてしまいます。確実に目盛り線を選択するには、[グラフツール]の[書式]タブにある[グラフ要素]を使用しましょう。なお、Excel 2010では[レイアウト]タブにある[グラフの要素]からも選択できます。

❶グラフエリアをクリック
❷[グラフツール]の[書式]タブをクリック

❸[グラフ要素]のここをクリック

[グラフ要素]の一覧が表示された

❹[縦(値)軸目盛線]をクリック

目盛り線が選択された

 目盛り線の種類を変更する

目盛り線が選択され、ハンドルが表示されていることを確認する
❶[図形の枠線]のここをクリック
❷[実線/点線]にマウスポインターを合わせる
❸[破線]をクリック

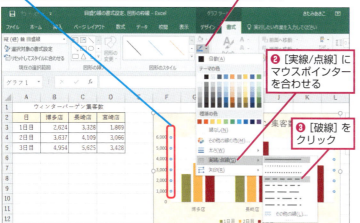

❸ **目盛り線の種類が変更された**

目盛り線の種類が破線に変更された

次のページに続く

目盛り線の色を変更する

ここでは目盛り線の色を［ゴールド、アクセント4、白+基本色40%］に変更する

❶［グラフツール］の［書式］タブをクリック

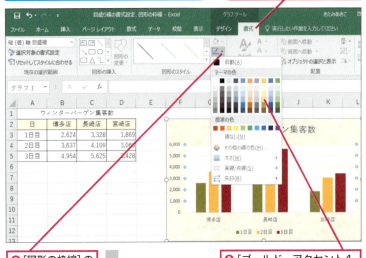

❷［図形の枠線］のここをクリック

❸［ゴールド、アクセント4、白+基本色40%］をクリック

 目盛り線の色が変更された

目盛り線の色を変更できた

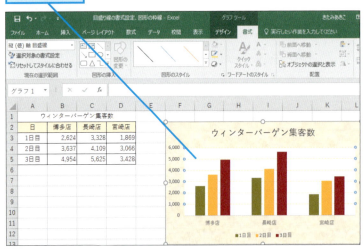

セルをクリックして選択し、縦（値）軸目盛線の選択を解除しておく

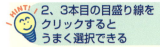

2、3本目の目盛り線をクリックするとうまく選択できる

目盛り線を選択するコツは、上から2、3本目の線をクリックすることです。上端の線をクリックするとプロットエリア、下端の線をクリックすると横（項目）軸が選択されてしまうので注意しましょう。

 目盛り線の太さを変更するには

目盛り線を選択して、［グラフツール］の［書式］タブにある［図形の枠線］-［太さ］をクリックすると、線の太さの一覧が表示されます。その中から選ぶだけで、目盛り線の太さを簡単に変更できます。

❶目盛り線をクリック　❷［図形の枠線］のここをクリック

❸［太さ］にマウスポインターを合わせる

枠線の太さの一覧が表示された

⚠ **間違った場合は？**

間違ってプロットエリアを選択して色を設定すると、プロットエリアの枠に色が付いてしまいます。クイックアクセスツールバーの［元に戻す］ボタン（ ）をクリックして操作を取り消し、目盛り線を選択して手順4から操作をやり直しましょう。

テクニック 軸を区切る線の種類をカスタマイズできる

［目盛の種類］を設定すると、軸を区切る線の種類を変更できます。Excel 2013の場合は［軸の書式設定］作業ウィンドウの［軸のオプション］-［目盛］で、Excel 2010の場合は［軸の書式設定］ダイアログボックスの［軸のオプション］で設定を行います。項目間を明確に区切りたいときは［交差］を選ぶなど、好みや必要に応じて目盛りの種類を決めましょう。

● ［目盛］の設定項目

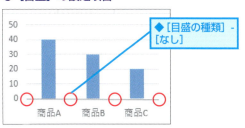
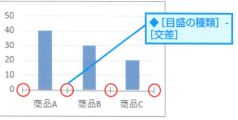
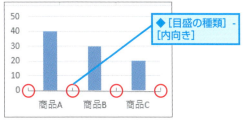
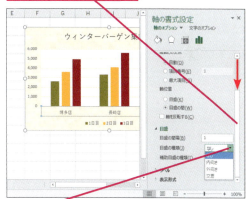

●目盛りの種類の設定

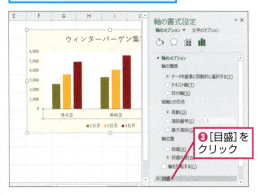

Excel 2010では［軸の書式設定］ダイアログボックスが表示される

レッスン 16

グラフの中に図形を描画するには

図形の挿入

対応バージョン：2016 / 2013 / 2010

レッスンで使う練習用ファイル　図形の挿入.xlsx

グラフに補足説明やキャッチコピーを入れよう

グラフは数値データを視覚的に表す便利な道具ですが、グラフを構成する標準的な要素だけでは、グラフの意味が伝わりづらいことがあります。そのようなときは、図形を利用してみましょう。グラフ上に売り上げ目標の線を引いたり、データの推移を表す矢印を入れたりするなど、グラフの表現力アップに図形が役立ちます。図形内は文字も入力できるので、グラフに補足説明を添えたり、キャッチコピーをアピールしたいときにも重宝します。

下の［Before］のグラフは、今年度の売り上げと3年後の売り上げ予想を円柱の縦棒グラフで表したものです。［After］のグラフには、図形を追加して「3年後は売上倍増！」という文字を入れました。文字を入れることで、今後の売り上げが飛躍的に伸びるというメッセージを具体的にアピールできます。

関連レッスン

▶レッスン42
絵グラフを作成するには……… p.162

キーワード

グラフエリア	p.370
図形	p.371
図形のスタイル	p.371
ハンドル	p.373

基本編　第2章　グラフをきれいに修飾しよう

Before

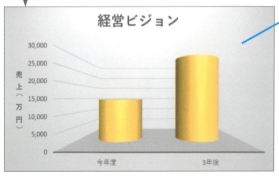

現在の売り上げと3年後の売り上げ予想の数値が棒グラフで表現されている

After

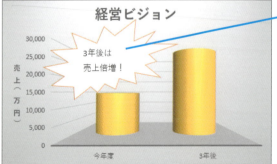

メッセージを入れた図形を使えば、「3年後に売り上げが倍増する」という内容を具体的にアピールできる

1 図形の一覧を表示する

グラフの内容を説明する吹き出しを挿入する

❶ グラフエリアをクリック

❷ [グラフツール]の[書式]タブをクリック

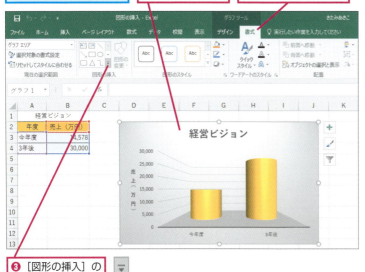

❸ [図形の挿入]の[その他]をクリック

2 グラフに挿入する図形を選択する

ここでは[爆発2]の図形を挿入する

[爆発2]をクリック

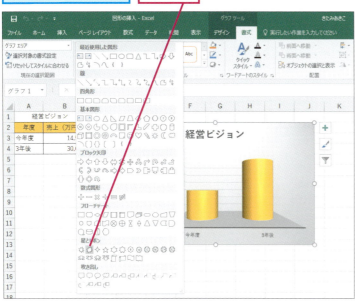

HINT! グラフを選択してから図形を挿入する

グラフに図形を挿入するときは、あらかじめグラフを選択してから、図形を描画することがポイントです。そうすることで、図形がグラフ要素となり、グラフを移動したときに図形も一緒に移動します。グラフを選択せずに図形を挿入すると、グラフ上に配置したように見えても、グラフを移動したときに図形だけ残ってしまうので注意しましょう。

HINT! Excel 2010では[レイアウト]タブから図形を挿入する

Excel 2010の場合は、手順1の操作の代わりに、グラフエリアをクリックして、[グラフツール]の[レイアウト]タブにある[図形]ボタンをクリックしてください。

❶ グラフエリアをクリック

❷ [グラフツール]の[レイアウト]タブをクリック

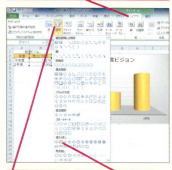

❸ [図形]をクリック　❹ [爆発2]をクリック

間違った場合は?

手順2でクリックする図形を間違えてしまったときは、図形を選択して Delete キーを押し、手順1から操作をやり直しましょう。

次のページに続く

❸ 図形を描画する

❶ここにマウスポインターを合わせる

マウスポインターの形が変わった

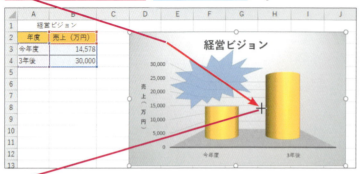

❷ここまでドラッグ

❹ 図形に文字を入力する

図形が挿入された

図形が選択され、ハンドルが表示されている状態で文字を入力する

「3年後は売上倍増！」と入力

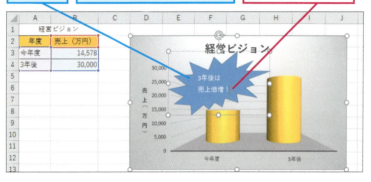

HINT! 図形の位置やサイズを変更するには

作成した図形をクリックすると、図形の周りにハンドルが表示されます。ハンドルをドラッグすると、図形のサイズを変更できます。また、図形の枠や図形内部の文字のないところをドラッグすると、図形をグラフエリア内で移動できます。

図形をクリック　　◆ハンドル

HINT! 図形を選択してから文字を入力する

図形を選択した状態でキーボードから文字を打ち込むと、図形の中に入力されます。文字を入力するときは、必ず事前に図形を選択しましょう。なお、直線や矢印など、文字を入力できない図形もあるので注意してください。

⚠ 間違った場合は？

入力する文字を間違えた場合は、文字上をクリックしてカーソルを移動します。[Back space]キーや[Delete]キーなどで間違えた文字を消して、入力し直しましょう。

👉 テクニック　余白を調整して図形に文字を収める

図形の内部にはあらかじめ余白が設定されているため、スペースに余裕があるように見えても、文字が収まらないことがあります。そのようなときは、[図形の書式設定]作業ウィンドウの[文字のオプション]-[テキストボッ クス]で上下左右の余白を小さくしてみましょう。なお、Excel 2010では[図形の書式設定]ダイアログボックスの[テキストボックス]で操作します。

❶図形を右クリック　❷[図形の書式設定]をクリック

❸[文字のオプション]をクリック

❹[テキストボックス]をクリック

⑤ 図形のスタイルを設定する

続けて図形のスタイルを設定する

❶ [描画ツール] の [書式] タブをクリック

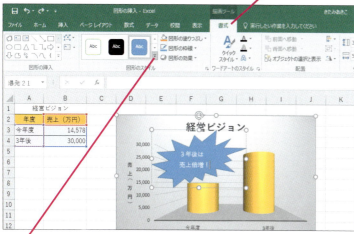

❷ [図形のスタイル] の [その他] をクリック

[図形のスタイル] の一覧が表示された

❸ [枠線のみ - オレンジ、アクセント2] をクリック

⑥ 図形のスタイルが変更された

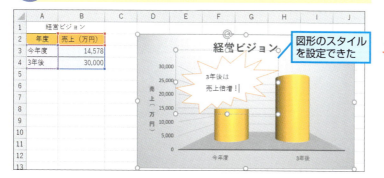

図形のスタイルを設定できた

HINT! 文字を図形の中央に配置するには

図形を選択して、[ホーム] タブにある [上下中央揃え] ボタン (≡) と [中央揃え] ボタン (≡) をクリックすると、文字を図形の中央に配置できます。

◆上下中央揃え

◆中央揃え

HINT! 図形の書式を設定するには

図形を作成したら、グラフのデザインに合わせて書式を整えましょう。手順5のように [図形のスタイル] を利用すれば、塗りつぶしや文字の色などをまとめて設定できます。また、[図形の塗りつぶし] [図形の枠線] [図形の効果] を使用して、図形のデザインを個別に設定することも可能です。

3つのボタンで図形の書式を設定できる

HINT! 図形を削除するには

図形をクリックして選択し、Delete キーを押すと、図形を削除できます。

この章のまとめ

●グラフのデザインが見る人の印象を左右する

Excelでグラフを作成すると、いつも同じ色合いが設定されるので、ひと目で「Excelで作ったグラフ」と分かるありきたりのデザインになってしまいます。見る人をグンと引き付ける印象的なグラフに仕上げたいときは、デザインにひと手間かけましょう。

グラフの印象を決める最も大きなファクターは、全体の色使いです。ビジネス用には落ち着いた色合い、プレゼンテーション用には華やかな色合いというように、シーンに合わせて適切な色を設定しましょう。

色合いに花を添えたいときは、グラデーションや立体効果などの書式を使用します。そうすれば、奥行きのある凝ったデザインのグラフになります。また、図形を利用するのも、グラフにメリハリを付けるポイントです。

さらにディテールを追求するときは、フォントや線種など、あまり目立たない部分にもこだわりましょう。細かい部分にまで手を加えることで、個性的なグラフを演出できます。

ただし見ためばかりに気を取られて、肝心のグラフの分かりやすさがおろそかになってしまっては元も子もありません。「数値を分かりやすく伝える」というグラフの基本は忘れないでください。

グラフに背景や効果を設定する
グラデーションや立体効果を設定して修飾することでグラフの印象が大きく変わる

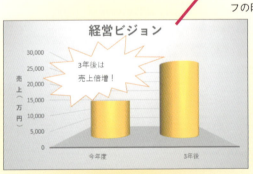

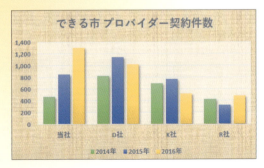

第3章 グラフの要素を編集しよう

グラフ上には、グラフタイトルや軸ラベルなど、グラフを分かりやすくするためのさまざまなグラフ要素を配置できます。また、数値軸の数値の表示形式を整えたり、目盛りの間隔を調整したりするなど、グラフを見やすくするための工夫を凝らせます。この章では、グラフ要素の編集方法を紹介します。

●この章の内容

⓱ グラフのレイアウトをまとめて変更するには ………80

⓲ グラフタイトルにセルの内容を表示するには ………82

⓳ 数値軸や項目軸に説明を表示するには ………………84

⓴ 凡例の位置を変更するには ……………………………88

㉑ グラフ上に元データの数値を表示するには …………90

㉒ グラフに表を貼り付けるには …………………………94

㉓ 項目名を縦書きで表示するには ………………………98

㉔ 項目名を負の目盛りの
　 下端位置に表示するには………………………………100

㉕ 目盛りの範囲や間隔を指定するには ………………104

㉖ 目盛りを万単位で表示するには ……………………106

レッスン 17

グラフのレイアウトをまとめて変更するには

クイックレイアウト

対応バージョン：2016 / 2013 / 2010

レッスンで使う練習用ファイル
クイックレイアウト.xlsx

レイアウトのパターンを選択すれば、複数の要素を一発で追加できる！

グラフを作成すると、グラフエリアにグラフ本体であるプロットエリアと凡例が配置されます。状況によってはグラフタイトルが自動で挿入されることもありますが、そのほかのグラフ要素は必要に応じて後から自分で追加します。このときお薦めなのが、[クイックレイアウト]です。
[クイックレイアウト]ボタンの一覧には、グラフ要素を組み合わせたレイアウトが複数用意されています。例えば次ページの手順で紹介している[レイアウト10]には、「グラフタイトル、系列の重なり、最終系列のデータラベル」という設定が含まれています。[レイアウト10]を選択するだけで、これらの設定が瞬時にグラフに適用されます。1つずつ要素を追加するのに比べて断然効率的なので、ぜひ利用してください。なお、データラベルの詳細については、レッスン㉑を参照してください。

関連レッスン

▶レッスン9
グラフのデザインをまとめて
設定するには ………………… p.48

▶レッスン21
グラフ上に元データの数値を
表示するには ………………… p.90

▶レッスン38
2系列の棒を
重ねるには …………………… p.148

キーワード

クイックレイアウト	p.369
グラフ要素	p.370
データラベル	p.373
凡例	p.373

基本編 第3章 グラフの要素を編集しよう

Before 予実対比グラフ — 項目別に予算と実績が棒グラフで表示されている

After 予実対比グラフ — レイアウトを選択して凡例の位置を変更したり、データラベルを追加したりすることができる

1 [クイックレイアウト] の一覧を表示する

レイアウトを変更してデータラベルを
追加し、凡例を移動する

❶ グラフエリア
をクリック

❷ [グラフツール] の [デザイン] タブ
をクリック

❸ [クイックレイアウト]
をクリック

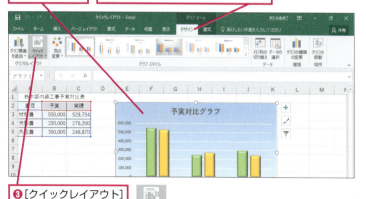

2 グラフのレイアウトを選択する

[クイックレイアウト]
の一覧が表示された

[レイアウト10] を
クリック

3 グラフのレイアウトが変更された

データラベルが追加された

凡例の位置が変更された

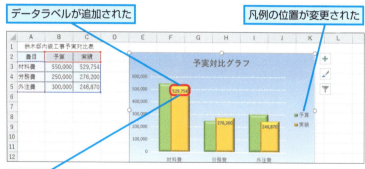

◆データラベル

HINT! Excel 2010では [グラフのレイアウト] を使う

Excel 2010の場合、手順1の操作3の代わりに、[グラフのレイアウト] の [その他] ボタン（）をクリックすると、レイアウトの一覧が表示されます。

HINT! グラフの種類に応じたレイアウトが表示される

[クイックスタイル] の一覧に表示されるレイアウトは、円グラフ用、折れ線グラフ用、というように、グラフの種類に応じて別のレイアウトが表示されます。

円グラフを選択して [クイックレイアウト] をクリックすると、円グラフ用のレイアウトが表示される

HINT! レイアウトを適用してから個々のグラフ要素を編集する

[クイックレイアウト] を適用すると、事前に配置したグラフ要素が非表示になったり、位置が変わったりする場合があります。先に [クイックレイアウト] を適用してから、足りないグラフ要素を個別に追加したり、配置を変更したりするようにしましょう。

⚠ 間違った場合は?

リボンに [グラフツール] の [デザイン] タブが表示されない場合は、グラフを選択できていません。手順1の操作1からやり直しましょう。

17 クイックレイアウト

レッスン 18

グラフタイトルにセルの内容を表示するには

セルの参照

対応バージョン 2016 2013 2010

レッスンで使う練習用ファイル
セルの参照.xlsx

セルに入力した文字をそのままグラフタイトルにできる

グラフの元データの表に付けられたタイトルを、グラフタイトルに使いたいことがありますが、同じ内容をグラフにも入力するのは面倒です。セルに入力されているタイトルを、自動でグラフに表示できないかと考えたことはないでしょうか。
答えは「できる」です。次ページの手順で紹介しているように、セル番号を指定することで、簡単にセルの内容をグラフに表示できます。表のタイトルを入力し直すと、自動的にグラフのタイトルも変わるので効率的です。ここではグラフタイトルにセルの内容を表示しますが、軸ラベルにも同じ要領でセルの内容を表示できます。応用範囲が広い便利なテクニックです。

関連レッスン

▶レッスン61
ドーナツ状の3-Dグラフの中心に
合計値を表示するには ……… p.244

キーワード

グラフタイトル	p.370
グラフ要素	p.370
グラフボタン	p.370
軸ラベル	p.371
数式バー	p.371
セル	p.372

基本編 第3章 グラフの要素を編集しよう

セルA1に「合格者数実績」と入力されている

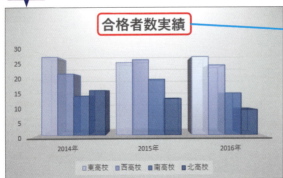

数式を利用してセルA1を参照すれば、グラフタイトルにセルA1の内容を表示できる

このレッスンは動画で見られます　操作を動画でチェック！
※詳しくは2ページへ

1 グラフタイトルを選択する

グラフの内容を表すグラフタイトルに変更する

❶グラフタイトルをクリック

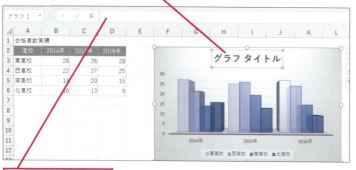

❷数式バーをクリック

2 グラフタイトルに表示するセルを選択する

数式バーにカーソルが表示され、入力できるようになった

❶数式バーに「=」と入力

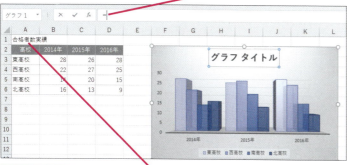

セルA1の文字をグラフタイトルに表示する

❷セルA1をクリック

セルA1が選択され、「=Before!$A$1」と表示された

❸ Enter キーを押す

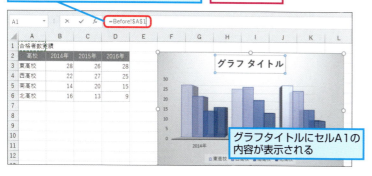

グラフタイトルにセルA1の内容が表示される

HINT! [グラフ要素] ボタンでグラフタイトルを追加／削除できる

Excel 2016/2013ではグラフの作成時にグラフタイトルが自動で挿入されますが、削除してしまった場合は手動で追加しましょう。下図のように［グラフ要素］ボタン（＋）の一覧から［グラフタイトル］にチェックマークを付けると、グラフの上に素早く追加できます。また、右横の▶をクリックすれば、グラフタイトルの位置を選んで追加することも可能です。

❶グラフエリアをクリック　❷[グラフ要素]をクリック

❸[グラフタイトル]をクリックしてチェックマークを付ける

HINT! Excel 2010では [レイアウト] タブから追加する

Excel 2010で複数系列のあるグラフを作成すると、グラフタイトルは表示されません。グラフタイトルを表示するには、以下の手順で操作します。

❶グラフエリアをクリック　❷[グラフツール]の[レイアウト]タブをクリック

❸[グラフタイトル]をクリック　❹[グラフの上]をクリック

HINT! 軸ラベルにセルの内容を表示するには

軸ラベルにも、セルの内容を表示できます。軸ラベルを選択した後、数式バーに「=」と入力して、文字が入力されたセルをクリックします。数式バーに「=シート名!セル番号」が表示されたら、Enter キーで確定します。

18 セルの参照

できる 83

レッスン 19

数値軸や項目軸に説明を表示するには

軸ラベルの挿入

対応バージョン 2016 2013 2010

レッスンで使う練習用ファイル
軸ラベルの挿入.xlsx

軸ラベルでグラフの理解度がアップする

グラフに軸ラベルを挿入すると、「軸の意味」がひと目で分かります。軸ラベルは、縦（値）軸の左側と横（項目）軸の下側の2個所に配置できます。このレッスンでは縦（値）軸を例に、軸ラベルの挿入方法を紹介します。さらに、軸ラベルの文字の方向を変更する手順も説明します。

下の「商品別売上実績」を表す［Before］のグラフを見てください。元表の数値が千円単位で入力されているので、グラフの縦（値）軸に並ぶ数値も千円単位になっています。しかし、このグラフでは数値が何を表しているかが伝わりません。［After］のグラフには軸ラベルに「売上高（千円）」と表示があるので、数値の意味や単位がひと目で分かり、誤解を与える心配がなくなります。

関連レッスン

▶レッスン26
目盛りを万単位で
表示するには ………………… p.106

▶レッスン34
横軸の項目に「年」を数字で
表示するには ………………… p.132

▶レッスン35
項目軸に「月」を縦書きで
表示するには ………………… p.136

キーワード

グラフボタン	p.370
軸ラベル	p.371
縦（値）軸	p.372
横（項目）軸	p.375

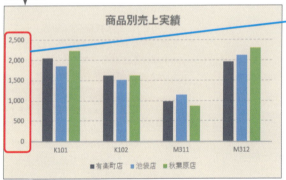

縦（値）軸の内容が分からない

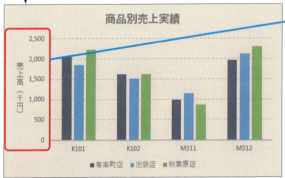

縦（値）軸を見れば、数値が売上高を表しているのが分かる

1 軸ラベルを挿入する

縦(値)軸の内容を説明するラベルを挿入する

❶ グラフエリアをクリック
❷ [グラフツール]の[デザイン]タブをクリック

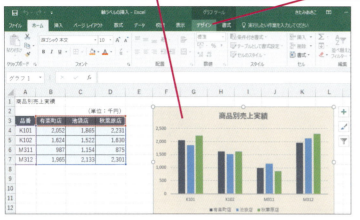

[デザイン]タブが表示された
❸ [グラフ要素を追加]をクリック
❹ [軸ラベル]にマウスポインターを合わせる
❺ [第1縦軸]をクリック

2 [軸ラベルの書式設定] 作業ウィンドウを表示する

軸ラベルが挿入された
❶ 軸ラベルを右クリック
❷ [軸ラベルの書式設定]をクリック

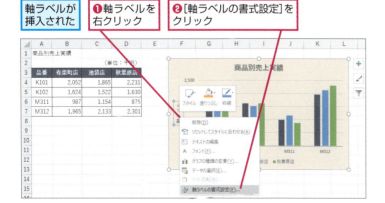

HINT! グラフボタンを使って軸ラベルを追加するには

Excel 2016/2013では、[グラフ要素]ボタンからも軸ラベルを追加できます。それには下のように[軸ラベル]の一覧から軸ラベルの種類を選びます。なお、[軸ラベル]にチェックマークを付けると、縦(値)軸ラベルと横(項目)軸ラベルを一度に表示できます。

❶ グラフエリアをクリック
❷ [グラフ要素]をクリック

❸ [軸ラベル]のここをクリック
❹ [第1縦軸]をクリック

軸ラベルが挿入される

HINT! Excel 2010では[レイアウト]タブから追加する

Excel 2010では、[グラフツール]の[レイアウト]タブにある[軸ラベル]ボタンをクリックして、[主縦軸ラベル]にマウスポインターを合わせ、一覧から[軸ラベルを垂直に配置]を選びましょう。すると、縦(値)軸ラベルが縦書きで追加されるので、手順6に進んでください。

❶ グラフエリアをクリック
❷ [グラフツール]の[レイアウト]タブをクリック

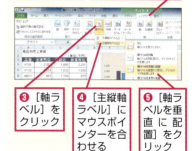

❸ [軸ラベル]をクリック
❹ [主縦軸ラベル]にマウスポインターを合わせる
❺ [軸ラベルを垂直に配置]をクリック

次のページに続く

③ [文字のオプション] の設定項目を表示する

[軸ラベルの書式設定]作業ウィンドウが表示された

[文字のオプション]をクリック

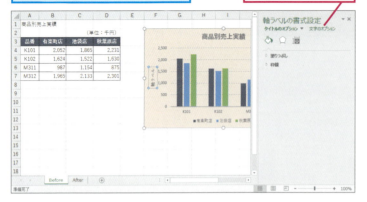

Excel 2010ではダイアログボックスが表示される

Excel 2010では縦（値）軸ラベルを追加するときに文字列の方向を指定できますが、後から方向を変更するには手順2の操作を行います。[軸ラベルの書式設定] ダイアログボックスが表示されるので、[配置] タブの [文字列の方向] で方向を選択します。

軸ラベルの文字列に半角文字が混在するときは

手順4の操作3の一覧には [縦書き] のほかに [縦書き（半角文字含む）] があります。前者は半角文字が90度回転しますが、後者は半角文字も縦書きになります。このほか、[左へ90度回転] を選ぶと、全角文字も半角文字も90度回転します。文字のバランスを見て、見やすい設定を選びましょう。

④ 軸ラベルの文字を縦書きに変更する

軸ラベルの文字列の方向を変更する

❶ [テキストボックス] をクリック

❷ [文字列の方向] のここをクリック

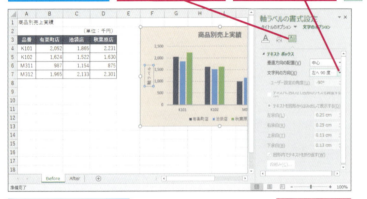

◆縦書き（半角文字含む）

◆縦書き

[文字列の方向] の一覧が表示された

❸ [縦書き] をクリック

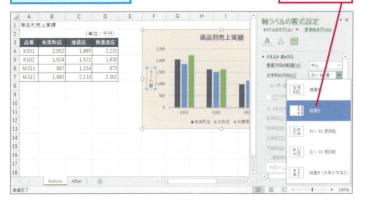

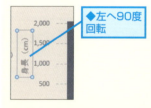
◆左へ90度回転

間違った場合は？

縦（値）軸の目盛りの数値が縦書きになってしまった場合は、手順2で縦（値）軸を右クリックしています。クイックアクセスツールバーの [元に戻す] ボタン（⤺）をクリックして元に戻し、手順2から操作をやり直しましょう。

5 軸ラベルの文字が縦書きに変更された

軸ラベルの文字列が縦書きになった

[閉じる]をクリック

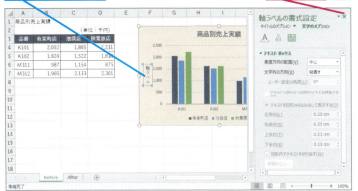

[方向]ボタンでも縦書きに設定できる

[ホーム]タブの[方向]ボタンの一覧から[縦書き]を選択すると、より簡単に文字列を縦書きにできます。この[縦書き]は、手順4の操作3の一覧にある[縦書き（半角文字含む）]に相当します。

❶軸ラベルをクリック

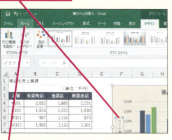

❷[ホーム]タブをクリック

❸[方向]をクリック

❹[縦書き]をクリック

軸ラベルの文字が縦書きに変更される

6 軸ラベルの内容を変更する

縦（値）軸ラベルの内容を変更する

❶ここをクリック

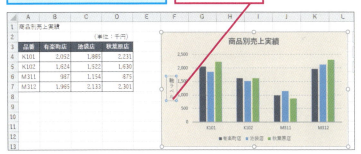

軸ラベルにカーソルが表示された

❷[Back space]キーを4回押す

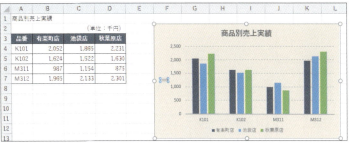

❸「売上高（千円）」と入力

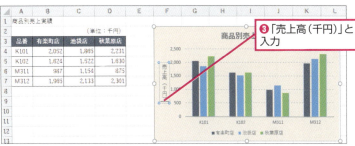

軸ラベルを移動または削除するには

軸ラベルを選択してドラッグすると、ドラッグした位置に軸ラベルを移動できます。また、軸ラベルを選択して[Delete]キーを押すと削除できます。

19 軸ラベルの挿入

できる 87

レッスン 20

凡例の位置を変更するには

凡例

対応バージョン 2016 2013 2010

レッスンで使う練習用ファイル
凡例.xlsx

グラフのバランスを左右するのは、意外にも「凡例の位置」

グラフを作成すると、Excel 2016/2013ではプロットエリアの下側に、Excel 2010ではプロットエリアの右側に凡例が表示されます。凡例は、各棒の色と系列の対応を示す大切なグラフ要素です。凡例の位置を変更すると自動的にプロットエリアの形が変わるので、全体のバランスを見て、凡例の位置を決めましょう。
下の［Before］と［After］のグラフを見比べてください。凡例が下にあるときは、プロットエリアが横方向に広がり、棒を太く表示できます。一方、凡例が右にあるときは、プロットエリアが縦方向に伸び、各棒の高さの違いを強調できます。凡例の位置は簡単に変更できるので、実際に変更してバランスを確認してから決定するといいでしょう。

関連レッスン

▶レッスン4
項目軸と凡例を入れ替えるには …… p.32

▶レッスン30
凡例の文字列を
直接入力するには …………………… p.120

キーワード

グラフ要素	p.370
凡例	p.373
プロットエリア	p.374

基本編 第3章 グラフの要素を編集しよう

Before

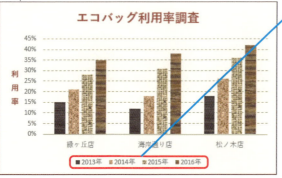

凡例が下に配置されている

After

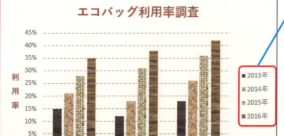

凡例を右に配置するとプロットエリアの形が変わり、グラフの棒が長くなる

88 できる

① 凡例を右に移動する

凡例を右に移動してグラフの棒を長くする

❶ グラフエリアをクリック
❷ [グラフツール]の[デザイン]タブをクリック

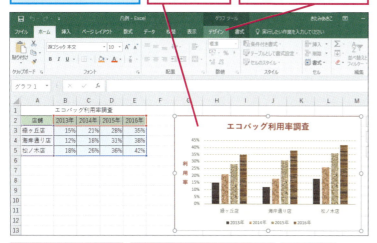

❸ [グラフ要素を追加]をクリック
❹ [凡例]にマウスポインターを合わせる
❺ [右]をクリック

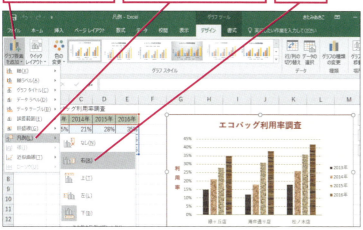

② 凡例が右に配置された

凡例が右に配置され、グラフの棒が長くなった

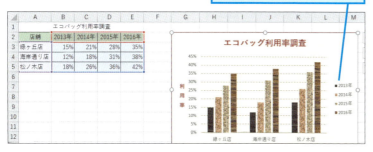

HINT! 凡例を削除するには

手順1の操作5で[なし]を選択すると、凡例を削除できます。もしくは凡例を選択して、Deleteキーを押しても削除できます。

HINT! [グラフ要素]ボタンでも凡例の位置を変更できる

Excel 2016/2013では、[グラフ要素]ボタンからも凡例の位置を変更できます。それには下図のように[凡例]の一覧から凡例の位置を指定します。

❶ グラフエリアをクリック
❷ [グラフ要素]をクリック

❸ [凡例]のここをクリック
❹ [右]をクリック

凡例が右に配置される

HINT! Excel 2010では[レイアウト]タブから追加する

Excel 2010では[グラフツール]の[レイアウト]タブにある[凡例]ボタンをクリックし、一覧から凡例の位置を選択します。下に表示するときは[凡例を下に配置]、右に表示するときは[凡例を右に配置]を選びましょう。

❶ グラフエリアをクリック
❷ [グラフツール]の[レイアウト]タブをクリック

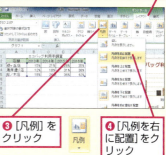

❸ [凡例]をクリック
❹ [凡例を右に配置]をクリック

20 凡例

レッスン 21

グラフ上に元データの数値を表示するには

データラベル

対応バージョン：2016 / 2013 / 2010

レッスンで使う練習用ファイル
データラベル.xlsx

グラフの数値が瞬時に分かる！

グラフを会議やデータ分析の資料として使うときは、データ全体の傾向はもちろんですが、個々のデータの正確な数値を知りたいものです。元表をグラフと一緒に添付する方法もありますが、グラフと表を照らし合わせて数値を確認するのは面倒です。このようなときは、「データラベル」を使ってみましょう。
データラベルとは、各データ要素に割り当てられる説明欄です。データラベルを使用すると、データ要素の近くにその数値を表示できます。グラフに数値を直接入れることで、グラフと元表を照らし合わせなくても、素早く数値を確認できるメリットがあります。このレッスンでは、データラベルを使用して、縦棒グラフの各棒の上に数値を表示する方法を紹介します。

関連レッスン

▶レッスン46
積み上げ縦棒グラフに合計値を
表示するには ································· p.178

▶レッスン47
積み上げ横棒グラフに合計値を
表示するには ································· p.182

キーワード

系列	p.370
データ要素	p.373
データラベル	p.373

基本編 第3章 グラフの要素を編集しよう

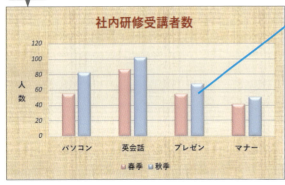

棒グラフの正確な数値が分からない

データラベルを追加すると、グラフの数値がすぐに分かる

① グラフ上に数値データを表示する

棒グラフの上にデータラベルを追加して数値データを表示する

❶ グラフエリアをクリック
❷ [グラフツール]の[デザイン]タブをクリック

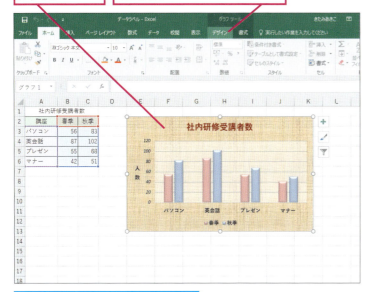

ここでは、[データラベル]の一覧から表示位置を選択する

❸ [グラフ要素を追加]をクリック
❹ [データラベル]にマウスポインターを合わせる

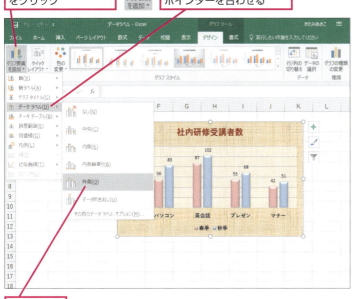

❺ [外側]をクリック

HINT! Excel 2010では[レイアウト]タブから追加する

Excel 2010の場合、手順1の操作2～3の代わりに、[グラフツール]の[レイアウト]タブにある[データラベル]ボタンをクリックします。

❶ グラフエリアをクリック
❷ [グラフツール]の[レイアウト]タブをクリック

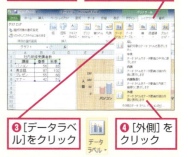

❸ [データラベル]をクリック
❹ [外側]をクリック

HINT! Excel 2016/2013では吹き出しのデータラベルを表示できる

Excel 2016/2013では吹き出しの形をしたデータラベルを挿入できます。円グラフやバブルチャートなどで、データ要素とデータラベルの対応を見やすく表示したいときに便利です。

❶ グラフエリアをクリック
❷ [グラフツール]の[デザイン]タブをクリック

❸ [グラフ要素を追加]をクリック
❹ [データラベル]にマウスポインターを合わせる
❺ [データ吹き出し]をクリック

次のページに続く

❷ グラフ上に数値データが表示された

データラベルが追加され、グラフの数値が表示された

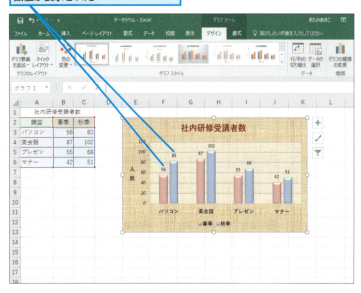

 データラベルはドラッグで移動できる

データラベルが目盛り線と重なったときは、見やすい位置に移動しましょう。データラベルをクリックすると、同じ系列のすべてのデータラベルが選択されます。もう一度クリックすると、クリックしたデータラベルだけが選択されるので、ドラッグして移動します。

2回クリックすると、特定のデータラベルを選択できる

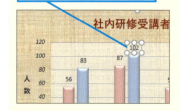

 グラフの種類によって追加できる位置が異なる

データラベルの表示位置は、グラフの種類によって異なります。縦棒グラフの場合は、[中央][内側][内側軸寄り][外側]から選択します。

テクニック 1つの系列のみにデータラベルを追加できる

棒をクリックして系列を選択した状態でデータラベルを追加すると、選択した系列だけにデータラベルを表示できます。また、棒をゆっくり2回クリックして1本だけを選択してからデータラベルを追加すれば、選択した棒1本だけにデータラベルを表示できます。なお、Excel 2010の場合は、系列を選択した後、[グラフツール]の[レイアウト]タブにある[データラベル]から[外側]をクリックしてください。

❶[秋季]の系列をクリック　❷[グラフツール]の[デザイン]タブをクリック

❸[グラフ要素を追加]をクリック　❹[データラベル]にマウスポインターを合わせる

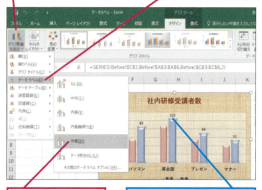

❺[外側]をクリック　　データラベルが追加される

テクニック　数値以外の系列名や割合を表示できる

グラフにデータラベルを追加すると元データの数値が表示されますが、以下のように［データラベルの書式設定］の［ラベルの内容］で、系列名や分類名など、ほかの内容を追加できます。複数の内容を表示する場合、区切り方も指定可能です。積み上げ縦棒グラフには系列名と数値、円グラフには分類名とパーセンテージ、という具合にグラフの種類に応じて分かりやすいデータラベルを用意しましょう。設定は系列、またはデータ要素単位で行います。なお、複数の系列に対してまとめて設定することはできません。また、Excel 2016/2013では［ラベルの内容］で［セルの値］にチェックマークを付けると、指定したセルの値を表示できます。詳しくはレッスン㊽の手順9を参照してください。

Excel 2016/2013の場合

［データラベルの書式設定］作業ウィンドウを表示する

❶データラベルを右クリック

❷［データラベルの書式設定］をクリック

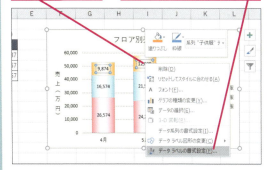

❸［系列名］をクリックしてチェックマークを付ける

ここでは、系列名と数値を複数の行で表示する

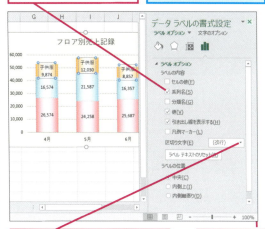

❹［区切り文字］のここをクリックして［(改行)］を選択

❺［閉じる］をクリック

データラベルに系列名と数値が表示される

Excel 2010の場合

❶データラベルを右クリック

❷［データラベルの書式設定］をクリック

❸［ラベルオプション］をクリック

❹［系列名］をクリックしてチェックマークを付ける

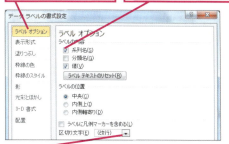

❺［区切り文字］のここをクリックして［(改行)］を選択

❻［閉じる］をクリック

データラベルに系列名と数値が表示された

レッスン 22

グラフに表を貼り付けるには

リンク貼り付け

対応バージョン 2016 2013 2010

レッスンで使う練習用ファイル
リンク貼り付け.xlsx

元表をそのままグラフ上に表示する裏ワザ

「データテーブル」というグラフ要素を使用すると、プロットエリアの下にグラフの基となる表を配置できます。表とグラフをまとめて表示できて便利ですが、肝心のグラフが小さくなってしまう欠点があります。

そんなときは、「図としてコピー」を利用して、基の表を画像に変換してからグラフに貼り付けましょう。画像なら位置やサイズの変更も自在で、グラフエリアの空いたスペースに合わせて配置できます。さらに、貼り付けた画像に基の表とのリンクを設定すれば、元データの変更を画像に反映させることもできます。データテーブルの表示手順に比べると少し手間はかかりますが、手間をかけた分以上の収穫が得られるでしょう。

関連レッスン

▶レッスン18
グラフタイトルにセルの
内容を表示するには ………… p.82

キーワード

グラフ要素	p.370
データテーブル	p.372
プロットエリア	p.374
リンク貼り付け	p.375

ショートカットキー

Ctrl + C ……… コピー
Ctrl + V ……… 貼り付け

基本編 第3章 グラフの要素を編集しよう

Before

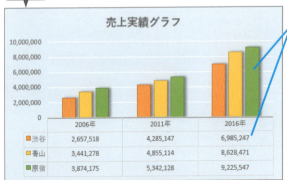

データテーブルがグラフの下に表示されているので、グラフが小さくなってしまっている

After

表を画像にして配置すれば、グラフを大きく見せられる

表のデータ修正が画像に反映されるようにすれば、コピーや貼り付けの手間を省ける

① データテーブルを削除する

グラフの下にあるデータテーブルを削除する

❶ データテーブルをクリック

データテーブルの下に青いハンドルが表示されたことを確認する

❷ Delete キーを押す

② コピーする表を選択する

ここではセルA2からセルD5までを選択してコピーする

セルA2～D5をドラッグして選択

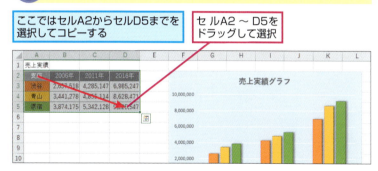

③ 表をコピーする

コピーするセル範囲が選択された

❶ [コピー] のここをクリック

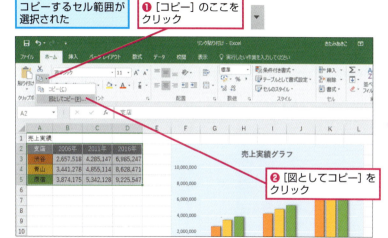

❷ [図としてコピー] をクリック

HINT! データテーブルを表示するには

前ページの [Before] のグラフのようにデータテーブルを表示するには、以下の手順で操作します。Excel 2010 の場合は、[グラフツール] の [レイアウト] タブで [データテーブル] - [凡例マーカー付きでデータテーブルを表示] をクリックします。

❶ グラフエリアをクリック

❷ [グラフツール] の [デザイン] タブをクリック

❸ [グラフ要素を追加] をクリック

❹ [データテーブル] にマウスポインターを合わせる

❺ [凡例マーカーあり] をクリック

HINT! [図としてコピー] って何？

セルを選択して手順3で [図としてコピー] を実行すると、セルが画像に変換されてコピーされます。続けて [貼り付け] を実行すると、セルそのものではなく、セルが画像になって貼り付けられます。

⚠ 間違った場合は？

手順3で間違って [コピー] をクリックしてしまった場合は、もう一度手順3の操作2で [図としてコピー] をクリックし直します。

次のページに続く

コピーの形式を選択する

[図のコピー] ダイアログボックスが表示された

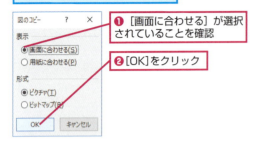

❶ [画面に合わせる] が選択されていることを確認
❷ [OK]をクリック

セルを塗りつぶしておくと表が見やすくなる

セルに塗りつぶしの色が設定されていない場合、画像として貼り付けたときにグラフが透けて、表の数値が読みにくくなります。そこで、[Before]の表のセルB3～D5は、あらかじめ白で塗りつぶしています。

セルに塗りつぶしが設定されていないと、表の文字が読みにくくなることがある

画像を貼り付ける

❶ グラフエリアをクリック

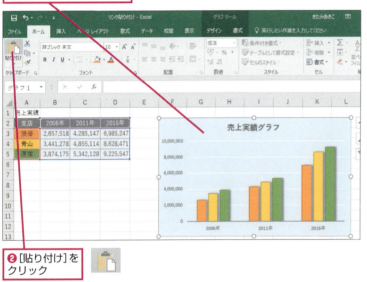

❷ [貼り付け]をクリック

グラフ内に貼り付けると画像がグラフの要素になる

グラフを選択した状態で[貼り付け]を行うと、貼り付けられた画像はグラフの要素になります。グラフを移動すると、画像も一緒に移動します。また、グラフのサイズを変更すると、連動して画像のサイズも変わります。

リンクの設定で表の修正が画像に反映される

手順6と手順7の操作を行うと、グラフ上の画像がセルA2～D5とリンクします。セルのデータや色を変更すると、貼り付けた画像のデータや色も即座に変わります。

セルA5に「恵比寿」と入力

画像が貼り付けられた

コピーした表が画像として貼り付けられた

数式バーに「=」と入力

セルに入力した内容が画像に反映された

❼ 画像にセル範囲のリンクを設定する

リンクを設定するセル範囲を選択する

❶ セルA2～D5をドラッグして選択
❷ Enterキーを押す

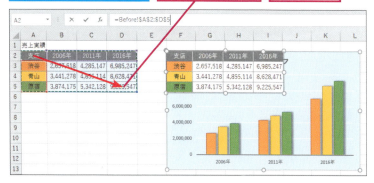

HINT! 貼り付けられた画像を削除するには

グラフ上の表が不要になったときは、画像をクリックして選択し、Deleteキーを押して削除します。

⚠ 間違った場合は？

セルを選択した状態で手順6～7の操作を行うと、選択したセルに「#VALUE!」と表示されてしまいます。その場合、セルの数式を削除し、グラフに貼り付けた画像をクリックしてから手順6～7の操作をやり直しましょう。

❽ 画像を移動する

画像と元の表にリンクが設定された

画像をグラフ内に移動する

❶ 画像にマウスポインターを合わせる

マウスポインターの形が変わった

❷ ここまでドラッグ

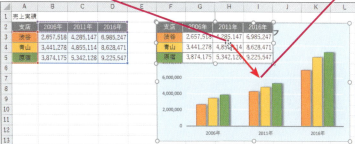

HINT! 表を工夫して凡例のように見せる

表の項目名を凡例のような見た目にすると、見栄えがよくなります。それには、項目名のセルの色を白に変更し、「■渋谷」と入力し直します。続いて、セルをダブルクリックしてカーソルを表示し、「■」をドラッグして、[ホーム]タブの[フォントの色]からデータ系列と同じ色を設定します。なお、「■」は「しかく」と入力して変換できます。

項目名の前に「■」を入力してデータ系列と同じ色を設定する

見た目が凡例のようになった

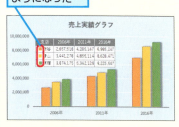

❾ 画像のサイズを小さくする

グラフの空きスペースに合わせて画像を小さくする

❶ ハンドルにマウスポインターを合わせる

マウスポインターの形が変わった
❷ ここまでドラッグ

レッスン 23

項目名を縦書きで表示するには

縦書き

対応バージョン：2016 / 2013 / 2010

レッスンで使う練習用ファイル
縦書き.xlsx

見やすさを考えて、項目名の向きを変えよう

元表に入力されている項目名が長いと、グラフの横（項目）軸に表示される文字列が自動的に斜めに表示されます。縦棒グラフの場合、項目名を棒の真下に縦書きで表示した方が、斜めで表示するより見やすくなることがあります。文字列の方向は簡単に変更できるので、両方試して見やすい向きを選ぶようにしましょう。

下の［Before］のグラフは、項目名が斜めに表示されています。［After］のグラフでは、文字列の方向を縦書きに変更しました。棒と項目名が直線上に並んでいるため、斜めに表示されている場合と比べて、どの人物の棒グラフなのかがよく分かります。

関連レッスン

▶レッスン19
数値軸や項目軸に説明を表示するには………………p.84

▶レッスン29
長い項目名を改行して表示するには……………………p.118

▶レッスン35
項目軸に「月」を縦書きで表示するには……………………p.136

キーワード

| 横（項目）軸 | p.375 |

Before

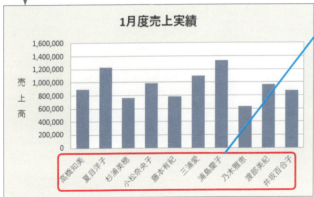

横（項目）軸が斜めに表示されていて、どの人物の棒グラフなのかが分かりにくい

After

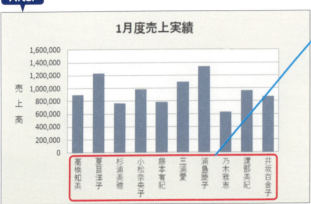

横（項目）軸を縦書きに設定すれば、どの人物の棒グラフかがすぐに分かる

基本編 第3章 グラフの要素を編集しよう

98 できる

1 [軸の書式設定] 作業ウィンドウを表示する

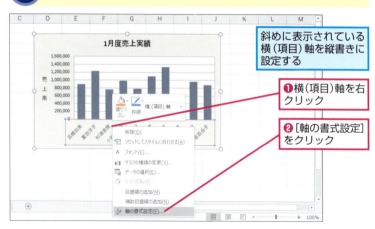

斜めに表示されている横（項目）軸を縦書きに設定する

❶ 横（項目）軸を右クリック

❷ [軸の書式設定] をクリック

HINT! Excel 2010では ダイアログボックスで 設定する

Excel 2010の場合、手順1の操作を行うと [軸の書式設定] ダイアログボックスが表示されます。[配置] タブの [文字列の方向] の ▼ をクリックして [縦書き] を選択してください。

HINT! [ホーム] タブから 設定するには

ボタン操作でも縦書きの設定ができます。まず、横（項目）軸をクリックして選択します。[ホーム] タブにある [方向] ボタン（ ）をクリックして、表示される一覧から [縦書き] をクリックしましょう。

❶ 横（項目）軸をクリック　❷ [ホーム] タブをクリック

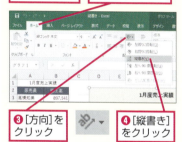

❸ [方向] をクリック　❹ [縦書き] をクリック

横（項目）軸が縦書きに変更される

2 横（項目）軸を縦書きに設定する

[軸の書式設定] 作業ウィンドウが表示された

❶ [文字のオプション] をクリック

❷ [テキストボックス] をクリック

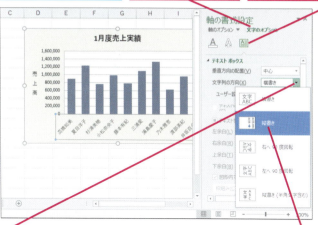

❸ [文字列の方向] のここをクリック

❹ [縦書き] をクリック

横（項目）軸が縦書きに変更された

❺ [閉じる] をクリック

HINT! アルファベットが 含まれているとどうなるの？

横（項目）軸に半角のアルファベットや半角数字が含まれていた場合、[縦書き] の設定をしても文字が90度回転した状態で表示されます。[縦書き（半角文字含む）] を選択すると、半角文字が縦書きになりますが、少し間延びして見えます。実際に試してみて、どちらがいいかを決めましょう。

アルファベットは [縦書き] でも右に90度回転して表示される

レッスン 24

項目名を負の目盛りの下端位置に表示するには

ラベルの位置

対応バージョン 2016 2013 2010

レッスンで使う練習用ファイル
ラベルの位置.xlsx

マイナスの棒があるときは項目名の位置を変えよう

プラスの数値とマイナスの数値が存在する表から縦棒グラフを作成すると、プラスの棒は上方向に、マイナスの棒は下方向に表示されます。自動的に正負が反対方向に表示され、分かりやすいグラフになりますが、困ったことも起こります。
下の[Before]のグラフを見てください。マイナスの棒に「2011年」「2013年」などの項目名が重なり、読みづらくなっています。こんなときは、[After]のグラフのように、項目名をグラフの下端に移動しましょう。棒との重なりが解消され、スッキリときれいにまとまります。
横棒グラフの場合も、マイナスの棒が左に表示されるため項目名と重なりますが、ここで紹介するテクニックを使えば、重なりを解消できます。

関連レッスン

▶レッスン23
項目名を縦書きで
表示するには……………… p.98

▶レッスン29
長い項目名を改行して
表示するには……………… p.118

▶レッスン35
項目軸に「月」を縦書きで
表示するには……………… p.136

キーワード

横（項目）軸	p.375
ラベル	p.375

Before

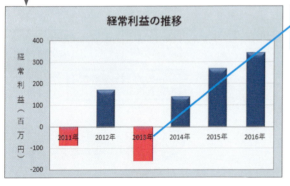

マイナスのグラフが「2011年」「2013年」などの項目名と重なってしまい、見にくい

After

ラベルを移動すれば、マイナスのグラフと項目名が重ならなくなる

1 [軸の書式設定]作業ウィンドウを表示する

項目名をグラフの下端に移動する

❶ 横(項目)軸を右クリック
❷ [軸の書式設定]をクリック

2 [ラベル]の設定項目を表示する

[軸の書式設定]作業ウィンドウが表示された

❶ ここを下にドラッグしてスクロール
❷ [ラベル]をクリック

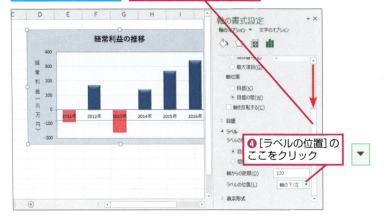

[ラベル]の設定項目が表示された

❸ ここを下にドラッグしてスクロール
❹ [ラベルの位置]のここをクリック

ヒント ダブルクリックでも設定画面を表示できる

グラフ要素を右クリックして[(グラフ要素)の書式設定]を選択する代わりに、グラフ要素をダブルクリックすると[(グラフ要素)の書式設定]作業ウィンドウ(Excel 2010の場合はダイアログボックス)を素早く表示できます。このレッスンの場合は、横(項目)軸の文字の上をダブルクリックすると、[軸の書式設定]作業ウィンドウが表示されます。

ヒント Excel 2010ではダイアログボックスが表示される

Excel 2010で手順1の操作を行うと、[軸の書式設定]ダイアログボックスが表示されます。以下の手順で設定しましょう。

❶ [軸のオプション]をクリック

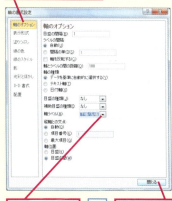

❷ [軸ラベル]のここをクリックして[下端/左端]を選択
❸ [閉じる]をクリック

⚠ 間違った場合は?

手順2で[軸の書式設定]以外の設定画面が表示される場合は、手順1で右クリックする位置が間違っています。手順1から操作をやり直しましょう。その際、「2012年」などの文字の上を右クリックするとうまく選択できます。

次のページに続く

❸ 項目名を下端に移動する

項目名の位置を選択する　　[下端/左端]をクリック

HINT! 「ラベル」とは

手順3で設定する[ラベルの位置]の「ラベル」とは、[横（項目）軸]に表示される項目名（「2011年」「2012年」などの文字列）のことです。[ラベルの位置]で[下端/左端]を選択すると、項目名がグラフの下端に移動します。なお、横棒グラフの縦（項目）軸でこの設定をした場合、項目名がグラフの左端に移動します。

HINT! 縦（値）軸の数値も同様の手順で移動できる

縦（値）軸を右クリックして、手順1の操作2～手順2の操作を行い、[上端/右端]を選択すると、目盛りの数値をグラフの右側に移動できます。右肩上がりの折れ線グラフなどで、目盛りの数値が見やすくなります。

右肩上がりの折れ線グラフでは、右に目盛りの数値を配置すると見やすくなる

❹ 項目名がグラフの下端に移動した

項目名がグラフの下端に移動した　　[閉じる]をクリック

テクニック　作業ウィンドウを切り離して表示できる

Excel 2016/2013で利用する作業ウィンドウは、画面の右側に固定表示されるため、表やグラフに重なって作業しづらいことがあります。自由な位置に移動して設定を行いたい場合は、以下の手順で作業ウィンドウを切り離しましょう。なお、切り離した作業ウィンドウは、右のスクロールバー上端にドラッグすれば元の位置に戻せます。

❶[軸の書式設定]のここにマウスポインターを合わせる　　マウスポインターの形が変わった

❷ここまでドラッグ　　作業ウィンドウが切り離された

テクニック プラスとマイナスで棒の色を変えるには

このレッスンの練習用ファイルでは、プラスの数値とマイナスの数値で棒の色を変え、数値の正負の違いをより強調しています。グラフの作成直後は同系列のすべての棒が同じ色になりますが、以下の手順で[負の値を反転する]にチェックマークを付けると、プラスとマイナスのそれぞれで棒の色を指定できます。

Excel 2016/2013の場合

[データ系列の書式設定]作業ウィンドウを表示する

❶いずれかの系列を右クリック

❷[データ系列の書式設定]をクリック

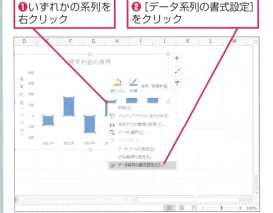

❸[塗りつぶし]をクリック

❹[塗りつぶし]をクリック

❺[塗りつぶし(単色)]をクリック

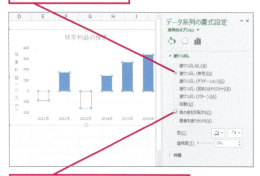

❻[負の値を反転する]をクリックしてチェックマークを付ける

マイナスの棒の色を設定する

❼[塗りつぶしの色の反転]をクリック

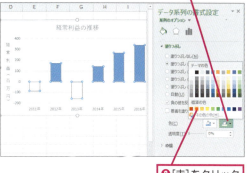

❽[赤]をクリック

Excel 2010の場合

[データ系列の書式設定]作業ウィンドウを表示する

❶いずれかの系列を右クリック

❷[データ系列の書式設定]をクリック

❸[塗りつぶし]をクリック

❹[塗りつぶし(単色)を クリック]

❺[負の値を反転する]をクリックしてチェックマークを付ける

プラスの棒の色を指定できる

マイナスの棒の色を指定できる

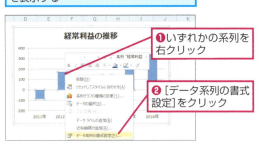

できる 103

レッスン 25

目盛りの範囲や間隔を指定するには

軸の書式設定

対応バージョン 2016 2013 2010
レッスンで使う練習用ファイル
軸の書式設定.xlsx

伝わるグラフのポイントは、目盛りの［最小値］［最大値］［目盛間隔］

「縦（値）軸の最大値を切りがいい数値にしたい」「目盛りの間隔を詰めて数値が正確に読み取れるようにしたい」、そんなときは［軸の書式設定］の機能を使いましょう。グラフの縦（値）軸に振られる数値や目盛りの間隔は、［軸の書式設定］作業ウィンドウで自由に変更できます。

設定するのは、主に［最小値］［最大値］［目盛間隔］の3項目です。通常は［自動］に設定されていて、グラフのサイズ変更によって軸の範囲や目盛り間隔が変わります。それぞれの設定を［固定］に変更すれば、軸の数値の範囲や目盛り間隔を指定した値に固定できます。ただし、固定してしまうと元データの数値が変わったときに、グラフにデータ全体を表示できなくなる可能性もあります。その可能性も考慮して、目盛りの最大値と最小値を決めましょう。

関連レッスン

▶レッスン**15**
軸や目盛り線の書式を
変更するには ……………………… p.70

▶レッスン**26**
目盛りを万単位で
表示するには ……………………… p.106

▶レッスン**39**
棒グラフの高さを
波線で省略するには ……………… p.150

キーワード

縦（値）軸	p.372
目盛	p.374

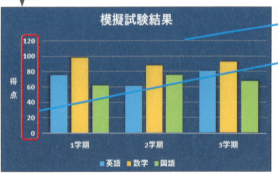

100点満点の試験結果で、120点まで表示されている

目盛りの間隔が広いので、棒の高さが読み取りづらい

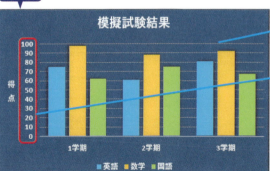

目盛りの最大値を100にすれば、グラフの棒から点数が読み取りやすくなる

目盛りの間隔が狭いので、棒の高さが読み取りやすい

1 [軸の書式設定] 作業ウィンドウを表示する

縦(値)軸の目盛りの範囲や間隔を設定する

❶縦(値)軸を右クリック
❷[軸の書式設定]をクリック

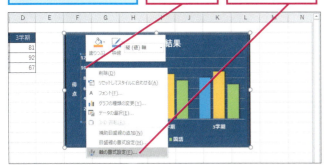

2 縦(値)軸の目盛りの範囲と間隔を設定する

❶[軸のオプション]をクリック
❷[最小値]に「0」と入力

❸[最大値]に「100」と入力
❹[主]に「10」と入力
Excel 2013では[目盛]に「10」と入力

3 縦(値)軸の目盛りの範囲や間隔が変更された

目盛りの最大値が100に、目盛りの間隔が10に変更された
[閉じる]をクリック

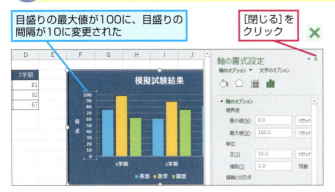

 Excel 2010の場合は[固定]をクリックしてから数値を入力する

Excel 2010の場合、手順2で[軸の書式設定]ダイアログボックスが表示されます。[最小値]や[最大値]を設定するには、[固定]をクリックしてから数値を入力します。

❶[軸のオプション]をクリック
❷[最小値]の[固定]をクリックして「0」と入力

❸[最大値]の[固定]をクリックして「100」と入力
❹[目盛間隔]の[固定]をクリックして「10」と入力

❺[閉じる]をクリック

 最小値を調整すればグラフを大きく変化させられる

グラフの数値データが狭い範囲に固まっているときは、最小値を調整すると、グラフの変化を大きくできます。

目盛りの範囲が「0～20」と広いので、折れ線の変化が分かりづらい

最小値を「10」にして目盛りの範囲を狭めると、折れ線の山と谷を強調できる

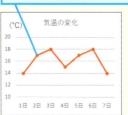

25 軸の書式設定

レッスン 26

目盛りを万単位で表示するには

軸の表示単位

対応バージョン 2016 2013 2010

レッスンで使う練習用ファイル
軸の表示単位.xlsx

単位を変えれば数値が見やすい

売り上げや予算などの金額を表すデータでは、百万、千万というように大きな数値を扱うことがあります。そのようなデータをグラフにすると、縦（値）軸に振られる数値のけた数が多くなり、数値を読み取るのが大変です。「万単位」や「百万単位」など、けた数に応じた表示単位を設定するようにしましょう。

下の［Before］のグラフは、縦（値）軸に億単位の数値が表示されています。「0」の数が多いので、数値を読むのが厄介です。［After］のグラフでは、表示単位を「万単位」に変更し、縦（値）軸の隣に単位の「万円」を表示しました。これなら、ぱっと見ただけで、数値のけたを把握できます。情報を視覚化するグラフの特性を生かすためにも、このレッスンで紹介する表示単位の設定を大いに活用してください。

関連レッスン

▶レッスン15
軸や目盛り線の書式を変更するには ………… p.70

▶レッスン25
目盛りの範囲や間隔を指定するには ………… p.104

キーワード

縦（値）軸	p.372
表示形式	p.373
表示単位	p.373

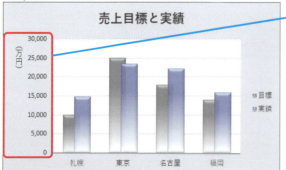

けた数が多すぎて、データが分かりづらい

数値の単位を「万円」に設定すれば、データが読み取りやすくなる

① [軸の書式設定] 作業ウィンドウを表示する

縦（値）軸の表示単位を「万」に設定する

❶縦（値）軸を右クリック
❷[軸の書式設定]をクリック

② 縦（値）軸の表示単位を設定する

[軸の書式設定]作業ウィンドウが表示された

❶[表示単位]のここをクリック

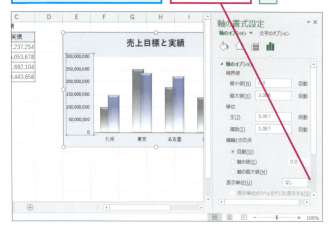

[表示単位]の一覧が表示された

❷[万]をクリック

数値をクリックすれば縦（値）軸を選択できる

縦（値）軸を選択したいときに、軸の直線をクリックする必要はありません。軸に振られた[300,000,000]や[250,000,000]などの数値をクリックすれば、簡単に縦（値）軸を選択できます。縦（値）軸のショートカットメニューを表示したいときも、数値を右クリックすれば表示できます。

Excel 2010では千単位、百万単位ならリボンで設定が可能

Excel 2010の場合、[軸の書式設定]ダイアログボックスで手順2と同様に操作すると、目盛りを万単位で表示できます。なお、[グラフツール]の[レイアウト]タブにある[軸]-[主縦軸]からも表示単位を設定できます。ただし、設定できるのは千単位、百万単位、十億単位の3種類です。

❶グラフエリアをクリック

❷[グラフツール]の[レイアウト]タブをクリック

❸[軸]をクリック

❹[主縦軸]にマウスポインターを合わせる
❺[百万単位で軸を表示]をクリック

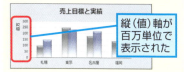

縦（値）軸が百万単位で表示された

間違った場合は？

手順2で間違って[万]以外の単位を選択してしまった場合は、あらためて[表示単位]の一覧から[万]を選択し直しましょう。

次のページに続く

③ ラベルを縦書きに変更する

表示単位ラベルが追加された

❶ 追加された表示単位ラベルにマウスポインターを合わせる

マウスポインターの形が変わった

❷ そのままクリック

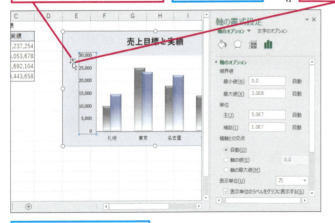

表示単位ラベルが選択された

❸ [文字列の方向] のここをクリック

[文字列の方向] の一覧が表示された

❹ [縦書き] をクリック

④ ラベルの内容を変更する

表示単位ラベルが縦書きに変更された

❶ 表示単位ラベルのここをクリック

カーソルが表示され、文字を入力できるようになった

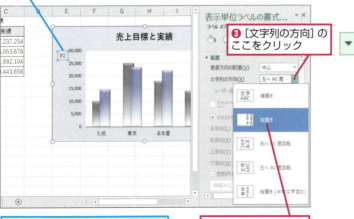

 ❷ Delete キーを押す

 表示単位ラベルなしで表示単位を設定するには

[軸の書式設定] 作業ウィンドウの [表示単位] の下に、[表示単位のラベルをグラフに表示する] というチェックボックスがあります。このチェックボックスには既定でチェックマークが付いていますが、チェックマークをはずすと表示単位ラベルが非表示になります。その場合、縦（値）軸ラベルを追加して「売上高（万円）」と入力するなど、表示単位を明確にしましょう。

 [方向] ボタンでもラベルを縦書きに設定できる

手順3ではすでに表示されている設定画面を使用して縦書きの設定を行いましたが、[ホーム] タブにある [方向] ボタン（ ）を使用しても設定できます。設定画面が閉じているときなど、リボンから簡単に縦書きにできるので効率的です。

❶ 表示単位ラベルをクリック　❷ [方向] をクリック

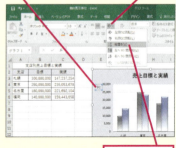

❸ [縦書き] をクリック

 Excel 2010で縦書きを設定するには

Excel 2010では、[軸の書式設定] ダイアログボックスで [表示単位] を設定した後、グラフ上に表示された表示単位ラベルをクリックすると、ダイアログボックスが [表示単位ラベルの書式設定] ダイアログボックスに切り替わります。その [配置] タブで [文字列の方向] の一覧から [縦書き] を選択します。

⑤ ラベルの内容を変更できた

ここでは「(万円)」と入力する

❶「(万円)」と入力

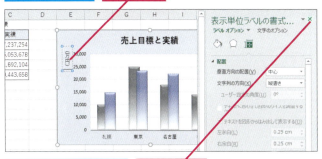

表示単位ラベルの内容を「(万円)」に変更できた

❷[閉じる]をクリック

HINT! 表示単位ラベルはドラッグで移動できる

表示単位ラベルは、好きな位置に移動できます。移動するには、表示単位ラベルをクリックして選択し、枠の部分にマウスポインターを合わせてドラッグします。

枠をドラッグしてラベルを移動できる

テクニック 目盛りの数値の色を1つだけ変えて目立たせる

最高売上高や目標契約数など、目盛り上の数値のうち1つだけ色を変えて目立たせるには、[表示形式]を利用します。例えば、目盛りの数値のうち「200,000」だけを赤にするには、[表示形式]の[カテゴリ](Excel 2010では[分類])から[ユーザー設定]を選択し、[表示形式コード]欄に「[赤][=200000]#,##0;#,##0」と入力します。色は赤のほか、黒、青、水、緑、紫、白、黄を指定できます。

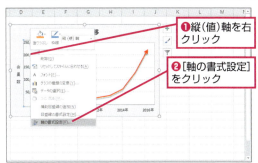

❶縦(値)軸を右クリック
❷[軸の書式設定]をクリック

Excel 2010では[軸の書式設定]ダイアログボックスから設定する

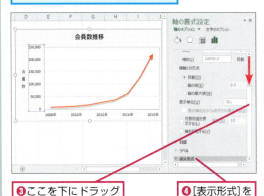

❸ここを下にドラッグしてスクロール
❹[表示形式]をクリック

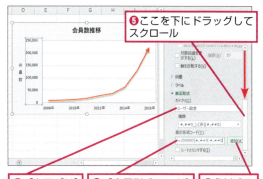

❺ここを下にドラッグしてスクロール
❻[カテゴリ]をクリックして[ユーザー設定]を選択
❼[表示形式コード]に「[赤][=200000]#,##0;#,##0」と入力
❽[追加]をクリック

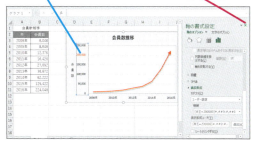

表示形式コードが追加され、数値の色が変わった

❾[閉じる]をクリック

26 軸の表示単位

この章のまとめ

●グラフ要素の変更がグラフを見やすくするカギ

グラフには、さまざまなグラフ要素を自由に配置できます。「伝わるグラフ」を作成するには、どのようなグラフ要素をどう配置するかが、腕の見せ所です。

例えばグラフを見たときに、最初に目に飛び込んでくるグラフタイトルには、グラフの内容が簡潔に伝わる見出しを入力しましょう。軸ラベルも重要な要素です。値軸の横に「人数」や「利用率」などの軸ラベルを表示すれば、数値の意味がひと目で分かります。

軸の数値や目盛りを読み取りやすくするのも、分かりやすいグラフ作りのポイントです。

「目盛りが広すぎて読み取りづらい場合は目盛り間隔を狭める」「けた数が大きい場合は数値を万単位で表示する」など、グラフが見やすくなるように気を配りましょう。

ときには使用目的に合わせて、グラフ要素をあえて表示しないという判断も大切です。プレゼンテーションでスクリーンに映すグラフでは、聞き手が細かい数値に気を取られることがないよう元データの表示を控え、資料として配布するグラフにはデータラベルを入れておく、そんなささやかな配慮が業務の効率アップにつながるのではないでしょうか。

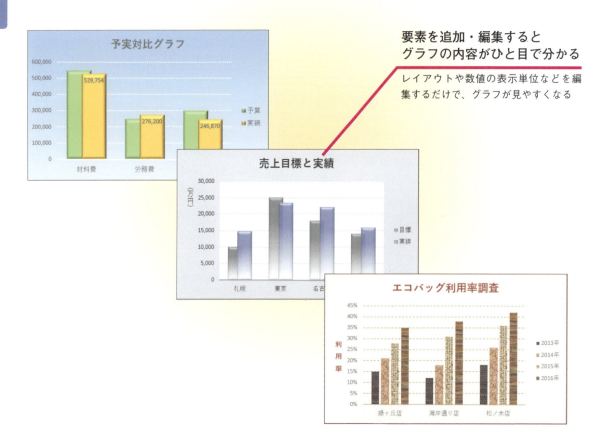

要素を追加・編集するとグラフの内容がひと目で分かる

レイアウトや数値の表示単位などを編集するだけで、グラフが見やすくなる

第4章

元データを編集して思い通りにグラフ化しよう

ここまでは、分かりやすいグラフを作成するためのグラフの編集方法について解説してきました。この章では、元データに手を加えたり、グラフのデータ範囲を編集したりすることによって、思い通りのグラフを作成する方法を紹介します。棒グラフや折れ線グラフなど、いろいろなグラフに共通する便利なワザばかりです。

●この章の内容

- ㉗ グラフのデータ範囲を変更するには ……………… 112
- ㉘ ほかのワークシートにある
  データ範囲を変更するには ……………… 114
- ㉙ 長い項目名を改行して表示するには ……………… 118
- ㉚ 凡例の文字列を直接入力するには ……………… 120
- ㉛ 非表示の行や列のデータが
  グラフから消えないようにするには ……………… 124
- ㉜ 元表にない日付が勝手に
  表示されないようにするには ……………… 126
- ㉝ 項目軸の日付を半年ごとに表示するには ……… 128
- ㉞ 横軸の項目に「年」を数字で表示するには ……… 132
- ㉟ 項目軸に「月」を縦書きで表示するには ……… 136
- ㊱ 2種類の単位の数値から
  グラフを作成するには ……………… 138

レッスン 27

グラフのデータ範囲を変更するには

カラーリファレンス

対応バージョン 2016 2013 2010

レッスンで使う練習用ファイル
カラーリファレンス.xlsx

グラフの元表の色枠に注目！

グラフの元表の一番下の行や一番右の列に新しいデータを追加しても、追加したデータはグラフに自動で反映されません。追加したデータをグラフに反映させるには、グラフのデータ範囲を手動で変更する必要があります。

元表と同じワークシートにあるグラフの場合、グラフエリアを選択すると、グラフの元表のセル範囲が色の枠で囲まれます。項目名や系列名を囲む枠が紫または赤（Excel 2010では紫または緑）、数値を囲む枠が青です。この枠を「カラーリファレンス」と呼びます。グラフのデータ範囲は、このカラーリファレンスを操作することで簡単に変更できます。このレッスンでは、カラーリファレンスを使ったデータ範囲の変更方法を説明します。

関連レッスン

▶レッスン28
ほかのワークシートにある
データ範囲を変更するには ……… p.114

キーワード

カラーリファレンス	p.369
系列	p.370
データ範囲	p.373
ワークシート	p.375

基本編 第4章 元データを編集して思い通りにグラフ化しよう

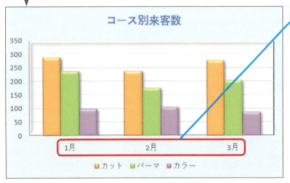

Before: 1月～3月までのコース別来客数がグラフで表示されている

After: グラフに4月の来客数が追加された

112 できる

① グラフのデータ範囲を変更する

グラフのデータ範囲に4月分を追加する

❶ グラフエリアをクリック
❷ ここにマウスポインターを合わせる

マウスポインターの形が変わった

❸ ここまでドラッグ

② グラフのデータ範囲が変更された

グラフのデータ範囲に4月分が追加された

HINT! データ範囲の縮小もできる

手順1では、カラーリファレンスのハンドルをドラッグしてデータ範囲を拡大しました。拡大すると、グラフに新しい項目や新しい系列が追加されます。反対に、データ範囲を縮小すると、グラフから既存の項目や系列が削除されます。

HINT! 系列は Delete キーで簡単に削除できる

いずれかの棒をクリックして系列を選択し、Delete キーを押すと、その系列を簡単にグラフから削除できます。

❶ [カット] の系列をクリック
❷ Delete キーを押す

[カット] の系列が削除された

HINT! カラーリファレンスが表示されないこともある

離れたセル範囲からグラフを作成した場合、グラフを選択しても、元表にカラーリファレンスが表示されないことがあります。そのような場合は、レッスン㉓で紹介する方法で、データ範囲を変更してください。

27 カラーリファレンス

できる 113

レッスン 28

ほかのワークシートにあるデータ範囲を変更するには

データソースの選択

対応バージョン: 2016 / 2013 / 2010

レッスンで使う練習用ファイル
データソースの選択.xlsx

データ範囲の変更は、グラフの元データが同じワークシートにあるかどうかがポイント

レッスン㉗では、カラーリファレンスによるグラフのデータ範囲の変更方法を紹介しました。しかしこの方法は、元表がグラフと同じワークシートにない場合や、離れたセル範囲の数値からグラフを作成した場合には使えません。そのような場合は、[データソースの選択]ダイアログボックスを使用して、グラフのデータ範囲の設定を最初からやり直しましょう。このレッスンでは、グラフは[Graph1]シート、元表のデータ範囲は[Sheet1]シートというように、ほかのワークシートにあるデータ範囲から作成したグラフを例に、ダイアログボックスでデータ範囲を変更する方法を説明します。

関連レッスン

▶レッスン27
グラフのデータ範囲を
変更するには ……………… p.112

キーワード

グラフシート	p.370
グラフフィルター	p.370
グラフボタン	p.370
系列	p.370
データソースの選択	p.372
データ範囲	p.373

基本編 第4章 元データを編集して思い通りにグラフ化しよう

Before

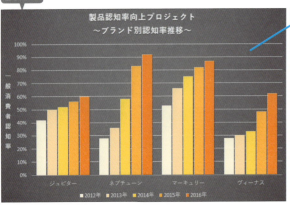

「ジュピター」～「ヴィーナス」というブランドの年度別認知率がグラフ化されている

After

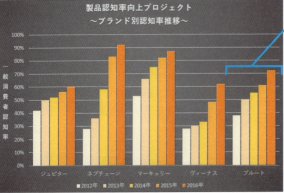

ほかのワークシートにあるデータ範囲を変更して、「ジュピター」～「プルート」の年度別認知率をグラフ化できた

このレッスンは動画で見られます　操作を動画でチェック！▶▶ ※詳しくは2ページへ

❶ [データソースの選択] ダイアログボックスを表示する

ほかのワークシートにあるグラフのデータ範囲を変更する

❶プロットエリアを右クリック
❷[データの選択]をクリック

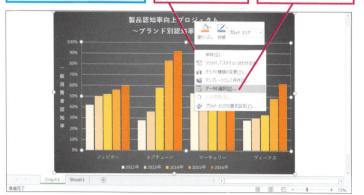

❷ グラフのデータ範囲を変更する

[データソースの選択] ダイアログボックスが表示された

セルA2～F6の「ジュピター」～「ヴィーナス」がデータ範囲として選択されている

セルをドラッグしにくいときは、ダイアログボックスを表の下に移動しておく

セルA2～F7をドラッグして選択

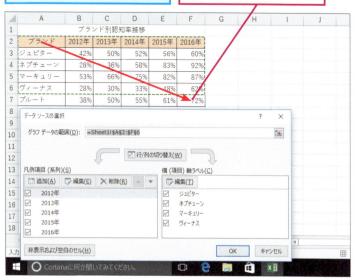

HINT! Excel 2016/2013ならグラフボタンから設定できる

Excel 2016/2013では、グラフを選択すると表示される[グラフフィルター]ボタン（）のメニューからも[データソースの選択]ダイアログボックスを表示できます。

❶グラフエリアをクリック
❷[グラフフィルター]をクリック

系列とデータ要素の一覧が表示された

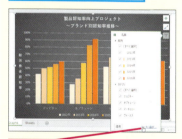

❸[データの選択]をクリック

[データソースの選択]ダイアログボックスが表示される

間違った場合は？

手順2でドラッグするセル範囲を間違えてしまったときは、もう一度正しいセル範囲をドラッグし直します。

次のページに続く

③ 変更したデータ範囲を確認する

「ジュピター」～「プルート」までのデータ範囲が選択された

❶セルA2～F7が選択されていることを確認

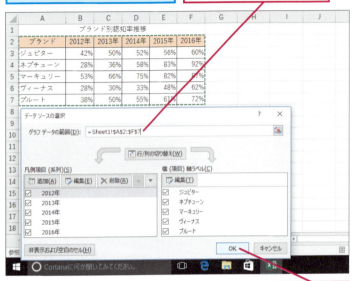

グラフのデータ範囲は、絶対参照の「$」が付いた書式で表示される

❷[OK]をクリック

④ グラフのデータ範囲が変更された

ほかのワークシートにあるグラフのデータ範囲が変更された

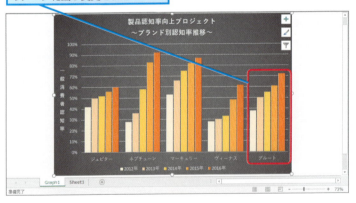

HINT! そのほかの方法で[データソースの選択]ダイアログボックスを表示するには

グラフエリアを選択して、リボンの[グラフツール]-[デザイン]タブにある[データの選択]ボタンをクリックしても、[データソースの選択]ダイアログボックスを表示できます。

❶グラフエリアをクリック　❷[グラフツール]の[デザイン]タブをクリック

❸[データの選択]をクリック

[データソースの選択]ダイアログボックスが表示される

HINT! 離れたセル範囲を指定するには

[データソースの選択]ダイアログボックスの[グラフデータの範囲]には、離れたセル範囲も指定できます。離れたセル範囲を指定するには、1つ目のセル範囲をドラッグした後、Ctrlキーを押しながら2つ目のセル範囲をドラッグしましょう。

❶手順1と同様の操作を実行

❷セルA2～F4をドラッグして選択

❸Ctrlキーを押しながらセルA6～F7をドラッグして選択

テクニック コピーを利用してグラフにデータを手早く追加する

コピーと貼り付けの機能を使用して、新しいデータをグラフに追加できます。グラフの現在のデータ範囲とは離れたセル範囲にあるデータでも、手早く追加できるので便利です。なお、以下の手順では[ホーム]タブの[コピー]ボタンと[貼り付け]ボタンを使用していますが、ショートカットキーを使用しても構いません。その場合、[コピー]ボタンの代わりに Ctrl + C キー、[貼り付け]ボタンの代わりに Ctrl + V キーを押します。

グラフに「市川」と「今村」のデータを追加する

❶ セルE3～F6をドラッグして選択

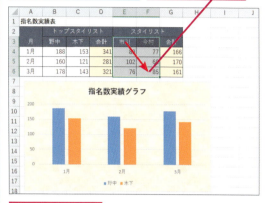

❷ [ホーム]タブをクリック

❸ [コピー]をクリック

セルE3～F6がコピーされた

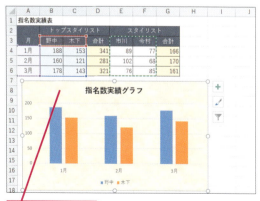

❹ グラフエリアをクリック

❺ [貼り付け]をクリック

グラフに「市川」と「今村」のデータが追加された

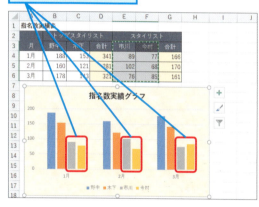

28 データソースの選択

レッスン 29

長い項目名を改行して表示するには

折り返して全体を表示する

対応バージョン 2016 2013 2010

レッスンで使う練習用ファイル
折り返して全体を表示する.xlsx

項目名もグラフも見やすくなるテクニック

長い項目名を持つ表からグラフを作成すると、項目名が斜めに表示されることがあります。これでは項目名が読みづらい上、肝心のグラフのスペースも小さくなってしまいます。項目名は見やすくコンパクトに収めたいものです。

項目名を見やすく配置する方法はいくつか考えられますが、このレッスンでは切りがいい位置で改行して、2行の横書きに収めます。ただし、グラフ上では項目行を直接改行できないので、元表の項目名に改行を入れることにします。元表に入れた改行は、改行前と同じ1行で表示されるように設定するので、表の体裁が崩れる心配はありません。

関連レッスン

▶レッスン23
項目名を縦書きで
表示するには ………………………… p.98

▶レッスン33
項目軸の日付を半年ごとに
表示するには ………………………… p.128

▶レッスン35
項目軸に「月」を縦書きで
表示するには ………………………… p.136

キーワード

横（項目）軸　　　　　p.375

Before

グラフの項目名が斜めに表示されていて見にくい

After

項目名が改行されて項目名とグラフが見やすくなった

データ範囲の項目名を改行する

元データの項目名を改行して横（項目）軸の項目名が2行で表示されるようにする

❶ セルA3をダブルクリック

❷ ←キーを押して「フルーツ」と「ケーキ」の間にカーソルを移動

❸ Alt + Enter キーを押す

 HINT! 文字のサイズを小さくして対応してもいい

項目名の文字数や項目数によっては、フォントサイズを小さくすることで1行にうまく収まる場合もあります。項目名をクリックして選択し、［ホーム］タブの［フォントサイズの縮小］ボタン（A˅）を使えば簡単にサイズを変更できます。なお、画面上では1行に収まったように見えても、印刷すると斜めになる場合もあります。印刷前に印刷プレビューをよく確認してください。

横（項目）軸のフォントサイズを小さくすると、文字列が横に表示される

 折り返しの書式を解除する

手順1と同様にセルA4～A6の項目名も改行しておく

項目名を選択して［折り返して全体を表示する］の書式を解除する

❶ セルA3～A6をドラッグして選択

❷ ［ホーム］タブをクリック

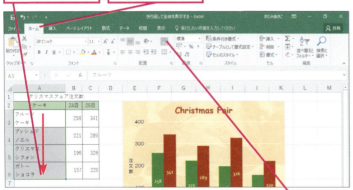

［折り返して全体を表示する］が設定されているので、クリックしてオフにする

❸ ［折り返して全体を表示する］をクリック

 HINT! 改行してもうまく収まらないときは

項目名が極端に長いと、改行を入れても斜めに表示されたままになることがあります。その場合は、グラフのサイズを大きくしたり、文字のサイズを小さくしたりするなどして対処しましょう。また、123ページのテクニックを参考に、グラフ上で項目名を短い名前に変更してもいいでしょう。

⚠ 間違った場合は？

セルの文字を間違った位置で改行してしまった場合は、1行目の文字の末尾にカーソルを移動して Delete キーを押します。改行が削除されるので、正しい位置に改行を入れ直しましょう。

グラフの項目名が改行された

元表の項目名が改行前の状態に戻った

グラフの横（項目）軸が改行されて見やすくなった

できる | 119

レッスン 30

凡例の文字列を直接入力するには

凡例項目の編集

対応バージョン: 2016 / 2013 / 2010

レッスンで使う練習用ファイル
凡例項目の編集.xlsx

元データとは別に、凡例を直接編集できる

元表のデータをグラフ用のデータとして流用する場合、系列名が必ずしもグラフにちょうど良く収まるとは限りません。長い系列名は凡例の中で2行に折り返して表示されるので、グラフの体裁が悪くなります。

このようなときは、次ページの手順のように［データソースの選択］ダイアログボックスを使用して、凡例の系列名を直接編集しましょう。簡潔な系列名に変えれば、元表に手を加えなくても、凡例がコンパクトになり、グラフ全体の見栄えもアップします。ただし、あまり簡略化し過ぎると、グラフの意味が分からなくなります。分かりやすい系列名を付けるように心がけましょう。

関連レッスン

▶レッスン20
凡例の位置を変更するには ………… p.88

キーワード

SERIES関数	p.368
グラフフィルター	p.370
系列名	p.370
データ範囲	p.373
凡例	p.373
凡例項目	p.373
横（項目）軸	p.375

基本編 第4章 元データを編集して思い通りにグラフ化しよう

Before
データ範囲の系列名がそのまま入っていて、見にくい
凡例となる系列名が長い

After
凡例の文字列を編集して系列名を短くできる
元表（データ範囲）の系列名は変更されない

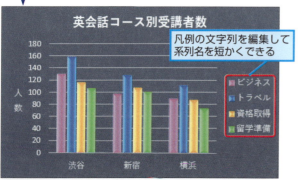

1 [データソースの選択]ダイアログボックスを表示する

[データソースの選択]ダイアログボックスを表示して、凡例の文字列を直接編集できるようにする

❶グラフエリアを右クリック

❷[データの選択]をクリック

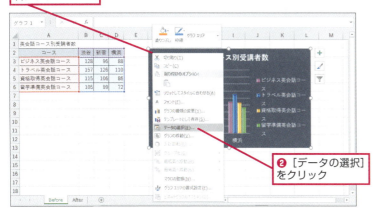

2 凡例の系列名を編集する

「ビジネス英会話コース」を「ビジネス」に変更する

❶[ビジネス英会話コース]をクリック

❷[凡例項目(系列)]の[編集]をクリック

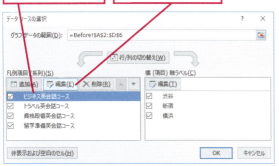

[系列の編集]ダイアログボックスが表示された

❸[系列名]に「ビジネス」と入力

❹[OK]をクリック

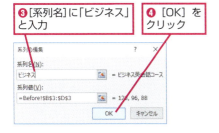

HINT! Excel 2016/2013なら[グラフフィルター]ボタンで設定できる

Excel 2016/2013では、[グラフフィルター]ボタン()のメニューからも[系列の編集]ダイアログボックスを表示できます。[グラフフィルター]のメニューは1回ごとに消えるので毎回メニューを開くのは面倒ですが、1系列だけを編集するときは、こちらの方法が便利です。

❶グラフエリアをクリック　❷[グラフフィルター]をクリック

系列とデータ要素の一覧が表示された

❸編集する凡例の[系列の編集]をクリック

[系列の編集]ダイアログボックスが表示される

⚠ 間違った場合は？

手順2の操作2で[編集]ボタンの代わりに誤って[削除]ボタンをクリックすると、グラフから系列が消えてしまいます。その場合は[キャンセル]ボタンをクリックしていったん[データソースの選択]ダイアログボックスを閉じ、手順1からやり直しましょう。

次のページに続く

30 凡例項目の編集

❸ ほかの凡例の系列名を変更する

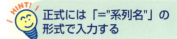

正式には「="系列名"」の形式で入力する

［系列の編集］ダイアログボックスの［系列名］は、正式には「="系列名"」の形式で入力します。しかし、系列名だけを「ビジネス」のように入力して、［OK］ボタンをクリックすると、自動的に「=」と「"」が補われて「="ビジネス"」と設定されます。

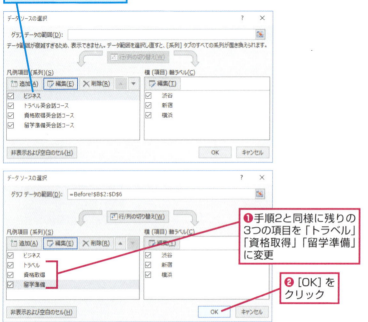

❶手順2と同様に残りの3つの項目を「トラベル」「資格取得」「留学準備」に変更

❷［OK］をクリック

テクニック ［系列名］の引数を書き換えてもいい

グラフ上で系列を選択すると、数式バーにSERIES関数の数式が表示されます。この関数は系列を定義する関数で、書式は以下の通りです。
引数［系列名］は凡例に表示される文字列、［項目名］は横（項目）軸に表示される文字列、［系列値］はグラフの元になる数値です。また、［順序］は系列の表示順です。数式バーで引数［系列名］の部分を書き換えると、グラフの凡例に表示される系列名も変わります。

●SERIES関数の書式

=SERIES(系列名,項目名,系列値,順序)

［ビジネス英会話コース］の凡例に表示される文字列を変更する

❶系列をクリック

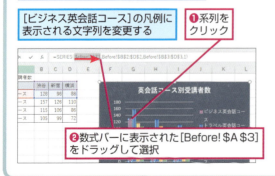

❷数式バーに表示された［Before!$A$3］をドラッグして選択

❸"ビジネス"と入力

❹ Enter キーを押す

凡例の文字列が変更された

同様の手順でほかの系列の引数を変更する

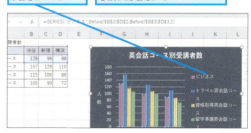

④ 凡例の系列名が変更された

凡例の文字列が変更された

> **間違った場合は?**
>
> 手順4と異なる凡例が表示されたときは、手順2や手順3で系列名を正しく入力できていない可能性があります。もう一度手順1からやり直しましょう。

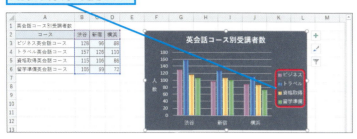

30 凡例項目の編集

テクニック　横（項目）軸に文字列を直接入力できる

［データソースの選択］ダイアログボックスでは、横（項目）軸に表示される項目名も直接入力できます。データは、「={"項目名1","項目名2",…}」の形式で入力します。元表のデータに手を加えることなく、グラフだけ項目名を修正したいときに便利です。

項目名が斜めに表示されているので修正する

❶ グラフエリアを右クリック

❷ ［データの選択］をクリック

［データソースの選択］ダイアログボックスが表示された

❸ ［横（項目）軸ラベル］の［編集］をクリック

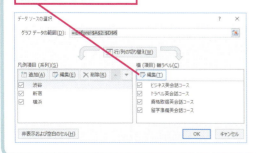

［軸ラベル］ダイアログボックスが表示された

❹「={"ビジネス","トラベル","資格取得","留学準備"}」と入力

❺ ［OK］をクリック

❻ ［OK］をクリック

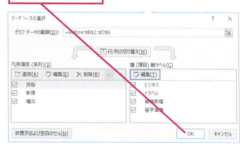

軸ラベルの内容が変わった

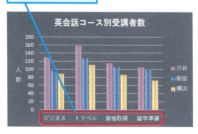

できる | 123

レッスン 31

非表示の行や列のデータが グラフから消えないようにするには

非表示および空白のセル

対応バージョン 2016 2013 2010
レッスンで使う練習用ファイル
非表示および空白のセル.xlsx

元データを非表示にしたら、 必ずグラフの設定も行うのが鉄則

グラフのデータ範囲の行や列を非表示にすると、非表示にしたデータがグラフからも消えてしまいます。[Before]のグラフは、10月1日から12月31日までの為替レートから作成していますが、非表示にした表のデータが表示されていません。行を再表示すればグラフにすべてのデータが再表示されますが、ここでは表は月初日のデータを代表値として表示したまま、[After]のように全データをグラフ上に表示する方法を紹介します。作業列で計算したデータからグラフを作成したとき、「作業列は非表示にしておきたい」というときに役立つテクニックなので、ぜひ覚えておきましょう。

関連レッスン

▶レッスン 32
元表にない日付が勝手に
表示されないようにするには
.... p.126

キーワード

グラフエリア	p.370
データソースの選択	p.372
データ範囲	p.373
横(項目)軸	p.375

基本編 第4章 元データを編集して思い通りにグラフ化しよう

Before 表の一部の行が非表示になっている

非表示の行がグラフのデータ範囲になっている

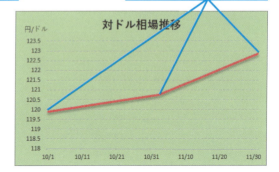

表示されたデータ範囲だけがグラフになっている

After

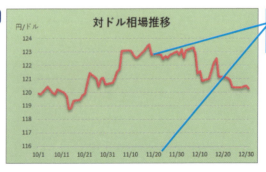

非表示になっていたデータがグラフに表示された

非表示のデータをグラフに表示する

グラフのデータ範囲にあるデータをグラフに表示する

❶グラフエリアを右クリック
❷[データの選択]をクリック

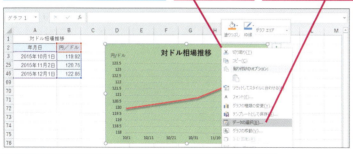

❸[非表示および空白のセル]をクリック

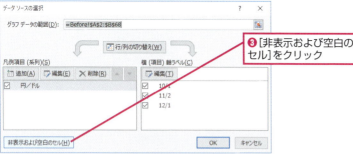

❹[非表示の行と列のデータを表示する]をクリックして、チェックマークを付ける
❺[OK]をクリック

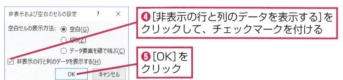

❻[OK]をクリック

② **非表示のデータがグラフに表示された**

すべてのデータがグラフに表示された

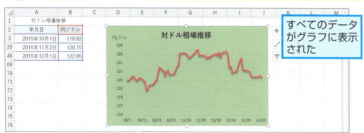

行の表示と非表示を切り替えるには

行を非表示にするには、行見出しを右クリックして[非表示]を選択します。また、行を再表示するには、非表示の行を含むように上下の行の行見出しをドラッグして選択し、右クリックして[再表示]を選択します。

❶行番号2～行番号46をドラッグして選択
❷選択した行番号をを右クリック

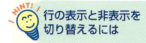
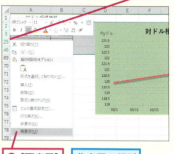

❸[再表示]をクリック　非表示の行が再表示される

行の表示／非表示でグラフのサイズが変わらないようにする

通常、グラフが配置されているセルのサイズが変わるとグラフのサイズも変化します。このレッスンの練習用ファイルでは、行の表示と非表示を切り替えたときにグラフのサイズが変化しないように、[セルに合わせて移動するがサイズ変更はしない]が設定してあります。設定方法は、39ページのテクニックを参照してください。

横（項目）軸上の日付を10日間隔で表示する

手順2で横（項目）軸に一部の日付しか表示されないのは、目盛りの間隔を10日に設定してあるためです。設定方法は、レッスン㉝を参照してください。

レッスン 32

元表にない日付が勝手に表示されないようにするには

テキスト軸

対応バージョン: 2016 / 2013 / 2010

レッスンで使う練習用ファイル　テキスト軸.xlsx

項目軸のとびとびは「テキスト軸」で解決！

棒グラフを作成すると、通常は項目名が横（項目）軸に等間隔で並びます。ところが、日付を項目名としたグラフを作成すると、下の［Before］のグラフのように元表にない日付が勝手に追加され、棒がとびとびになることがあります。これは、横（項目）軸の種類に原因があります。

横（項目）軸には、「日付軸」と「テキスト軸」の2つの種類があります。日付軸の場合、Excelが元表の日付を時系列に並べ、存在しない日付を自動で補います。しかし、元表にはグラフで追加された日付に該当するデータがありません。そのため、［Before］のようにグラフがとびとびになってしまうのです。これを解決するには、日付軸として認識された軸の種類をテキスト軸に変更します。テキスト軸に変更すれば、［After］のグラフのように、元表の日付だけが並んだグラフに変わります。

関連レッスン

▶レッスン 31
非表示の行や列のデータがグラフから消えないようにするには ……………… p.124

▶レッスン 33
項目軸の日付を半年ごとに表示するには ……………… p.128

▶レッスン 34
横軸の項目に「年」を数字で表示するには ……………… p.132

キーワード

テキスト軸	p.373
日付軸	p.373
横（項目）軸	p.375

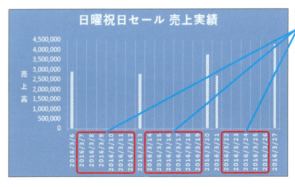

基本編 第4章　元データを編集して思い通りにグラフ化しよう

126　できる

1 [軸の書式設定] 作業ウィンドウを表示する

横(項目)軸の設定を[テキスト軸]に変更する

❶横(項目)軸を右クリック
❷[軸の書式設定]をクリック

2 項目軸の種類を変更する

[軸の書式設定] 作業ウィンドウが表示された

❶[テキスト軸]をクリック
❷[閉じる]をクリック

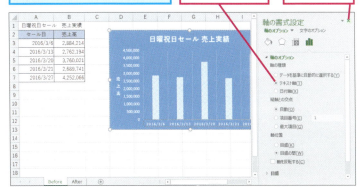

3 項目軸の種類が変更された

元データにある日付のみが棒グラフで表示された

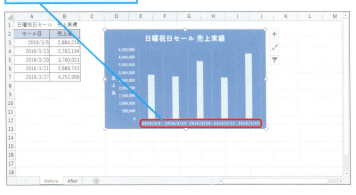

軸の種類はグラフ作成時に自動認識される

[軸の種類]の既定値は、[データを基準に自動的に選択する]です。この場合、元表の項目名となる範囲(このレッスンの練習用ファイルではセルA3～A7)に文字列が入力されていればテキスト軸、日付が入力されていれば日付軸と自動的にExcelが判断します。

ダブルクリックでも設定画面を呼び出せる

グラフ要素を右クリックして[(グラフ要素)の書式設定]を選択する代わりに、グラフ要素をダブルクリックしても[(グラフ要素)の書式設定]作業ウィンドウ(Excel 2010の場合はダイアログボックス)を表示できます。手順1で横(項目)軸の数値をダブルクリックすると、[軸の書式設定]作業ウィンドウが表示されます。

Excel 2010で項目軸の種類を設定するには

Excel 2010の場合、手順1の操作を行うと[軸の書式設定]ダイアログボックスが表示されるので、以下のように操作します。

軸の種類を[テキスト軸]に変更する
❶[軸のオプション]をクリック

❷[テキスト軸]をクリック
❸[閉じる]をクリック

レッスン 33

項目軸の日付を半年ごとに表示するには

目盛間隔、表示形式コード

対応バージョン 2016 2013 2010

レッスンで使う練習用ファイル
目盛間隔、表示形式コード.xlsx

目盛りの間隔を変えれば項目がスッキリ！

レッスン㉜で説明したように、横（項目）軸には「日付軸」と「テキスト軸」の2つの種類があります。このうち日付軸は、軸に表示する日付の間隔を日単位や月単位など、自由に設定できることが特徴です。このレッスンでは、軸上に横向きで雑然と並んだ日付を、下の［After］のグラフのように、「年/月」形式で半年ごとに表示します。

日付を「年/月」形式に変換するには、表示形式の機能を使用しましょう。また、日付を半年ごとに表示するには、目盛りの間隔を「6カ月」単位に固定します。ただし、目盛りの間隔を「6カ月」単位に変更すると、月ごとに刻まれていた軸上の目盛りが、6カ月単位でしか表示されなくなります。そこで、ここでは月ごとに補助目盛りが刻まれるように設定し、さらに目盛りが補助目盛りより目立つように表示します。

関連レッスン

▶レッスン32
元表にない日付が勝手に
表示されないようにするには …… p.126

▶レッスン34
横軸の項目に「年」を
数字で表示するには ………………… p.132

▶レッスン35
項目軸に「月」を縦書きで
表示するには ………………………… p.136

キーワード

表示形式コード	p.373
目盛の種類	p.374
横（項目）軸	p.375
ラベルの間隔	p.375

日付がたくさんあって
分かりにくい

半年ごとに日付が表示され、月ごとに補助目盛りが刻まれた

半年ごとの区切りと月の目盛りで項目名が分かりやすくなる

［軸の書式設定］作業ウィンドウを表示する

横（項目）軸の日付を半年ごとに表示する
横（項目）軸の目盛り間隔を変更する

❶横（項目）軸を右クリック
❷［軸の書式設定］をクリック

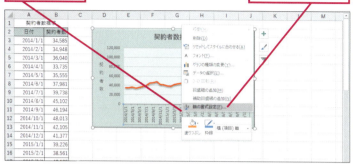

Excel 2010で日付の間隔を設定するには

Excel 2010では、手順2～7の代わりに以下のように操作します。

❶［軸のオプション］をクリック
❷［目盛間隔］の［固定］をクリックして「6」と入力
❸［月］と表示されていることを確認
❹［補助目盛間隔］の［固定］をクリックして「1」と入力
❺［目盛の種類］のここをクリックして［交差］を選択
❻［補助目盛の種類］で［内向き］を選択

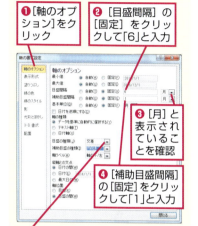

目盛りの間隔を変更する

目盛りの間隔を6カ月に変更する

❶［主］に「6」と入力
❷［月］と表示されていることを確認

Excel 2013では［目盛］に「6」と入力

横（項目）軸の表示形式を「2014/1」に変更する

❼［表示形式］をクリック
❽「yyyy/m」と入力
❾［追加］をクリック
❿［閉じる］をクリック

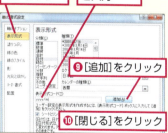

補助目盛りの設定を変更する

補助目盛りの自動設定を解除するため、任意の数値を入力する

❶［補助］に「2」と入力
❷ Enter キーを押す

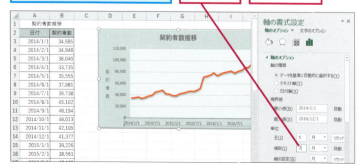

目盛りの単位は自由に選択できる

日付軸では、目盛りや補助目盛りの単位を［日］［月］［年］から選択できます。7日単位、6カ月単位、1年単位など、グラフの内容に応じた間隔で目盛りを表示しましょう。

次のページに続く

129

❹ 補助目盛りの間隔を変更する

[補助]の右にあるボタンが、[自動]から[リセット]に変わった

補助目盛りの間隔を1月に設定するので「1」を入力する

[補助]に[1]と入力

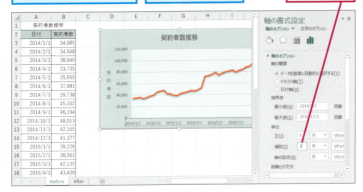

HINT! 目盛りと補助目盛りの違いとは

日付軸の場合、[目盛の種類]で設定した目盛りは、[目盛間隔]で設定した間隔でしか表示されません。より細かく表示したいときは、補助目盛りを使用しましょう。

目盛りは軸上の日付の位置だけに表示される

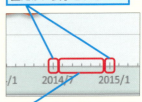

補助目盛りは目盛りと目盛りの間に表示される

❺ 目盛りの種類を変更する

[目盛]の設定項目を表示する

❶ここを下にドラッグしてスクロール

❷[目盛]をクリック

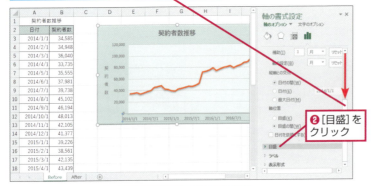

月ごとに補助目盛りを表示する

❸ここを下にドラッグしてスクロール

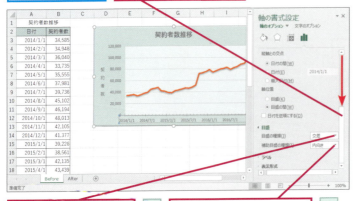

❹[目盛の種類]のここをクリックして[交差]を選択

❺[補助目盛の種類]のここをクリックして[内向き]を選択

HINT! 項目軸の年を1つ飛ばしで表示するには

表に「2010年」などと文字列が入力されていると、グラフの横（項目）軸はテキスト軸になります。年を1つ飛ばした目盛りにするには、[軸の書式設定]作業ウィンドウの[ラベル]（Excel 2010の場合は[軸の書式設定]ダイアログボックスの[軸のオプション]）をクリックし、[ラベルの間隔]の「間隔の単位」をクリックして「2」と入力します。

項目軸を2年単位で表示できる

❻ 横（項目）軸の表示形式を変更する

目盛りの種類を変更できた

❶[表示形式]をクリック

❷ここを下にドラッグしてスクロール

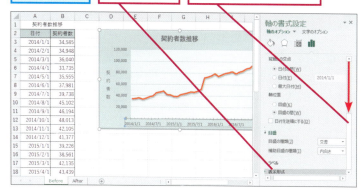

❼ 横（項目）軸の表示形式を追加する

横（項目）軸の表示形式を「2014/1」に変更する

横（項目）軸に西暦と月を表示する表示形式コードを追加する

❶[表示形式コード]に「yyyy/m」と入力

❷[追加]をクリック

❽ 横（項目）軸の表示形式を変更できた

横（項目）軸が6カ月ごとに表示されるようになった

[閉じる]をクリック

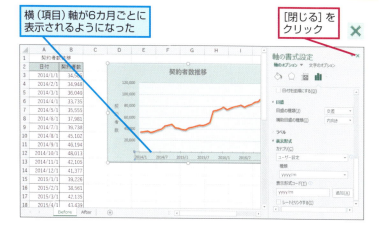

 書式記号の種類を知ろう

[表示形式コード]に設定した「yyyy/m」の「yyyy」は西暦、「m」は月を表す書式記号です。日付に「yyyy/m」を適用すると、「2015/1/1」は「2015/1」、「2016/12/24」は「2016/12」と表示されます。このほかにも次表の書式記号があります。

●日付の主な書式記号

書式記号	説明
yyyy	西暦を4けたで表示
mm	月を必ず2けたで表示
m	月を1けたまたは2けたで表示
dd	日を必ず2けたで表示
d	日を1けたまたは2けたで表示
aaa	曜日の漢字1文字を表示

 表示形式を初期状態に戻すには

手順7の設定画面の下部に［シートとリンクする］という設定項目があります。通常チェックマークが付いており、日付軸の日付の表示形式は元データのセルの表示形式が継承されます。手順7のようにグラフ側で表示形式を変更すると、このチェックマークは自動的にはずれます。再度、チェックマークを付ければ、元データのセルと同じ表示形式に戻せます。

 間違った場合は？

手順7で間違った表示形式コードを追加してしまった場合は、［表示形式コード］に正しく入力し直し、再度［追加］ボタンをクリックします。間違って追加した表示形式コードは、ブックを閉じるときに消去されます。

レッスン 34

横軸の項目に「年」を数字で表示するには

横（項目）軸の編集

対応バージョン 2016 2013 2010

レッスンで使う練習用ファイル
横（項目）軸の編集.xlsx

Excelが間違ってグラフ化することがある

表に入力された数値は、グラフ化するときに系列と見なされます。そのため、横（項目）軸に数値データを配置したときに数値データがグラフになってしまい、軸には便宜的に「1、2、3……」の連番が振られるという困った事態に陥ります。

下の[Before]のグラフを見てください。元表に年度、新卒の人数、既卒の人数の3種類の数値が入力されています。これらのデータから集合縦棒グラフを作成すると、年度が系列と見なされてしまい、棒グラフとしてプロットエリア上に表示されてしまいます。年度を横（項目）軸に項目名として配置するには、グラフから[年度]の系列を削除してから、[軸ラベルの範囲]を設定し直します。このレッスンでは、その方法を紹介しましょう。

関連レッスン

▶レッスン33
項目軸の日付を半年ごとに
表示するには ……………………… p.128

▶レッスン35
項目軸に「月」を縦書きで
表示するには ……………………… p.136

キーワード

おすすめグラフ	p.369
系列	p.370
データソースの選択	p.372
プロットエリア	p.374
横（項目）軸	p.375

基本編 第4章 元データを編集して思い通りにグラフ化しよう

Before

[年度][新卒][既卒]の列に数値が入力されている

[年度]の系列が棒グラフで表示されている

横（項目）軸に元表の[年度]を設定したい

After

[年度]を横（項目）軸に変更できる

132 | できる

テクニック Excel 2016/2013ではおすすめグラフを活用しよう

Excel 2016/2013では、［挿入］タブにある［○○グラフの挿入］ボタンをクリックして、メニューにマウスポインターを合わせると、ワークシート上にグラフがプレビュー表示されます。そのとき、思い通りのグラフが表示されない場合は、［おすすめグラフ］ボタンをクリックしてみましょう。目的のグラフがおすすめグラフとして表示される場合があります。例えば、このレッスンの練習用ファイルの場合、［縦棒グラフの挿入］ボタン（ ）からグラフを作成すると［年度］が系列になりますが、おすすめグラフでは［年度］を横（項目）軸に表示できます。

❶セルA2～C7をドラッグして選択
❷［挿入］タブをクリック
❸［おすすめグラフ］をクリック
❹ここをクリック
❺［OK］をクリック

［グラフの挿入］ダイアログボックスに、［年度］の系列が横（項目）軸に正しく表示された集合縦棒グラフが表示された

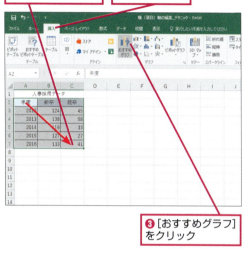
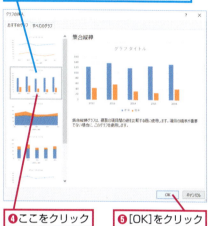

34 横（項目）軸の編集

---

1 ［データソースの選択］ダイアログボックスを表示する

系列としてグラフ化されてしまった［年度］を横（項目）軸に設定する

❶グラフエリアを右クリック
❷［データの選択］をクリック

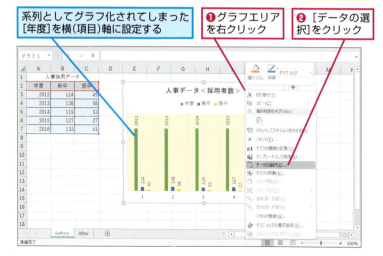

HINT! 系列の誤認識を防ぐには

［年度］が項目名ではなく系列と誤認識されるのは、セルA3～A7に数値が入力されているためです。A列に「2012年」などと文字列を入力しておけば、最初から年度を項目名とした正しいグラフが作成されます。

年度を文字列として入力しておけば、最初から正しいグラフを作成できる

	A	B	C	D
1	人事採用データ			
2	年度	新卒	既卒	
3	2012年	124	45	
4	2013年	138	58	
5	2014年	119	33	
6	2015年	127	27	
7	2016年	133	41	
8				

次のページに続く

できる 133

❷ [年度]の系列を削除する

グラフ化された[年度]の系列を削除する

❶[年度]をクリック
❷[削除]をクリック

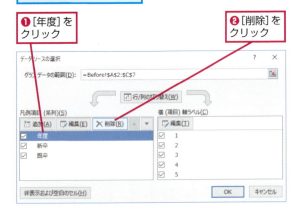

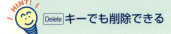

Delete キーでも削除できる

手順1～2の代わりに、グラフ上で[年度]系列のいずれかの棒をクリックして Delete キーを押しても構いません。[年度]系列が削除されるので、続いて手順1と手順3の操作を行います。

系列を選択できないときは

年度別売り上げグラフなど、数値データのけた数が多い場合、相対的に[年度]の数値が小さくなり、[年度]の棒が表示されないことがあります。その場合、クリックで[年度]の系列を選択できないので、[書式]タブの[グラフ要素]の一覧から[系列"年度"]を選択しましょう。

❸ 横(項目)軸の範囲を編集する

元データにある[年度]の項目を横(項目)軸に設定する

❶[編集]をクリック

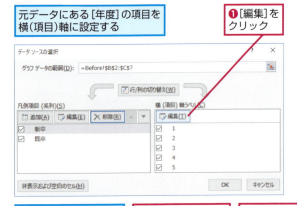

系列の順序を入れ替えるには

手順3の[データソースの選択]ダイアログボックスでは、系列の順序を入れ替えることもできます。例えば[凡例項目(系列)]の一覧から[新卒]を選択して[下へ移動]ボタン()をクリックすると、グラフ上の棒が左から[既卒][新卒]の順に並び替わります。

❶[新卒]をクリック
❷[下へ移動]をクリック

凡例項目の順が並び替わる

[軸ラベル]ダイアログボックスが表示された
❷セルA3～A7をドラッグして選択
❸セルA3～A7が選択されていることを確認

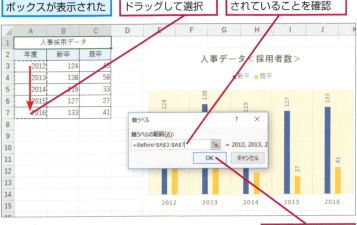

❹[OK]をクリック

間違った場合は?

手順2で間違って[年度]以外の系列を削除してしまったときは、[キャンセル]ボタンをクリックして操作をキャンセルし、手順1からやり直します。

④ 横（項目）軸が変更された

[データソースの選択] ダイアログボックスが表示された

❶ 横（項目）軸の範囲が [年度] の項目に変更されたことを確認

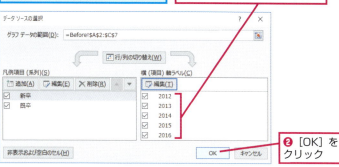

❷ [OK] をクリック

> ⚠️ **間違った場合は？**
>
> 手順4の操作1で「年度」が正しく表示されない場合は、セル範囲の指定を間違っている可能性があります。もう一度、手順3から操作をやり直してください。

34 横（項目）軸の編集

横（項目）軸が [年度] の項目に変更された

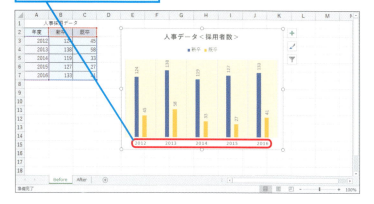

🖐 テクニック　グラフを最初から作るときは [年度] を含めないで作成しよう

このレッスンでは、系列と誤認識された [年度] を項目名として設定し直す手順を説明しました。そのため、系列の削除と、項目名の設定の2段階の操作が必要になりました。グラフを最初から作成するときは、[年度] のセルを含めないで作成するといいでしょう。そうすれば、手順2の系列の削除の手間を省けます。なお、Excel 2016/2013でグラフを最初から作るときは、133ページのテクニックで紹介したように、おすすめグラフを利用しても構いません。

セルB2〜C7を元に集合縦棒グラフを作成しておく

❶ グラフエリアを右クリック
❷ [データの選択] をクリック

手順3以降と同様に年度の項目を設定する

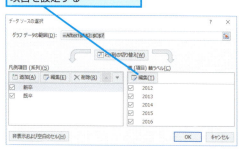

できる | 135

レッスン 35

項目軸に「月」を縦書きで表示するには

セルの書式設定

対応バージョン 2016 2013 2010

レッスンで使う練習用ファイル
セルの書式設定.xlsx

Ctrl+Jキーで項目軸の表示形式を変更できる

12カ月分のデータからグラフを作成すると、グラフのサイズやレイアウトによっては、横（項目）軸にある「月名」が横向きに表示されたり、とびとびに表示されるなどして見づらくなります。月名を軸にすっきり収めようと縦書きにすると、今度は2けたの月の2つの数字が縦1列に並んでしまい、うまくいきません。

下の［After］のグラフのように、数値と月を縦書きで表示し、なおかつ2けたの月の数値を横書きで見せるには、元表に月の数値だけを入力し、表示形式で単位の「月」を表示させます。その際、Ctrl+Jキーという特別なショートカットキーで数値と「月」の間に改行を入れるという裏ワザを使います。グラフの横（項目）軸を横書きで表示すれば、2けたの月の数値が横書きで表示された後、改行を挟んで「月」が数値の下に表示されるというわけです。

関連レッスン

▶レッスン33
項目軸の日付を半年ごとに
表示するには ………… p.128

▶レッスン34
横軸の項目に「年」を
数字で表示するには ………… p.132

キーワード

| 表示形式 | p.373 |

ショートカットキー

Ctrl+1 …… ［セルの書式設定］
　　　　　　 ダイアログボックスの表示
Ctrl+J …… 改行

基本編 第4章 元データを編集して思い通りにグラフ化しよう

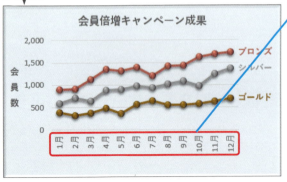

Before: 横（項目）軸の「月」が横向きで見づらい

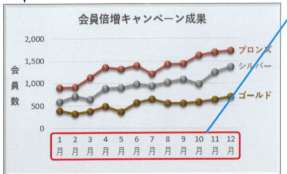

After: 単位の「月」を縦書きで表示できる

① 元データの数値を入力し直す

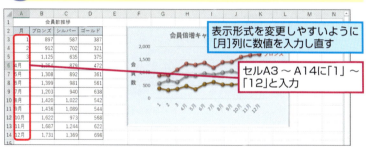

表示形式を変更しやすいように［月］列に数値を入力し直す

セルA3～A14に「1」～「12」と入力

② ［セルの書式設定］ダイアログボックスを表示する

横（項目）軸の表示形式を「○月」に変更する

❶ セルA3～A14をドラッグして選択
❷ そのまま右クリック
❸ ［セルの書式設定］をクリック

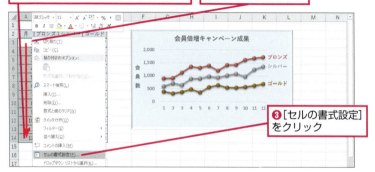

③ 横（項目）軸の表示形式を変更する

❶ ［表示形式］タブをクリック
❷ ［ユーザー定義］をクリック

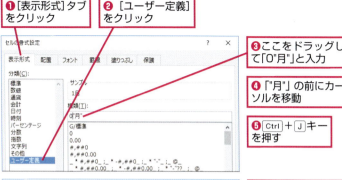

❸ ここをドラッグして「0"月"」と入力
❹ 「月」の前にカーソルを移動
❺ Ctrl + J キーを押す
❻ ［OK］をクリック

横（項目）軸が改行され、「月」が縦書きで表示される

HINT! 月を縦書きで表示した場合は

元表のセルに「1月」「2月」と月名を文字列で入力しておき、グラフの横（項目）軸の［軸の書式設定］作業ウィンドウにある［文字のオプション］-［テキストボックス］-［文字列の方向］の［縦書き（半角文字含む）］を設定すると、2けたの月の数字が横に並びません。Excel 2010で［配置］-［文字列の方向］を設定した場合も同様です。

2けたの月の数値が縦書きになってしまう

HINT! 「月」が縦書きにならないときは

手順のように操作しても「月」が縦書きにならないときは、横（項目）軸の文字列の方向を［横書き］に設定します。Excel 2010ではレッスン㉓のHINT!「Excel 2010ではダイアログボックスで設定する」を参考に操作してください。

レッスン㉓を参考に、［文字列の方向］を［横書き］に設定する

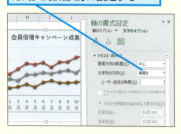

HINT! Ctrl + J キーは改行を表す

Ctrl + J キーは改行という特殊な文字を表すショートカットキーです。セルに改行を入れるときは Alt + Enter キーを押しますが、改行を含む表示形式を設定したり、セル内改行を検索するときなどは Ctrl + J キーを使用します。

35 セルの書式設定

できる 137

レッスン 36

2種類の単位の数値からグラフを作成するには

2軸グラフ、複合グラフ

対応バージョン 2016 / 2013 / 2010

レッスンで使う練習用ファイル
2軸グラフ、複合グラフ.xlsx

グラフ技の見せ所「2軸グラフ」をものにしよう！

数値の大きさが著しく違う2種類のデータをグラフ化すると、数値が小さい方のデータが表示されないことがあります。下の[Before]のグラフは、売上高と来客数のグラフですが、百万単位の売上高に対し、1,000にも満たない来客数が表示されていません。これを解決するには、「2軸グラフ」を使用します。
[After]のグラフのように、縦（値）軸を2本用意したものが「2軸グラフ」です。売上高と来客数の2種類の軸をそれぞれ用意することで、大きさが異なる数値をバランスよく1つのグラフに表示できます。このレッスンでは来客数を折れ線グラフに変更して、来客数と売り上げの関係を見やすくしています。縦棒と折れ線というように、1つのグラフエリアに2種類を混在させたグラフを「複合グラフ」と呼びます。なお、株価、等高線、バブル、3-Dグラフのほか、Excel 2016で追加されたグラフは複合グラフにできません。

関連レッスン

▶レッスン67
2種類の数値データの
相関性を分析するには …………… p.278

▶レッスン68
3種類の数値データの関係を
分析するには …………………………… p.282

キーワード

2軸グラフ	p.368
グラフ要素	p.370
軸ラベル	p.371
複合グラフ	p.373
マーカー	p.374
横（項目）軸	p.375

基本編　第4章　元データを編集して思い通りにグラフ化しよう

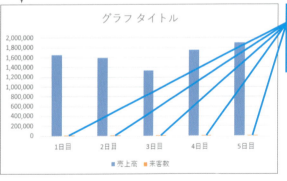

集合縦棒グラフを使うと、「売上高」の数値に比べ、「来客数」の数値が極端に小さいので[来客数]の棒グラフが表示されなくなってしまう

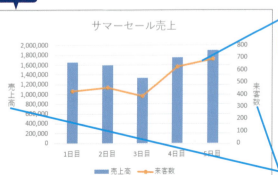

複合グラフを使えば、「来客数」のデータを折れ線で表示できる

縦（値）軸が2つ表示された

Excel 2016/2013の場合

1 [グラフの挿入] ダイアログボックスを表示する

縦棒グラフと折れ線グラフを使った複合グラフを作成する

❶[挿入] タブをクリック
❷セルA2～C7をドラッグして選択
❸[複合グラフの挿入]をクリック

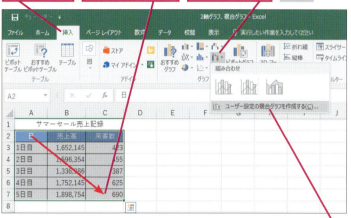

❹[ユーザー設定の複合グラフを作成する]をクリック

2 複合グラフの種類を設定する

ここでは、[来客数]の系列を[折れ線]に設定する

❶[売上高]が[集合縦棒]になっていることを確認
❷[来客数]のここをクリックして[マーカー付き折れ線]を選択

❸[来客数]のここをクリックしてチェックマークを付ける
❹[OK]をクリック

HINT! マーカーのない折れ線との複合グラフならリボンから直接作成できる

手順1の[複合グラフの挿入]ボタンの一覧には、3種類の複合グラフが表示されます。そのうち、[集合縦棒-折れ線]と[集合縦棒-第2軸の折れ線]はともに縦棒と折れ線の複合グラフですが、前者は縦(値)軸を共通とし、後者は縦棒と折れ線でそれぞれ専用の縦(値)軸を持ちます。いずれも折れ線にはマーカー(山や谷の部分に表示される図形のこと)が表示されませんが、マーカーがなくてもいい場合は、一覧から選ぶだけで複合グラフを簡単に作成できて便利です。

◆[集合縦棒-折れ線]　◆[集合縦棒-第2軸の折れ線]

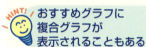

HINT! おすすめグラフに複合グラフが表示されることもある

Excel 2016/2013では、選択した表の状態によっては[グラフの挿入]ダイアログボックスの[おすすめグラフ]タブに複合グラフが表示されることがあります。データに合ったグラフが分からないときは、おすすめグラフを利用するのも1つの方法です。なお、[すべてのグラフ]タブに切り替えて左の一覧から[組み合わせ]を選べば、手順2の画面から複合グラフを作成できます。

HINT! Excel 2016で追加されたグラフは複合グラフにできない

Excel 2016に追加されたツリーマップ、サンバースト、ヒストグラム、パレート図、箱ひげ図、ウォーターフォールなどの新しいグラフは、複合グラフにできません。

次のページに続く

❸ 軸ラベルを追加する

|複合グラフが作成された|グラフの位置を調整しておく|

❶ [グラフ要素]をクリック

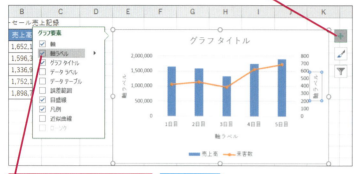

❷ [軸ラベル]をクリックしてチェックマークを付ける

軸ラベルが追加された

❹ 軸ラベルを入力する

❶ レッスン⓳を参考に軸ラベルを入力

レッスン㉓を参考に軸ラベルを縦書きに変更しておく

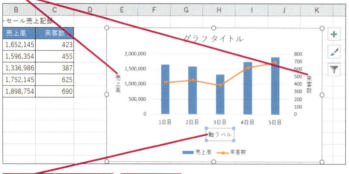

❷ 横(項目)軸ラベルをクリック

❸ [Delete]キーを押す

横(項目)軸ラベルが削除された

レッスン❸を参考にグラフタイトルを適宜変更しておく

HINT! 3つの軸ラベルがまとめて表示される

手順3のように[軸ラベル]にチェックマークを付けると、グラフ上に表示されている縦(値)軸、第2縦(値)軸、横(項目)軸のすべてに軸ラベルが追加されます。ここでは横(項目)軸は不要なので、手順4で削除します。

HINT! 軸ラベルのそのほかの削除方法

[グラフ要素を追加]ボタンの[軸ラベル]には、グラフに追加可能な軸ラベルの種類が一覧表示されます。表示済みの軸ラベルはアイコンの色が反転しており、軸ラベルの項目をクリックして削除できます。

❶ グラフエリアをクリック
❷ [グラフツール]の[デザイン]タブをクリック

❸ [グラフ要素を追加]をクリック
❹ [軸ラベル]にマウスポインターを合わせる
❺ [第1横軸]をクリック

HINT! 第2軸の数値を目盛り線に合わせるには

138ページの[After]のグラフの第2縦(値)軸では、11本の目盛り線に対して9つの数値が表示されており、バランスが悪くなっています。143ページのHINT!を参考に、目盛りと目盛り線を合わせると見やすくなります。

⚠ 間違った場合は?

[来客数]の系列に設定するグラフの種類を間違えた場合は、[グラフツール]の[デザイン]タブにある[グラフの種類の変更]ボタンをクリックします。手順2のダイアログボックスで、グラフの種類を指定し直しましょう。

Excel 2010の場合

1 [来客数] の系列を選択する

セルA2～C7を選択して、集合縦棒グラフを作成しておく

[来客数]の系列を選択する
❶ グラフエリアをクリック
❷ [グラフツール]の[レイアウト]タブをクリック

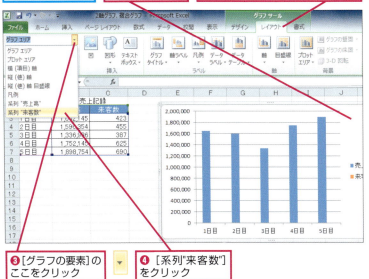

❸ [グラフの要素]のここをクリック
❹ [系列"来客数"]をクリック

2 [データ系列の書式設定] ダイアログボックスを表示する

[来客数]の系列が選択された
❶ [グラフツール]の[レイアウト]タブをクリック

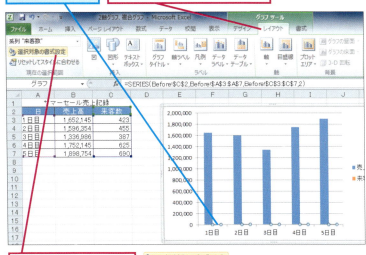

❷ [選択対象の書式設定]をクリック

HINT! Excel 2010では縦棒グラフから複合グラフに作り替える

Excel 2010では、リボンに[複合グラフ]のボタンがありません。いったんすべてのデータから集合縦棒グラフを作成しておき、[来客数]の系列だけを後から折れ線グラフに変更して、複合グラフに作り替えます。

HINT! [グラフの要素]を使えばあらゆる要素を選択できる

手順1では、[来客数]の系列がグラフに表示されないため、クリックで選択できません。このようなときは、手順1のように[グラフの要素]の一覧から[系列"来客数"]を選べば、[来客数]の系列がグラフ上で選択された状態になります。Excel 2010では[グラフ要素]が[グラフツール]の[レイアウト]タブと[書式]タブの両方にあり、どちらを使っても構いません。

HINT! [選択対象の書式設定]ボタンで設定画面を表示する

グラフ要素の書式を設定したいときは、グラフ要素を右クリックして、ショートカットメニューから[○○の書式設定]をクリックし、設定画面を表示します。グラフ要素を右クリックしづらい場合は、手順1の方法でグラフ要素を選択してから[選択対象の書式設定]ボタンをクリックすれば、設定画面を表示できます。この[選択対象の書式設定]ボタンは、[グラフツール]の[レイアウト]タブと[書式]タブの両方にあり、どちらを使っても構いません。

次のページに続く

[来客数]の系列を第2軸に設定する

❶[系列のオプション]をクリック
❷[第2軸(上/右側)]をクリック
❸[閉じる]をクリック

 HINT! [来客数]の系列を第2軸に変更すると棒が伸びる

手順3で[来客数]の系列を第2軸に設定すると、[来客数]専用の縦(値)軸が用意されるため、その目盛りの大きさに合わせて[来客数]の棒が大きくなります。
なお、その際に積み上げ縦棒グラフのような外見のグラフに変わりますが、[売上高]の棒と[来客数]の棒が前後に重なっただけで、グラフの種類が変わったわけではありません。

第2軸縦(値)軸に応じて、[来客数]の棒が重なり、長く表示される

 [グラフの種類の変更]ダイアログボックスを表示する

[来客数]の系列が第2軸に設定され、オレンジ色の棒で表示された

❶[来客数]の系列を右クリック
❷[系列グラフの種類の変更]をクリック

 間違った場合は?

手順4でメニューに[系列グラフの種類の変更]ではなく[グラフの種類の変更]が表示される場合は、プロットエリアや目盛り線を右クリックしている可能性があります。[来客数]の系列を右クリックし直しましょう。

⑤ ［来客数］の系列を［折れ線］に変更する

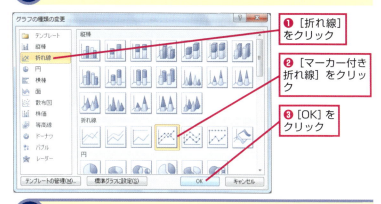

❶ ［折れ線］をクリック
❷ ［マーカー付き折れ線］をクリック
❸ ［OK］をクリック

HINT! 第2軸の目盛りと目盛り線を合わせるには

手順7では、11本の目盛り線に対して第2軸縦（値）軸に9つの数値が表示され、バランスが悪くなっています。バランスを整えるには、左右の縦（値）軸の最大値と目盛りの間隔を調整して、目盛りの数値の数を合わせます。このレッスンの練習用ファイルの場合、左側の縦（値）軸の［最大値］を2,000,000、［目盛間隔］を500,000、右側の第2縦（値）軸の［最大値］を800、［目盛間隔］を200とすると、左右の軸の目盛りがそろいます。なお、最大値と目盛りの間隔の設定方法は、レッスン㉕を参照してください。

最大値と目盛りの間隔を調整すると、グラフが見やすくなる

⑥ 第2縦（値）軸ラベルを追加する

［来客数］の系列が折れ線グラフに変更された

折れ線グラフの内容を表す第2縦（値）軸ラベルを追加する

❶ ［グラフツール］の［レイアウト］タブをクリック

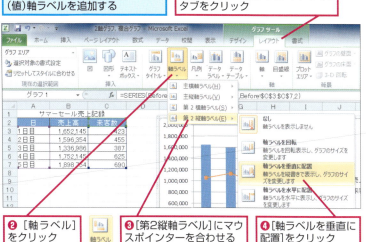

❷ ［軸ラベル］をクリック
❸ ［第2縦軸ラベル］にマウスポインターを合わせる
❹ ［軸ラベルを垂直に配置］をクリック

⑦ 第2軸縦（値）軸の軸ラベルが追加された

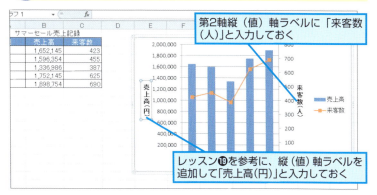

第2縦（値）軸ラベルに「来客数（人）」と入力しておく

レッスン⓳を参考に、縦（値）軸ラベルを追加して「売上高（円）」と入力しておく

36 2軸グラフ、複合グラフ

できる 143

この章のまとめ

●要素を1つ変更するだけで、思い通りのグラフに近づく

Excelのグラフ機能は非常に優秀なので、たいていの場合、作成したグラフの要素を少し編集するだけで、簡単に見やすいグラフに仕上がります。しかし、思い通りのグラフを作成するために、ときにはちょっとしたワザやテクニックが必要になることがあります。
例えば元表に入力されている項目名が長いときは、元表の項目名を改行しておき、グラフの項目名を改行して表示するという裏ワザを使いましょう。元表に手を加えておくことで、思い通りのグラフに仕上げられるのです。

また、データ範囲を自在に操るテクニックも、グラフ作りには欠かせません。元表にデータが追加されたときは、グラフのデータ範囲をきちんと変更します。元表に2種類の数値が入力されている場合は、一方のデータを第2軸に割り当てます。元表のデータに合わせてグラフを作成し、また、「思い通りのグラフに仕上げるために元表を編集する」という、グラフと元表の両方で工夫を重ねることが、思い通りのグラフを作成する秘訣です。

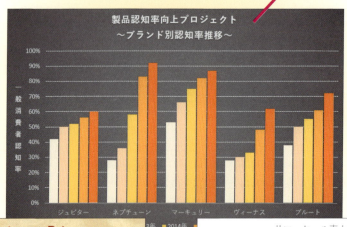

グラフの要素やデータ範囲を変更する
グラフの要素やデータ範囲を編集して見せ方を工夫する

第5章 棒グラフで大きさを比較しよう

ここからは実践編として、グラフの種類ごとに、その特徴を生かしたグラフの活用法を紹介します。この章では、数値の大小比較に便利な「集合縦棒グラフ」と「集合横棒グラフ」を取り上げます。これらの棒グラフで、より見やすく効果的に大きさを比較するためのテクニックを学びましょう。

●この章の内容

㊲ 棒を太くするには……146
㊳ 2系列の棒を重ねるには……148
㊴ 棒グラフの高さを波線で省略するには……150
㊵ 縦棒グラフに基準線を表示するには……156
㊶ 横棒グラフの項目の順序を表と一致させるには……160
㊷ 絵グラフを作成するには……162
㊸ 3-D棒グラフを回転するには……166
㊹ 3-D棒グラフの背面の棒を見やすくするには……168

レッスン 37

棒を太くするには

要素の間隔

対応バージョン 2016 / 2013 / 2010

レッスンで使う練習用ファイル
要素の間隔.xlsx

棒グラフの太さは自由自在

系列が1つしかない縦棒グラフや横棒グラフでは、棒と棒の間隔が空き過ぎて余白が目立ち、寂しい印象になりがちです。そんなときは、棒の太さを太くして、体裁を整えましょう。

棒を太くするには、［要素の間隔］の設定を変更します。［要素の間隔］とは、棒と棒との間隔のことです。間隔を変えることで、結果として棒の太さが変わります。間隔は、0％から500％の範囲で変更できます。既定値は［219％］で、棒の間隔が棒の幅の2.19倍という設定です。この数値を小さくすると棒の間隔が狭くなり、それに連動して棒が太くなります。「0％」にすると棒同士のすき間がなくなります。［要素の間隔］は棒グラフを見ながら簡単に変えられるので、いろいろ試して見栄えのする太さを選びましょう。

関連レッスン

▶レッスン11
1本だけ棒の色を変えて
目立たせるには……p.54

▶レッスン13
棒にグラデーションを
設定するには……p.62

▶レッスン38
2系列の棒を重ねるには……p.148

キーワード

系列	p.370
要素の間隔	p.375

実践編 第5章　棒グラフで大きさを比較しよう

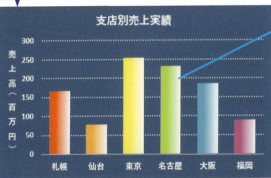

Before：棒グラフが細く印象が弱い

After：要素の間隔を狭くすることで棒グラフが太くなり、印象が強くなった

146 できる

1 [データ系列の書式設定] 作業ウィンドウを表示する

棒グラフを太くして、グラフの印象を強くする

❶ [売上] の系列を右クリック
❷ [データ系列の書式設定] をクリック

HINT! Excel 2010で棒を太くするには

Excel 2010では、手順1の操作を行うと [データ系列の書式設定] ダイアログボックスが表示されます。[系列のオプション] の [要素の間隔] で設定します。なお、[要素の間隔] の既定値は [150%] です。

❶ [系列のオプション]をクリック
[要素の間隔]を[80%]に設定する

2 要素の間隔を狭く設定して棒グラフを太くする

[要素の間隔]を[80%]に設定する
❶ [要素の間隔] に「80」と入力
❷ [閉じる] をクリック

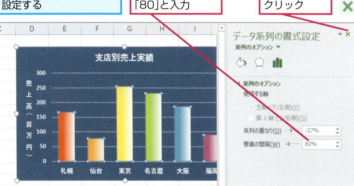

❷「80」と入力
❸ [閉じる]をクリック

HINT! 複数の系列があるときは

複数の系列がある棒グラフの場合、[要素の間隔] で設定されるのは、項目の両端同士の棒の間隔です。例えば下図の場合、オレンジの棒と翌月の青の棒の間隔が変わります。なお、同じ月内の棒の間隔を変更する方法は、レッスン㊴で紹介します。

複数の系列がある棒グラフでは、4月のオレンジの棒と、5月の青い棒との間隔を設定できる

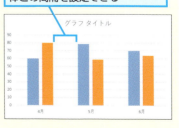

3 棒グラフが太くなった

棒グラフが太くなって印象が強くなった

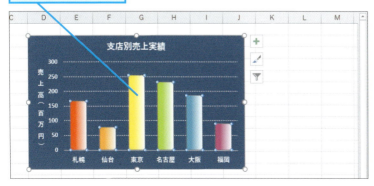

37 要素の間隔

できる 147

レッスン 38

2系列の棒を重ねるには

系列の重なり

対応バージョン 2016 2013 2010

レッスンで使う練習用ファイル
系列の重なり.xlsx

棒を重ねれば対比が鮮明になる

「目標」と「実績」、「コスト」と「売り上げ」、「前年度」と「本年度」というように、グラフで2種類のデータを効果的に対比するにはどうしたらいいでしょうか？ そのようなときは、棒グラフの棒を重ねてみましょう。手前の棒のデータがより強調され、データの対比が鮮明になります。

2系列の棒を重ねるには、[系列の重なり]の設定を変更します。[系列の重なり]が[0%]の場合、系列同士が重ならずにぴったりくっつきます。この値を増やすと隣同士の系列が重なり、「100%」にすると完全に重なります。なお、重なるときに手前に表示されるのは右側の系列です。「目標と実績」のグラフであれば実績、「前年度と本年度」であれば本年度の系列が手前に表示されるように配慮しましょう。このレッスンでは、「売上目標と実績」のグラフを例に、棒を重ねる手順を説明します。

関連レッスン

▶レッスン37
棒を太くするには ………………… p.146

キーワード

系列	p.370
系列の重なり	p.370

Before

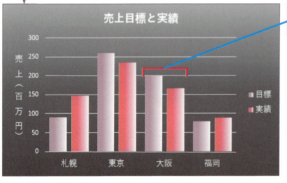

地区ごとに売り上げの目標と実績の棒グラフが作成されている

After

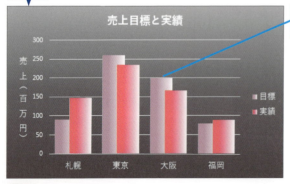

2つの棒を重ねると、売り上げの目標と実績の対比がしやすくなる

1 [データ系列の書式設定]作業ウィンドウを表示する

[実績]の系列を手前に表示して目立たせる

❶ [実績]の系列を右クリック

❷ [データ系列の書式設定]をクリック

Excel 2010で棒を重ねるには

Excel 2010では、手順1の操作を行うと[データ系列の書式設定]ダイアログボックスが表示されます。[系列のオプション]の[系列の重なり]で設定します。

❶ [系列のオプション]をクリック

[系列の重なり]を[35%]に設定する

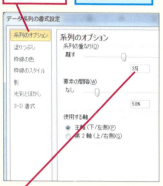

2 系列の重なりを設定する

[系列の重なり]を[35%]に設定する

❶ [系列の重なり]に「35」と入力

❷ [閉じる]をクリック

❷「35」と入力

❸ [閉じる]をクリック

複数の系列があるときに間隔を広げるには

[系列の重なり]は、-100%から100%の間で変更できます。負数を指定すると、隣同士の系列が離れます。例えば以下のグラフは、[系列の重なり]を「-30%」に設定した例です。

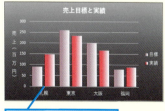

[目標]と[実績]の棒の間隔を広げられる

3 棒グラフが重なった

2つの棒が重なり、売り上げ目標と実績が対比しやすくなった

38 系列の重なり

できる 149

レッスン 39

棒グラフの高さを波線で省略するには

図の挿入

対応バージョン: 2016 2013 2010

レッスンで使う練習用ファイル
図の挿入.xlsx
波線.png

波線画像を入れて、データの差を明確にしよう

元表の中に1つだけ大きな数値があると、その棒だけが突出し、残りの棒が同じくらいの高さになってしまうので、大小を比較するのが困難です。[Before] のグラフを見てください。「中央店」以外の店舗の数値が200前後に集中しており、売り上げの差がはっきりしません。

このようなときによく使われるのが、棒の高さを省略するワザです。[After] のグラフでは、突出した「中央店」の棒の途中に波線を入れて高さを省略しています。波線の下側で目盛りの間隔が広がるようになるので、残りの棒の高さの違いが明確になります。このレッスンでは、このようなグラフの作成手順を説明します。

関連レッスン

▶レッスン 25
目盛りの範囲や間隔を
指定するには ………………… p.104

▶レッスン 40
縦棒グラフに基準線を
表示するには ………………… p.156

▶レッスン 42
絵グラフを作成するには ………… p.162

キーワード

縦(値)軸	p.372
表示形式	p.373
表示形式コード	p.373

実践編 第5章 棒グラフで大きさを比較しよう

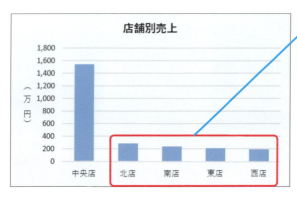

150 できる

① グラフのデータ範囲を変更する

❶ C列に売り上げのデータを入力

セルC3は、セルB3の数値から1000を引いた仮の数値を入力する

❷ グラフエリアをクリック

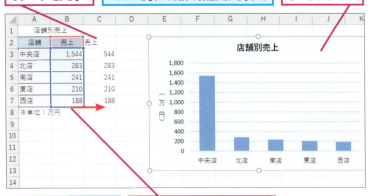

グラフのデータ範囲を変更する

❸ ここにマウスポインターを合わせ、C列までドラッグ

グラフのデータ範囲がセルC3～C7に変更された

縦（値）軸の最大値が600になり、［北店］から［西店］の棒が長くなった

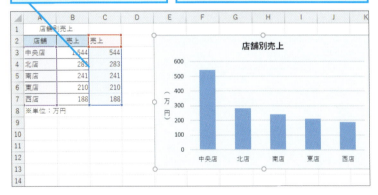

② ［軸の書式設定］作業ウィンドウを表示する

❶ 縦（値）軸を右クリック

❷ ［軸の書式設定］をクリック

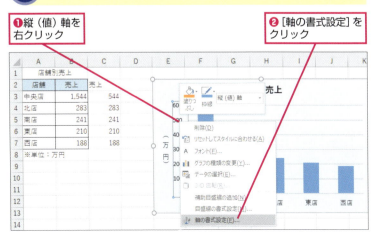

HINT! どうして仮の数値を入力するの？

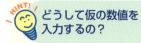

実際の売り上げの数値でグラフを作成すると、「中央店」だけ極端に数値が大きいため、棒が突出してしまいます。「中央店」とそのほかの店舗の数値の差を小さくするために、手順1では「中央店」だけに仮の数値を入力します。

HINT! 「中央店」が「1000」だけ省略されたことになる

「中央店」の本当の売り上げは「1544」ですが、手順1では「544」と入力します。実際より「1000」小さい値からグラフを作成することで、「中央店」の棒が実際より「1000」低くなります。したがって、手順2のグラフの目盛りの「600」は実際には「1600」、「500」は「1500」ということになります。

HINT! コピーの機能で効率よく入力しよう

手順1でC列に数値を入力しますが、「中央店」以外の店舗の数値はB列と同じです。B列の数値をコピーすれば、効率よく入力できます。

❶ セルB4～B7を選択

❷ Ctrl キーを押しながらドラッグ

数値がコピーされた

次のページに続く

③ 表示形式の設定項目を表示する

[表示形式]を選択して、設定項目を表示する

❶ここを下にドラッグしてスクロール

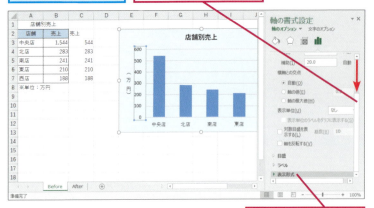

❷[表示形式]をクリック

Excel 2010で縦（値）軸の表示形式を設定するには

Excel 2010では、手順2の操作を行うと［軸の書式設定］ダイアログボックスが表示されます。［表示形式］タブで以下のように設定してください。

縦（値）軸の「500」を「1,500」、「600」を「1,600」で表示する

❶ [表示形式]をクリック

❷ 「[=500]"1,500";[=600]"1,600";0」と入力

❸ [追加]をクリック

❹ [閉じる]をクリック

④ 縦（値）軸の表示形式を追加する

[表示形式]の設定項目が表示された

縦（値）軸の「500」を「1,500」、「600」を「1,600」と表示する

❶ [表示形式コード]に「[=500]"1,500";[=600]"1,600";0」と入力

❷ [追加]をクリック

❸ [閉じる]をクリック

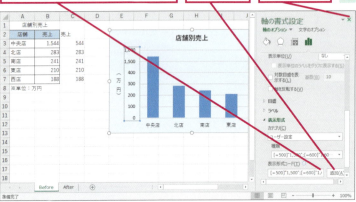

縦（値）軸に「1,500」と「1,600」が表示される

条件に応じた表示形式を設定する

「表示形式」とは、データの見ためを設定する機能です。「[条件1]表示形式1;[条件2]表示形式2;表示形式3」のように指定すると、条件1が成り立つときは表示形式1、条件2が成り立つときは表示形式2、それ以外のときは表示形式3が採用されます。手順4では、目盛りの「500」を「1,500」、「600」を「1,600」、それ以外の数値はそのまま表示するように設定します。

間違った場合は？

手順4で間違った表示形式コードを追加してしまった場合は、[表示形式コード]に正しく入力し直し、再度[追加]ボタンをクリックします。間違って追加した表示形式コードは、ブックを閉じるときに消去されます。

実践編 第5章 棒グラフで大きさを比較しよう

152 できる

⑤ 波線の画像を挿入する

あらかじめ練習用ファイルの［波線.png］を
［ピクチャ］フォルダーにコピーしておく

❶グラフエリア をクリック　❷［挿入］タブ をクリック　❸［図］を クリック

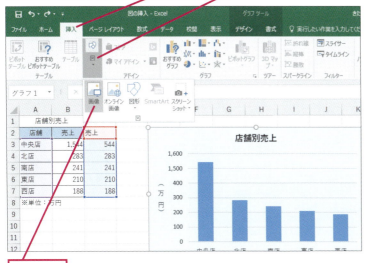

❹［画像］を クリック

［図の挿入］ダイアログボックスが 表示された

❺［ピクチャ］を クリック　❻［波線］をクリック して選択

❼［挿入］を クリック

グラフを選択してから 画像を挿入する

画像の挿入前に、必ずグラフエリアを クリックしてグラフを選択してくださ い。事前に選択しておくことで、画像 がグラフの中に挿入されます。

リボンに直接［画像］ボタンが 表示される場合もある

リボンにあるボタンの構成は、Excel のウィンドウサイズによって変わりま す。解像度の高いディスプレイを利用 している場合、手順5の操作4の［画像］ ボタンがリボンにボタンとして表示さ れるので、そのボタンを直接クリック しましょう。

Excel 2010で 画像を挿入するには

Excel 2010では、［グラフツール］の［レ イアウト］タブに画像挿入用のボタン が用意されています。［図］ボタンを クリックすると、手順5の［図の挿入］ ダイアログボックスを表示できます。

練習用ファイルの［波線.png］を グラフに挿入する

❶グラフ エリアを クリック　❷［グラフツール］ の［レイアウト］タ ブをクリック

❸［図］を クリック

［図の挿入］ダイアログボックスが 表示される

次のページに続く

⑥ 画像の位置を変更する

波線の画像を縦（値）軸の「400」と「1500」の間に移動する

❶画像にマウスポインターを合わせる

マウスポインターの形が変わった

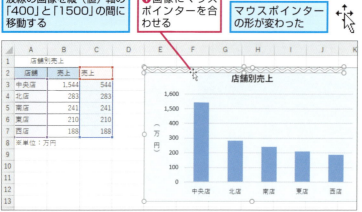

❷ここまでドラッグ

⑦ 画像の位置が変わった

波線の画像を目盛りの間に配置することで、数値データが省略されているように見える

HINT! そのほかの方法で波線を入れるには

レッスン⓯を参考に、図形の［星とリボン］に含まれる［小波］を描画して、グラフに波線を入れる方法もあります。［波線.png］の画像と比べると見ためが悪くなりますが、画像がない状況で簡易的に波線を入れたいときには便利です。

HINT! 波線のサイズを変更するには

波線の画像のサイズがグラフに合わないときは、画像のサイズを調整しましょう。波線を選択して、八方に表示されるサイズ変更ハンドルをドラッグすると、サイズを変更できます。

波線の画像をクリックして選択

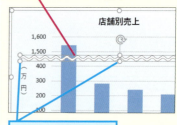

ハンドルが表示された

ハンドルをドラッグすると画像のサイズを変更できる

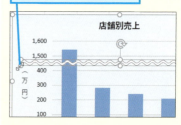

⚠ 間違った場合は？

手順6で間違った画像を挿入してしまった場合は、画像をクリックして選択します。Deleteキーを押して削除し、手順5からやり直しましょう。

8 データ要素の色を変更する

[中央店]の棒の色を変えて目立たせる

❶[ホーム]タブをクリック
❷[中央店]の系列を2回クリック

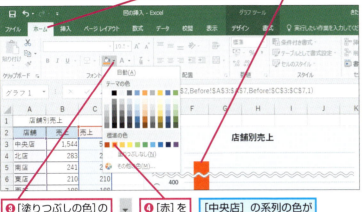

❸[塗りつぶしの色]のここをクリック
❹[赤]をクリック
[中央店]の系列の色が変わる

HINT! C列を非表示にすると棒が消えてしまう

C列を非表示にすると、グラフからすべての棒が消えてしまいます。C列を非表示にする場合は、レッスン㉛を参考に、非表示のデータをグラフに表示する設定を行ってください。

C列を非表示にすると棒が消えてしまう

テクニック すべての棒の高さを波線で省略できる

グラフ内のすべての棒の高さを省略するときは、棒の足元に波線を入れましょう。以下の例では、最小値を「0」から「5000」に変更してすべての棒の高さを「5000」省略しています。目盛りの「5000」を「0」、「5500」を非表示にし、非表示にした「5500」の位置に波線を入れるとバランスよく仕上がります。なお、Excel 2010では、以下の操作3～5を[軸の書式設定]ダイアログボックスの[軸のオプション]で設定してください。

❶[最小値]に「5000」と入力
❷[最大値]に「9000」と入力
❻[表示形式コード]に「[=5000]"0";[=5500]"";#,##0」と入力
❼[追加]をクリック

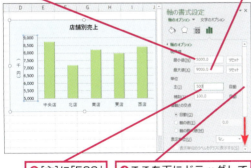
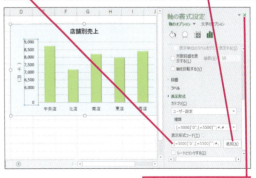

❸[主]に「500」と入力
❹ここを下にドラッグしてスクロール
❽[閉じる]をクリック

❺[表示形式]をクリック

縦(値)軸の「5000」が「0」、「5500」が非表示になる

153ページの手順5を参考に、波線の画像を挿入する

レッスン 40

縦棒グラフに基準線を表示するには

散布図の利用

対応バージョン **2016** **2013** **2010**

レッスンで使う練習用ファイル
散布図の利用.xlsx

ノルマや目標がひと目で分かる！

「ノルマを設定した営業成績」や「目標を設定した売り上げ」をグラフで表現するとき、グラフ上にノルマや目標を示す「基準線」を引くと、達成か未達成かがひと目で分かります。Excelにはグラフの特定の位置に基準線を引く機能はないので、基準線を引くには工夫が必要です。

このレッスンでは、棒グラフと散布図の複合グラフを利用して、基準線を引く方法を紹介します。散布図はプロットエリアの指定した位置に点を表示するグラフですが、点と点を直線で結ぶ機能があります。これを利用して、プロットエリアに基準線を入れるというわけです。ここでは契約数のノルマを70件として、縦棒グラフの「70」の位置に基準線を入れます。元表のノルマの数値を変更すると、グラフの基準線の位置も自動的に変わります。手順は少々複雑ですが、一度作ってしまえば使い回しが利くので、図形を利用して手動で直線を引くより断然便利です。

関連レッスン

▶レッスン**39**
棒グラフの高さを波線で
省略するには ………………… p.150

キーワード

第2軸縦（値）軸	p.372
第2軸横（値）軸	p.372
データ範囲	p.373
複合グラフ	p.373
プロットエリア	p.374

実践編 第5章 棒グラフで大きさを比較しよう

Before

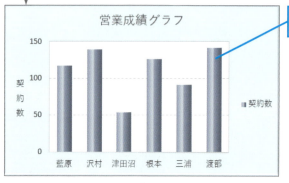

担当者の契約数が棒グラフで表現されている

After

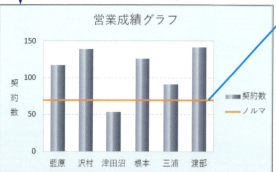

横線を引くとノルマの達成者がすぐに分かる

156 できる

このレッスンは動画で見られます
操作を動画でチェック！
※詳しくは2ページへ

1 新しいデータを入力する

元表に「ノルマ」のデータを追加する
❶セルC2に「ノルマ」と入力
❷セルC3とセルC4に「70」と入力

HINT! 散布図で基準線を入れる仕組みを整理しよう

［ノルマ］の系列を［散布図（直線）］に変更すると、プロットエリアの上と右に散布図用の第2軸が表示されます。この第2軸を調整することで、指定した位置に基準線を表示します。作業の流れは以下の通りです。

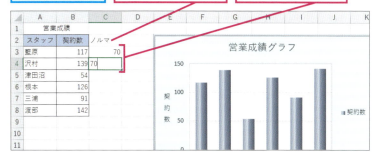

［ノルマ］の系列を散布図に変えると、グラフの上と右に散布図用の第2軸が表示される

［ノルマ］のラインは第2軸縦（値）軸の「70」、第2軸横（値）軸の「1」～「2」の位置に表示される

2 グラフのデータ範囲を変更する

セルC2～C4に入力した内容をグラフのデータ範囲に追加する
❶グラフエリアをクリック
❷ここにマウスポインターを合わせる
❸ここまでドラッグ

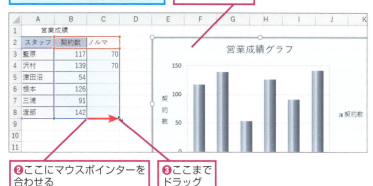

❶第2軸横（値）軸の目盛りの範囲を1～2に変更

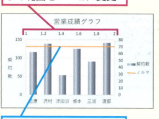

「ノルマ」のラインが横幅いっぱいに広がる

❷第2軸縦（値）軸を［なし］に設定

3 ［グラフの種類の変更］作業ウィンドウを表示する

［ノルマ］の系列がグラフに追加された
❶［ノルマ］の系列を右クリック
❷［系列グラフの種類の変更］をクリック

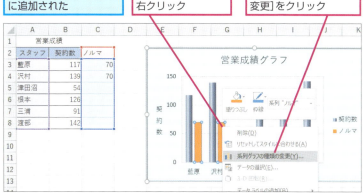

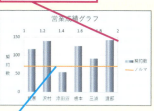

散布図の縦軸が縦棒の縦軸と共通になり、「ノルマ」の高さが「70」になる

次のページに続く

40 散布図の利用

④ ノルマの横線を表示する

❶[ノルマ]の[集合縦棒]をクリック

[ノルマ]の系列を[散布図（直線）]に設定する

❷ここを下にドラッグしてスクロール

❸[散布図（直線）]をクリック

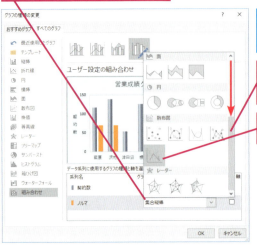

[ノルマ]の[第2軸]にチェックマークが付いていることを確認しておく

❹[OK]をクリック

⑤ 第2軸横（値）軸の設定を変更する

[ノルマ]の系列が散布図（直線）で表示された

❶第2軸横（値）軸を右クリック

❷[軸の書式設定]をクリック

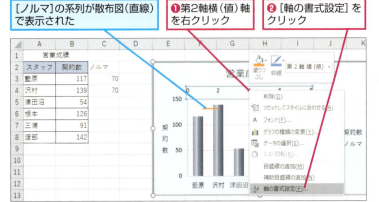

HINT! Excel 2010でグラフの種類を変更するには

Excel 2010では、手順4の代わりに［グラフの種類の変更］ダイアログボックスで［ノルマ］の系列のグラフとして、［散布図（直線）］を選択します。

❶[散布図]をクリック ❷[散布図（直線）]をクリック

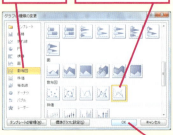

❸[OK]をクリック

HINT! [ノルマ]を散布図にすると専用の軸が表示される

手順4で［ノルマ］の系列を散布図に変えると、グラフの上と右に［ノルマ］専用の軸が表示されます。

HINT! 第2軸横（値）軸を調整してノルマの直線をグラフの幅いっぱいに広げる

元表の［ノルマ］欄（セルC3～C4）には「70」が2個入力されており、手順5のグラフではセルC3の「70」が第2軸横（値）軸の「1」の位置に、セルC4の「70」が第2軸横（値）軸の「2」の位置に表示されます。そこで、軸の最小値を「1」、最大値を「2」にすれば、ノルマの直線がグラフの横幅いっぱいに広がります。

間違った場合は？

手順4で選択するグラフの種類を間違えたまま［OK］ボタンをクリックしてしまった場合は、手順3からやり直しましょう。

6 第2軸横（値）軸を設定する

第2軸横（値）軸の最小値と最大値を設定する

❶ [最小値] に「1」と入力
❷ [最大値] に「2」と入力
❸ [閉じる] をクリック

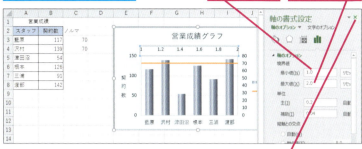

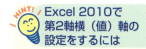

Excel 2010で第2軸横（値）軸の設定をするには

Excel 2010では、手順5の操作を行うと［軸の書式設定］ダイアログボックスが表示されるので、以下のように設定しましょう。

❶ [軸のオプション] をクリック
❷ [最小値] の [固定] をクリックして「1」と入力

❸ [最大値] の [固定] をクリックして「2」と入力
❹ [閉じる] をクリック

7 第2軸縦（値）軸を非表示にする

[ノルマ] の系列がグラフの横幅いっぱいに広がった

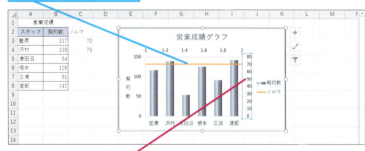

第2軸縦（値）軸を削除する
❶第2軸縦（値）軸をクリック
❷ Delete キーを押す

契約数の棒とノルマのラインの位置を合わせる

手順7で第2軸縦（値）軸を削除すると、グラフ上の縦（値）軸が1本だけになります。［契約数］と［ノルマ］の系列が共通の縦（値）軸を使うことになり、ノルマのラインが契約数の「70」の位置に移動します。元表のセルC3～C4の数値を変更すると、自動的にラインの位置が変わります。

8 第2軸横（値）軸を非表示にする

[ノルマ] の系列が縦（値）軸の「70」の位置に移動した

第2軸横（値）軸を削除する
❶第2軸横（値）軸をクリック
❷ Delete キーを押す

C列を非表示にしたいときは

C列を非表示にすると、グラフから基準線が消えてしまいます。C列を非表示にする場合は、レッスン㉛を参考に、非表示のデータをグラフに表示する設定を行います。

レッスン 41

横棒グラフの項目の順序を表と一致させるには

軸の反転

対応バージョン 2016 2013 2010
レッスンで使う練習用ファイル
軸の反転.xlsx

横棒グラフは項目の並び順に注意！

項目名を縦に並べた表から横棒グラフを作成すると、下の[Before]のようにグラフの項目名の順序が反対になるという困った現象が起こります。通常、項目名は「原点」に近い方から遠い方に向かって配置されます。原点とは、縦軸と横軸の交わる点で、プロットエリアの左下角にあります。そのため、下から上に向かって項目が配置されてしまうのです。表とグラフを並べて印刷するときに、順序が逆だと不自然です。グラフの項目名を表と同じ順序にしましょう。項目名の並びを逆にするには、[軸の反転]の機能を使用します。ただし、縦（項目）軸を反転すると、項目名の順序が逆になるのと同時に、横（値）軸がプロットエリアの上端に移動してしまいます。ここでは、横（値）軸がプロットエリアの上端に移動しないように設定します。

関連レッスン

▶レッスン45
積み上げグラフの積み上げの
順序を変えるには ………… p.174

キーワード

縦（項目）軸	p.372
プロットエリア	p.374
横（値）軸	p.375

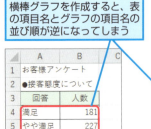
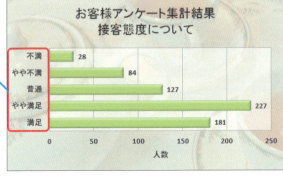
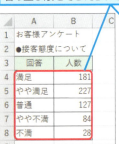
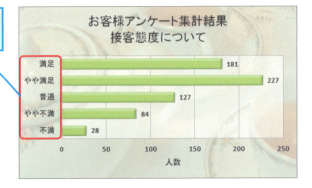

1 ［軸の書式設定］作業ウィンドウを表示する

- ❶ 縦（項目）軸を右クリック
- ❷ ［軸の書式設定］をクリック

グラフの縦（項目）軸の設定を変更する

2 縦（項目）軸を反転する

［軸の書式設定］作業ウィンドウが表示された

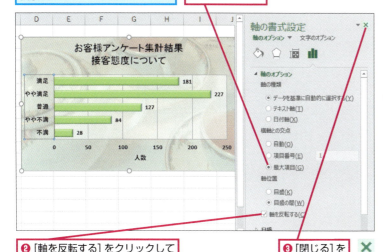

- ❶ ［最大項目］をクリック
- ❷ ［軸を反転する］をクリックしてチェックマークを付ける
- ❸ ［閉じる］をクリック

3 縦（項目）軸の項目が表と同じ並び順に変更された

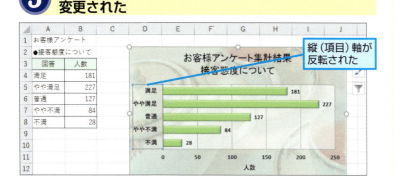

縦（項目）軸が反転された

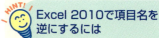

Excel 2010で項目名を逆にするには

Excel 2010では、手順1の操作を行うと［軸の書式設定］ダイアログボックスが表示されるので、以下のように設定しましょう。

- ❶ ［軸のオプション］をクリック
- ❷ ［軸を反転する］をクリックしてチェックマークを付ける

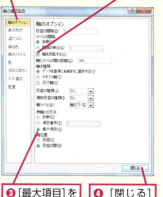

- ❸ ［最大項目］をクリック
- ❹ ［閉じる］をクリック

なぜ［横軸との交点］を設定するの？

手順2で［軸を反転する］にチェックマークを付けるだけだと、横（値）軸がプロットエリアの上端に移動します。これは、［横軸との交点］の既定値が［自動］で、先頭項目の［満足］の側に横軸が配置されるからです。設定を［最大項目］に変更すると、横軸が最後の項目の［不満］側に移動します。

［横軸との交点］が［自動］のままで軸を反転すると、横（値）軸が上に移動する

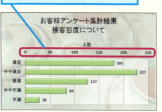

41 軸の反転

できる 161

レッスン 42

絵グラフを作成するには

塗りつぶし

対応バージョン
2016 / 2013 / 2010

レッスンで使う練習用ファイル
塗りつぶし.xlsx
男性.png／女性.png

画像を使えば印象に残るグラフを作れる！

数量を画像やイラストで表現したグラフを「絵グラフ」と呼びます。グラフの内容に合った画像を使うと、単なる棒で数量を表現するより、イメージが膨らみます。プレゼンテーションやカラーのパンフレットなど、人目を引きたいグラフで使用すると効果的です。
「数量を画像で表現」と聞くと難しく感じますが、それほど手間はかかりません。塗りつぶしの色を選ぶ代わりに、画像を指定すればいいだけです。その際、画像の高さを目盛りの間隔に合わせると、分かりやすいグラフになります。下の［After］のグラフでは、画像1つが100を表すように設定しています。目盛り間隔も100なので、画像と目盛り線がそろい、数を把握しやすくなります。図形で作成したイラストを絵グラフに使用することもできるので、テーマに合った素材を用意してグラフを彩ってみましょう。

関連レッスン

▶レッスン16
グラフの中に図形を
描画するには ·················· p.74

キーワード

People Graph	p.368
系列	p.370

実践編 第5章 棒グラフで大きさを比較しよう

Before
消費者動向調査　購入者内訳

男性と女性の購入者を年代別にグラフ化している

↓

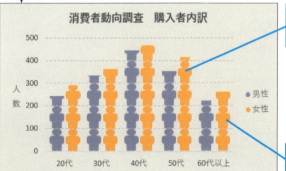

After
消費者動向調査　購入者内訳

テーマに合った画像やイラストを棒の代わりに使えば、グラフのイメージが膨らむ

画像1つが100の単位を表すようにする

1 [データ系列の書式設定] 作業ウィンドウを表示する

[男性] の系列を画像で塗りつぶす

❶ [男性] の系列を右クリック

❷ [データ系列の書式設定] をクリック

2 [図の挿入] ダイアログボックスを表示する

[塗りつぶし] の設定項目を表示する

❶ [塗りつぶしと線] をクリック

❷ [塗りつぶし] をクリック

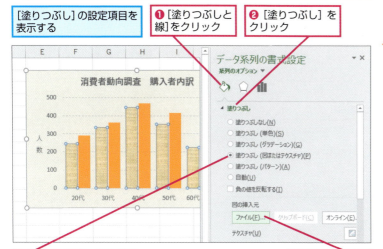

❸ [塗りつぶし (図またはテクスチャ)] をクリック

❹ [ファイル] をクリック

3 [男性] の系列を塗りつぶす画像を選択する

[図の挿入] ダイアログボックスが表示された

❶ [ピクチャ] をクリック

❷ [男性] をクリック

❸ [挿入] をクリック

Excel 2010で塗りつぶす画像を選択するには

Excel 2010では、手順1の操作を行うと [データ系列の書式設定] ダイアログボックスが表示されるので、以下のように設定します。

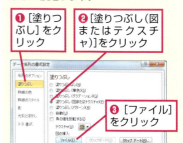

❶ [塗りつぶし] をクリック

❷ [塗りつぶし (図またはテクスチャ)] をクリック

❸ [ファイル] をクリック

図形も利用できる

あらかじめ別のワークシートに図形を作成しておきます。その図形を選択して [ホーム] タブの [コピー] ボタンをクリックしてから手順1の操作を実行すると、手順2の画面にある [クリップボード] ボタンが有効になります。このボタンをクリックすると、コピーした図形で棒グラフの棒を塗りつぶせます。図形を組み合わせた図で絵グラフを作りたいときに便利です。

Excel 2010で画像1つ分に相当する数値を設定するには

Excel 2010では、手順4の代わりに [データ系列の書式設定] ダイアログボックスで以下のように設定してください。

100の目盛りで画像が1つ表示されるように設定する

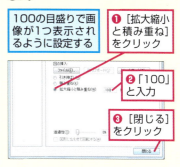

❶ [拡大縮小と積み重ね] をクリック

❷ 「100」と入力

❸ [閉じる] をクリック

次のページに続く

❹ 画像1つ分に相当する数値を入力する

クリップアートで[男性]の系列が塗りつぶされた

❶ここを下にドラッグしてスクロール

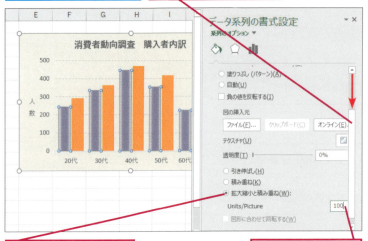

❷[拡大縮小と積み重ね]をクリック

❸[Units/Picture]に「100」と入力

続けて[女性]の系列を設定する　❹[女性]の系列をクリック

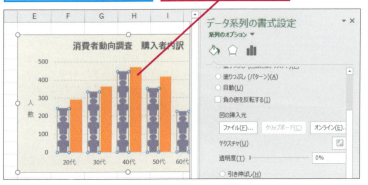

❺ [女性]の系列に塗りつぶしを設定する

手順3～4を参考に[女性]の系列に塗りつぶしを設定

[女性]の系列には、[女性.png]の画像を挿入する

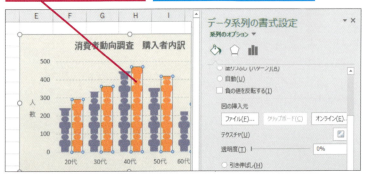

 [積み重ね]と[拡大縮小と積み重ね]の違いって何？

画像の挿入方法には、[引き伸ばし][積み重ね][拡大縮小と積み重ね]の3つがあります。[積み重ね]と[拡大縮小と積み重ね]は、画像の数で数量を表します。前者は、元画像の縦横比を保つように画像の数が自動調整されます。後者は、画像1個当たりの数量を指定できるので、絵グラフには一般的に後者が使われます。

[積み重ね]を選ぶと、画像と目盛りがそろわない

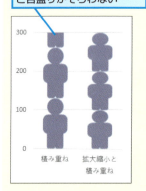

 [引き伸ばし]を使うと画像の高さで数量を表せる

[引き伸ばし]形式の絵グラフは、画像の高さで数量を表します。個数で数量を表すほかの形式に比べて用途は限られますが、デザイン性を重視するグラフでよく使用されます。

[引き伸ばし]は系列の数量いっぱいに画像が引き伸ばされる

テクニック　Excel 2016/2013ではピープルグラフが利用できる

Excel 2016/2013では、絵グラフの作成に「ピープルグラフ」も利用できます。ピープルグラフを挿入すると、最初は仮のグラフが表示されますが、データを指定すれば目的のグラフになります。グラフのデザインや色合い、絵グラフ用の図形は操作9の［設定］画面で指定します。作成したグラフは、枠の部分をクリックして選択すると、移動やサイズ変更、削除を行えます。なお、Excel 2013では初回使用時に［挿入］タブの［ストア］ボタンをクリックして、［Office用アプリ］の画面で［People Graph］をクリックして機能を有効にしてください。

❶［挿入］タブをクリック
❷［People Graph］をクリック

初めて起動したときは［このアドインを信頼］をクリックする
ピープルグラフが挿入された

❸［データ］を クリック

❹［タイトル］に「入園者数データ」と入力
❺［データの選択］をクリック

グラフのデータ範囲を選択する
❻ セルA3～B5をドラッグして選択
［3個の行と2個の列を選びました。］と表示されていることを確認する

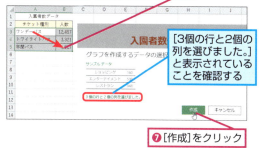

❼［作成］をクリック

データ範囲の内容でグラフが更新された
グラフの設定画面を表示する
❽［設定］をクリック

［テーマ］や［図形］で色合いや図の変更もできる

ここでは、グラフの種類を変更する
❾［種類2］を クリック

グラフの種類が変更された
グラフの設定画面を閉じる
❿［戻る］をクリック

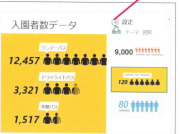

レッスン 43

3-D棒グラフを回転するには

軸の直交

対応バージョン 2016 / 2013 / 2010

レッスンで使う練習用ファイル
軸の直交.xlsx

立体的に魅せるには3-D回転が効果的

3-Dグラフはインパクトがあるので、プレゼンテーションのような見栄えを重視する場面でよく利用されています。3-D集合縦棒グラフを作成すると、[Before]のように、縦棒グラフに立体感が増します。より立体的な効果を強調したいときは、[After]のグラフのように3-D回転を設定してみましょう。

3-D回転の実行結果は、[軸の直交]のオンとオフの違いで大きく変わります。[軸の直交]をオフにすると遠近感が付き、インパクトが増します。ただし、棒の高さは遠近感がない方が読みやすいので、見ためと読みやすさのどちらにポイントを置くかによってオンかオフを決めましょう。回転の角度は左右の「X方向」と上下の「Y方向」に数値を入力して設定しますが、最初から最適な角度を決めるのは難しいので、グラフの様子を見ながら少しずつ角度を変えていくといいでしょう。

関連レッスン

▶レッスン44
3-D棒グラフの背面の棒を
見やすくするには ……………… p.168

キーワード

グラフエリア	p.370
作業ウィンドウ	p.371

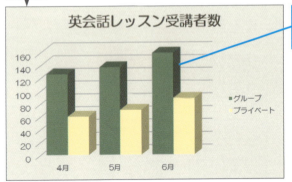

棒グラフや背景の目盛り線を含め、立体的な3-D棒グラフで表現されている

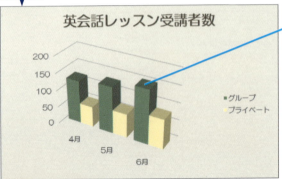

全体を回転させることで、奥行きや立体感を強調した3-D棒グラフに仕上げられる

実践編 第5章 棒グラフで大きさを比較しよう

1 [グラフエリアの書式設定] 作業ウィンドウを表示する

棒グラフを3-D回転させる

❶ グラフエリアを右クリック
❷ [3-D回転] をクリック

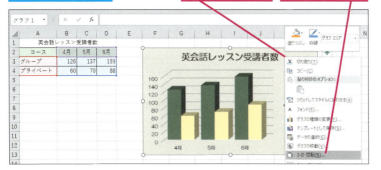

HINT! Excel 2010で3-D棒グラフを設定するには

Excel 2010では、手順2の代わりに [グラフエリアの書式設定] ダイアログボックスの [3-D回転] タブで以下のように設定しましょう。

棒グラフを3-D回転させる

❶ [軸の直交] をクリックしてチェックマークをはずす
❷ [X] に「30」と入力
❸ [Y] に「30」と入力
❹ [閉じる] をクリック

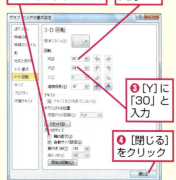

2 3-D棒グラフの角度を変更する

棒グラフを3-D回転させる

❶ [X方向に回転] に「30」と入力
❷ [Y方向に回転] に「30」と入力

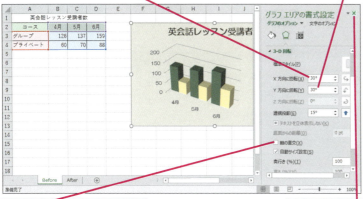

❸ [軸の直行] をクリックしてチェックマークをはずす
❹ [閉じる] をクリック

HINT! プレゼン向けの魅せるグラフが作れる

立体図形だけの個性的なグラフをよく見かけます。見ためにこだわるなら、3-Dグラフの目盛り線や床面などを [線なし] や [塗りつぶしなし] に設定してみましょう。

目盛り線や床面などを工夫すれば、個性的なグラフができる

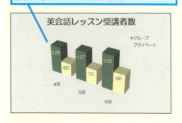

3 3-D棒グラフの角度が変更された

左右方向に30度、上下方向に30度回転した

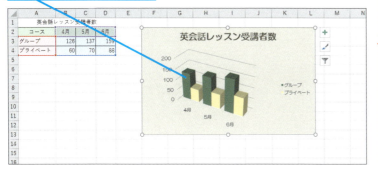

HINT! [X] [Y] はそのままで [軸の直交] をはずすだけでも効果満点

[軸の直交] のチェックマークをはずすだけでも、グラフに遠近感が付き、インパクトが増します。角度の変更が面倒なときは、[軸の直交] の設定だけを無効にしてもいいでしょう。

レッスン 44

3-D棒グラフの背面の棒を見やすくするには

棒の形状

対応バージョン: 2016 / 2013 / 2010

レッスンで使う練習用ファイル
棒の形状.xlsx

円錐グラフですべての系列を見やすく

3-D効果の付いた縦棒グラフの仲間に、「3-D集合縦棒」と「3-D縦棒」があります。「3-D集合縦棒」は、レッスン❹で紹介したグラフです。軸は縦軸と横軸のみで、複数の系列が横一線に並びます。それに対して「3-D縦棒」グラフは奥行き（系列）軸があり、系列が奥行き方向に並びます。奥行きがあるのでデザイン性やインパクトに富み、プレゼンテーションにもってこいのグラフです。しかし、数値の大きさによっては背面の棒が隠れてしまう欠点があります。3-Dの回転角度を工夫しても背面の棒が見づらい場合は、下の[After]のグラフのように、直方体を円錐に変えてみるといいでしょう。円錐にすることで背面の見通しがよくなり、見えなかった棒がはっきり確認できるようになります。

関連レッスン

▶レッスン43
3-D棒グラフを
回転するには ……………… p.166

▶レッスン45
積み上げグラフの積み上げの
順序を変えるには ………… p.174

キーワード

系列	p.370
作業ウィンドウ	p.371

実践編 第5章　棒グラフで大きさを比較しよう

Before
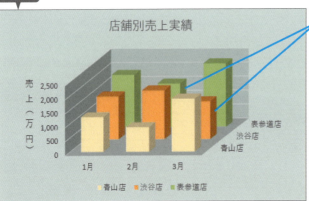
3-D棒グラフだと背面の系列が隠れてしまうことがある

After
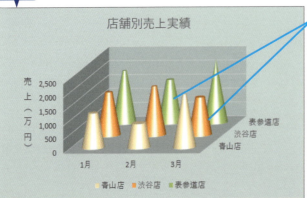
円錐グラフに変更すれば、背面の系列が見やすくなる

① [データ系列の書式設定] 作業ウィンドウを表示する

3-Dグラフの背面の棒が見にくいので、円錐グラフに変更する

❶ [青山店] の系列を右クリック
❷ [データ系列の書式設定] をクリック

② [青山店] の系列の棒グラフを円錐に変更する

[データ形式の書式設定] 作業ウィンドウが表示された

❶ [円錐 (一部)] をクリック

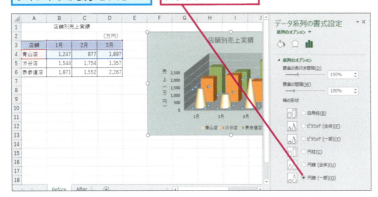

続けて [渋谷店] の系列を設定する

❷ [渋谷店] の系列をクリック
❸ [円錐 (一部)] をクリック

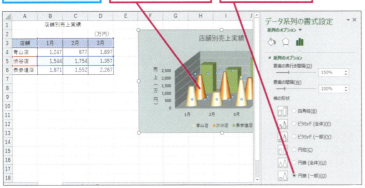

同様に [表参道店] の系列も設定する

❹ [表参道店] の系列をクリックし、[円錐 (一部)] を選択

HINT! Excel 2010で円錐に設定するには

Excel 2010では、手順2の代わりに [データ系列の書式設定] ダイアログボックスで以下のように操作します。

❶ [図形] をクリック
❷ [円錐 (一部)] をクリック

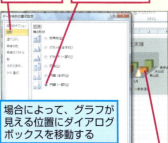

場合によって、グラフが見える位置にダイアログボックスを移動する

[データ系列の書式設定] ダイアログボックスを表示したまま [渋谷店] の系列を選択する

❸ [渋谷店] の系列をクリック

❹ 手順2と同様の手順で [渋谷店] の系列と [表参道店] の系列を円錐に設定
❺ [データ系列の書式設定] ダイアログボックスの [閉じる] をクリック

HINT! Excel 2016/2013で円柱や円錐グラフを作成するには

Excel 2010では [挿入] タブの [縦棒] ボタンから [2-D縦棒] [3-D縦棒] のほか、[円柱] [円錐] [ピラミッド] を選択できましたが、Excel 2016/2013では [2-D縦棒] か [3-D縦棒] しか選べません。[円柱] や [円錐] のグラフを作成したいときは、いったん [3-D縦棒] からグラフを作成し、手順1の要領で [データ系列の書式設定] ダイアログボックスを表示して、[棒の形状] で [円柱] や [円錐] に変更しましょう。

HINT! 手前の系列と奥の系列を入れ替える手もある

3-D棒グラフの背面の棒が隠れてしまうときは、レッスン㊺を参考に系列の順序を入れ替えて、奥の系列を手前に移動してもいいでしょう。

この章のまとめ

●見せ方を工夫すれば、もっと効果的に差が伝わる！

数あるグラフの種類の中でも、縦棒グラフは最も身近なグラフではないでしょうか。非常に表現力に富み、大小の比較、推移、内訳と、数値をさまざまな形で表せます。中でも一番効果的な利用は、数値の大小比較です。棒の高さがそのまま数値の大きさを表すので、高さを比べれば即座に各項目の大きさを比較できます。

縦棒グラフは、グラフ全体に対して、棒が占める面積が大きいので、棒の書式がグラフの印象を左右します。棒の色や太さを調整して、見栄えを整えましょう。また、状況に応じて波線で棒の高さを省略したり、基準線を入れたり、絵グラフを作ったりするなど、見やすいグラフになるように工夫しましょう。

縦棒グラフのほかにも、横棒グラフ、3-D棒グラフなど、棒グラフのバリエーションは豊富です。項目名が長いときは横棒グラフ、プレゼンテーションのときは3-D棒グラフというように、用途や状況に応じて使い分けます。「横棒グラフの項目名の順序を元表にそろえる」「3-D縦棒グラフの背面の棒を見やすくする」など、グラフの種類に応じて適切な設定をすることも大切です。

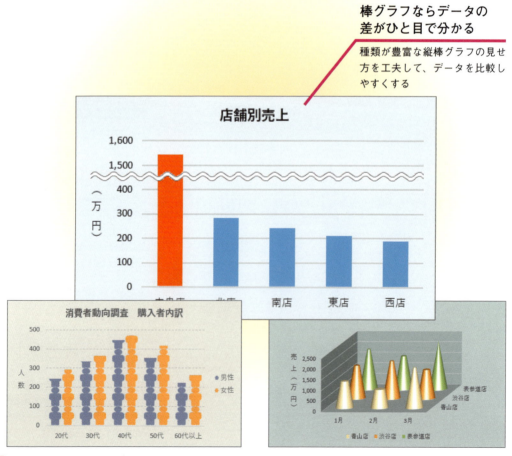

棒グラフならデータの差がひと目で分かる

種類が豊富な縦棒グラフの見せ方を工夫して、データを比較しやすくする

練習問題

1

[Before] シートの集合縦棒グラフで、項目間の棒の間隔を80%に設定して、各棒の太さを太くしましょう。さらに、項目内で隣り合う棒が20%ほど重なるように設定しましょう。

●ヒント 棒の太さと重なり方は、[データ系列の書式設定] 作業ウィンドウ（Excel 2010では[データ系列の書式設定] ダイアログボックス）で設定します。

練習用ファイル
練習問題5.xlsx

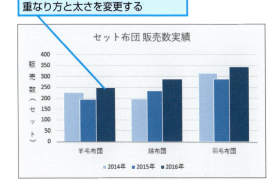

複数の系列がある棒グラフで、棒の重なり方と太さを変更する

2

練習問題1で作成したグラフの [2016年] の系列だけに元データの数値を表示しましょう。

●ヒント [2016年] の系列だけに元データを表示するときは、あらかじめ [2016年] の系列を選択してからデータラベルを追加します。

[2016年] の系列だけ、元データの数値を表示する

解 答

棒グラフの間隔と太さを設定する

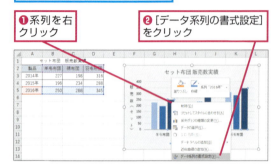

いずれかの系列を右クリックして、[データ系列の書式設定]を選択し、[系列のオプション]で[系列の重なり]と[要素の間隔]を設定します。

●Excel 2010の場合

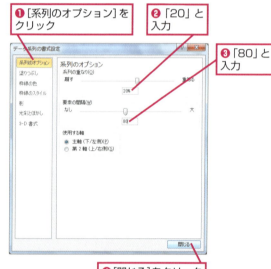

[2016年]の系列の数値を表示する

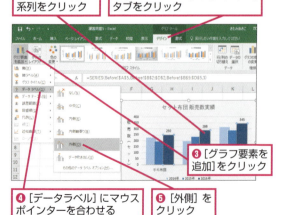

[2016年]の系列のいずれかの棒をクリックして、[2016年]の系列を選択します。その状態で[グラフツール]の[デザイン]タブにある[グラフ要素を追加]ボタンからデータラベルを追加します。Excel 2010の場合は、[グラフツール]の[レイアウト]タブにある[データラベル]-[外側]をクリックします。

●Excel 2010の場合

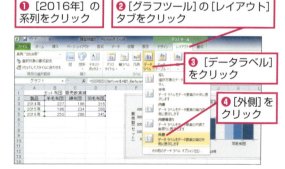

第6章

棒グラフで割合の変化を比較しよう

棒グラフの仲間に「積み上げ棒グラフ」があります。積み上げ棒グラフは、各系列の棒を項目ごとに積み重ねたグラフで、割合の変化を示したいときによく利用されます。この章では、積み上げ棒グラフの作成と活用テクニックを紹介しましょう。

●この章の内容

㊺ 積み上げグラフの積み上げの順序を変えるには……174

㊻ 積み上げ縦棒グラフに合計値を表示するには………178

㊼ 積み上げ横棒グラフに合計値を表示するには………182

㊽ 100%積み上げ棒グラフにパーセンテージを
表示するには……………………………………188

㊾ 上下対称グラフを作成するには……………………192

レッスン 45

積み上げグラフの積み上げの順序を変えるには

系列の移動

対応バージョン 2016 2013 2010

レッスンで使う練習用ファイル
系列の移動.xlsx

積み上げの順序を表と一致させて混乱を防ぐ

系列名が縦に並ぶ表から積み上げ縦棒グラフを作成すると、表の項目とグラフの積み上げの順序が上下逆になります。これは、表をグラフ化するときに、表の上の行から順に第1系列、第2系列……、というように系列が割り振られることが原因です。[Before]の積み上げグラフを見てください。第1系列から順に、下から上に向かって系列が積まれたので、元表と順序が逆になっています。表とグラフを並べて表示すると混乱するので、順序をそろえておきましょう。残念ながら「ボタン1つで系列の順序を逆にする」という機能はありません。しかし、[データソースの選択]ダイアログボックスで系列の順序を1つずつ入れ替えられます。積み上げグラフに限らず、集合縦棒、横棒、面、ドーナツと、複数系列を持つグラフで系列の順序を変えたいときに共通のテクニックなので、覚えておくと重宝します。

関連レッスン

▶レッスン21
グラフ上に元データの数値を
表示するには …………………… p.90

▶レッスン41
横棒グラフの項目の順序を
表と一致させるには …………… p.160

キーワード

区分線	p.369
系列	p.370
系列名	p.370
データソースの選択	p.372

Before
表の項目と積み上げの順序が逆になってしまった

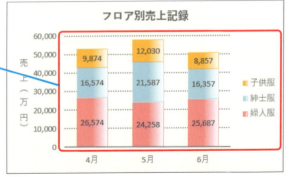

After
表の項目と積み上げの順序が同じになった

このレッスンは動画で見られます　操作を動画でチェック！ ※詳しくは2ページへ

HINT! 積み上げグラフの種類と特徴を知ろう

積み上げグラフには、下のような種類があります。積み上げ縦棒と積み上げ横棒は、データをそのまま積み上げるので、各データとその合計が分かります。100%積み上げ縦棒と100%積み上げ横棒は、合計を100%と見なすので、各データの合計に占める割合が分かります。特徴を踏まえて使い分けましょう。

1 [データソースの選択] ダイアログボックスを表示する

グラフの積み上げの順序を表の項目と同じにする

❶ グラフエリアを右クリック
❷ [データの選択] をクリック

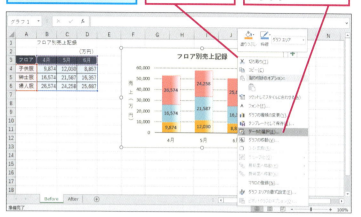

2 [子供服] の系列の順序を変更する

[子供服]の系列を一番下に移動する

❶ [子供服] をクリック
❷ [下へ移動] を2回クリック

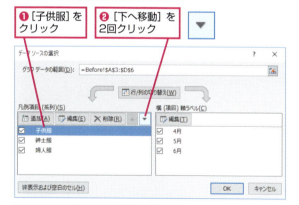

[子供服]の系列が一番下に移動した

● 積み上げ縦棒

● 積み上げ横棒
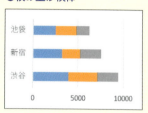

● 100%積み上げ縦棒
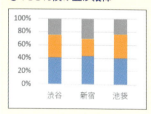

● 100%積み上げ横棒
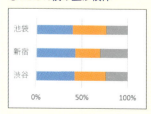

次のページに続く

できる 175

❸ [婦人服] の系列の順序を変更する

[婦人服] の系列を
一番上に移動する

❶ [婦人服] を
クリック

❷ [上へ移動]
をクリック

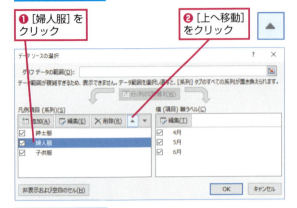

[婦人服] の系列が
一番上に移動した

❸ [OK] をクリック

❹ 積み上げグラフの順序が変更された

グラフの積み上げの順序が
表の項目と同じになった

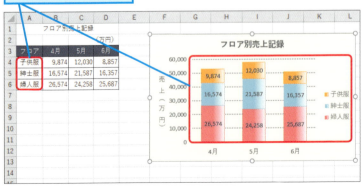

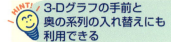 **3-Dグラフの手前と奥の系列の入れ替えにも利用できる**

系列の順序を入れ替えるテクニックは、複数の系列を持つさまざまなグラフで使えます。3-D縦棒グラフや面グラフでは、手前の系列と奥の系列が入れ替わります。奥のグラフが手前のグラフで隠れるときに、系列を入れ替えるとグラフが見やすくなります。

手前の棒が邪魔で、
奥の棒が見にくい

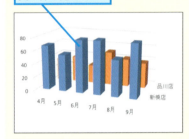

系列を入れ替えればグラフが
見やすくなる

⚠ **間違った場合は？**

手順2や手順3で違う系列を下に移動してしまった場合は、[上へ移動] ボタン（▲）をクリックして系列の順序を元に戻します。

テクニック 区分線でデータの変化を強調できる

積み上げグラフに「区分線」を表示すると、データの変化が分かりやすくなります。例えば下図のグラフの場合、各商品の売り上げが順調に伸びている中で、とりわけ「ケーキ」の伸びが好調であることを把握できます。なお、挿入した区分線は、［グラフツール］の［書式］タブにある［図形の枠線］ボタンを使用して、色や線種を変更できます。

Excel 2016/2013の場合

❶ グラフエリアをクリック
❷［グラフツール］の［デザイン］タブをクリック

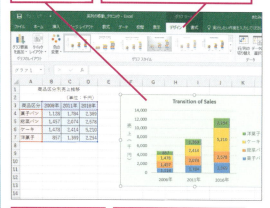

❸［グラフ要素を追加］をクリック
❹［線］にマウスポインターを合わせる

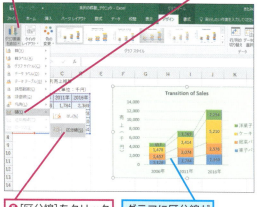

❺［区分線］をクリック
グラフに区分線が表示される

Excel 2010の場合

❶ グラフエリアをクリック
❷［グラフツール］の［レイアウト］タブをクリック
❸［線］をクリック

❹［区分線］をクリック

グラフに区分線が表示された

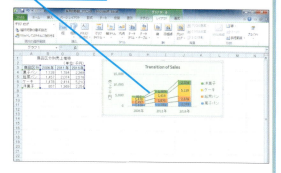

45 系列の移動

レッスン 46

積み上げ縦棒グラフに合計値を表示するには

積み上げ縦棒の合計値

対応バージョン：2016 / 2013 / 2010

レッスンで使う練習用ファイル
積み上げ縦棒の合計値.xlsx

折れ線グラフを使って合計を表示するワザ

積み上げ縦棒グラフにデータラベルを追加すると、各要素に元データの数値を表示できますが、全体の合計値は表示されません。合計値を表示するには、グラフ自体に合計値の情報を組み込む必要があります。そのようなときは、元表にある［合計］の系列をグラフに追加するといいでしょう。

ただし、そのままでは［合計］の系列が棒の上に積み重なるため、合計値の配置が不自然になります。合計値が各棒の真上に体裁よく配置されるようにするには、［合計］の系列を折れ線グラフに変更し、なおかつ折れ線グラフの線の色を透明にします。個々のデータとともに全体の大きさを伝えられるのが、積み上げグラフのメリットです。合計値を表示して、さらに伝わるグラフにしましょう。

関連レッスン

▶レッスン 21
グラフ上に元データの数値を表示するには ……………… p.90

▶レッスン 27
グラフのデータ範囲を変更するには ……………………… p.112

▶レッスン 47
積み上げ横棒グラフに合計値を表示するには …………… p.182

キーワード

データ範囲	p.373
データラベル	p.373
凡例	p.373
複合グラフ	p.373

棒グラフで割合の変化を比較しよう　実践編　第6章

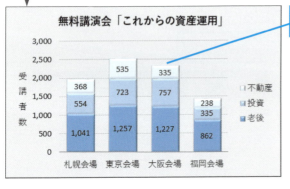

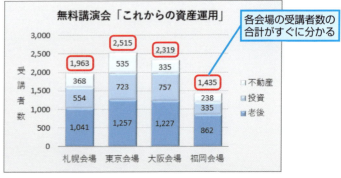

178 できる

グラフのデータ範囲を変更する

セルE2～E6の内容をグラフの
データ範囲に追加する

❶ グラフエリア
をクリック

❷ ここにマウスポインター
を合わせる

マウスポインター
の形が変わった

❸ ここまで
ドラッグ

[グラフの種類の変更] ダイアログボックスを表示する

グラフのデータ範囲に
合計値が追加された

[合計]の系列を折れ線
グラフに変更する

❶ [合計]の系列
を右クリック

❷ [系列グラフの種類の変更]
をクリック

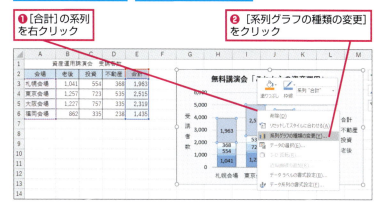

折れ線で合計値を表示する仕組み

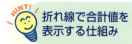

元表の合計値をグラフに追加すると、[合計]の系列が一番上に重なるため、棒全体の高さが2倍になります。[合計]の系列を折れ線グラフに変更すれば、折れ線の値と各棒の高さが一致するため、合計値が各棒の上端付近に移動します。後は合計のデータラベルの位置を調整し、折れ線自体を透明に変えれば完成です。

元表から[合計]を追加すると、グラフに合計値が表示される

[合計]の系列を折れ線に変えると、合計値が各棒の上端付近に移動する

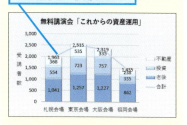

間違った場合は？

手順2で[データの選択]をクリックしてしまったときは、[キャンセル]ボタンをクリックして[系列グラフの種類の変更]を選択し直します。

次のページに続く

③ [合計]の系列のグラフの種類を変更する

[合計]の系列のグラフの種類を折れ線に変更する

❶ ここを下にドラッグしてスクロール

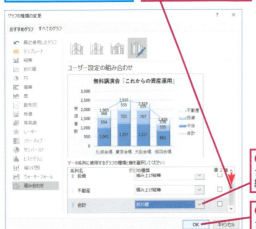

❷ [合計]のここをクリックして[折れ線]を選択

❸ [OK]をクリック

HINT! Excel 2010でグラフの種類を変更するには

Excel 2010では、手順2の操作を行うと以下のような[グラフの種類の変更]ダイアログボックスが表示されるので、[折れ線]の一覧から[折れ線]を選択しましょう。

❶ [折れ線]をクリック

❷ [折れ線]をクリック

❸ [OK]をクリック

④ [合計]の系列のデータラベルの位置を調整する

折れ線に変更された[合計]のデータラベルが縦棒グラフに重ならないようにする

❶ 折れ線をクリック

❷ [グラフツール]の[デザイン]タブをクリック

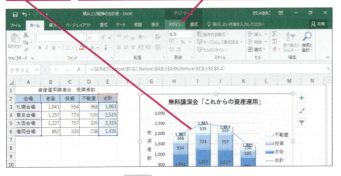

❸ [グラフ要素を追加]をクリック

❹ [データラベル]にマウスポインターを合わせる

❺ [上]をクリック

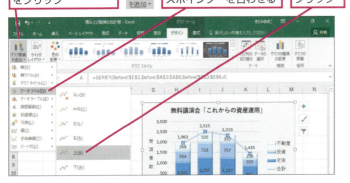

HINT! 折れ線を選択してからデータラベルの位置を調整しよう

[グラフ要素を追加]ボタンの一覧にある[データラベル]の操作対象は現在選択されている要素です。手順4の操作を行うときは、必ず最初に折れ線を選択しましょう。データラベルを表示できる位置はグラフの種類によって異なるので、あらかじめ折れ線を選択しないと一覧から[上]を選べません。

5 折れ線を透明にする

[合計]の系列の折れ線を透明にして、数値のみを表示する

❶ [グラフツール]の[書式]タブをクリック

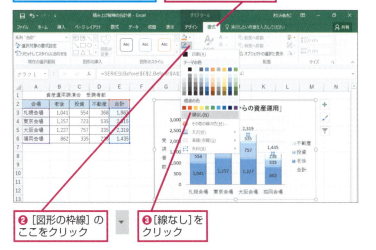

❷ [図形の枠線]のここをクリック

❸ [線なし]をクリック

HINT! Excel 2010でデータラベルの位置を変更するには

Excel 2010の場合は、手順4の操作の代わりに、以下の手順で操作します。

❶ 折れ線をクリック

❷ [グラフツール]の[レイアウト]タブをクリック

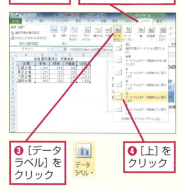

❸ [データラベル]をクリック

❹ [上]をクリック

[合計]のデータラベルが上に移動する

6 凡例から「合計」を削除する

折れ線が透明になり、合計の数値のみが表示された

❶ [合計]を2回クリック

❷ Delete キーを押す

間違った場合は?

手順5の操作後に折れ線が透明にならなかった場合は、別のグラフ要素を選択しています。[元に戻す]ボタン()をクリックして、折れ線を選択し直してから手順5をやり直しましょう。また、折れ線の一部だけが透明になった場合は、折れ線の選択中に再度折れ線をクリックして、折れ線の一部が選択された状態になっています。[元に戻す]ボタン()をクリック後、いったんグラフエリアをクリックして要素の選択を解除し、あらためて折れ線を選択して手順5から操作をやり直しましょう。

7 凡例から「合計」が削除された

凡例にあった「合計」が削除された

レッスン 47 積み上げ横棒グラフに合計値を表示するには

積み上げ横棒の合計値

対応バージョン 2016 / 2013 / 2010

レッスンで使う練習用ファイル
積み上げ横棒の合計値.xlsx

第2軸と集合横棒の合わせワザが決め手！

積み上げ横棒グラフにデータラベルを表示するときは、棒の外側に全体の合計値も表示すると、分かりやすいグラフになります。合計値のデータラベルは、グラフに［合計］系列を追加することで簡単に表示できます。しかし、そのデータラベルを棒の外側に配置するには工夫が必要です。
このレッスンでは、積み上げ縦棒グラフの真上に［合計］系列の横棒グラフを重ね、その外側に合計値のデータラベルを配置します。［合計］系列の棒を透明にすれば、積み上げ横棒グラフの外側に合計値が表示されているように見せられます。HINT!を参考に手順の意味を考えながら、1つ1つ丁寧に操作していきましょう。

関連レッスン

▶レッスン21
グラフ上に元データの数値を表示するには ………… p.90

▶レッスン27
グラフのデータ範囲を変更するには ………………… p.112

▶レッスン46
積み上げ縦棒グラフに合計値を表示するには ……… p.178

キーワード

系列	p.370
第2軸横（値）軸	p.372
データラベル	p.373
複合グラフ	p.373

Before — 観客動員数の合計をすぐに確認したい

After — 合計値の系列を追加して第2軸に設定し、データラベルを表示する

各演目の観客動員数をすぐに把握できる

1 グラフのデータ範囲を変更する

セルA6～E6の内容をグラフの
データ範囲に追加する

❶ グラフエリアを
クリック

❷ ここにマウスポインター
を合わせる

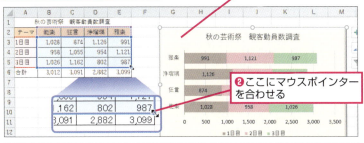

マウスポインター
の形が変わった

❸ セルE6まで
ドラッグ

2 [データ系列の書式設定]作業ウィンドウを表示する

[合計]の系列を第2軸
に変更する

❶ [合計]の系列
を右クリック

❷ [データ系列の書式設定]を
クリック

3 [合計]の系列を第2軸に変更する

[データ系列の書式設定]作業
ウィンドウが表示された

❶ [第2軸(上/右側)]
をクリック

❷ [閉じる]を
クリック

HINT! [合計]の系列の長さを積み上げ横棒にそろえる仕組みとは

元表の合計値をグラフに追加すると、[合計]の系列が一番右に表示されるため、棒全体の長さが2倍になります。[合計]の系列だけ第2軸に設定し直すと、「合計」の棒がプロットエリアの左端から開始されます。2つの軸の数値の範囲をそろえると、[合計]の系列と積み上げ横棒の長さがぴったりそろいます。

合計値をグラフに追加すると
一番右に表示される

[合計]の系列を第2軸に変更すると、棒がプロットエリアの左端から開始される

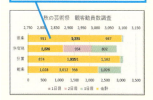

2つの軸の範囲をそろえると、「合計」が積み上げ横棒にぴったり重なる

47 積み上げ横棒の合計値

次のページに続く

④ 系列の第2軸が表示された

[合計]の系列が積み上げ横棒グラフの前面に移動した

第2軸横（値）軸の目盛りの範囲は、[合計]の数値の大きさに合わせて自動的に決められる

Excel 2010で[合計]の系列を第2軸に変更するには

Excel 2010では、手順3の操作の代わりに、[データ系列の書式設定]ダイアログボックスの[系列のオプション]で以下のように操作します。

❶[系列のオプション]をクリック
❷[第2軸（上/右側）]をクリック

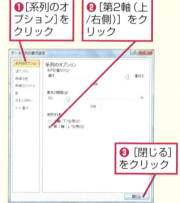

❸[閉じる]をクリック

⑤ 第2軸横（値）軸の最小値を設定する

第2軸横（値）軸と横（値）軸の値をそろえる

❶第2軸横（値）軸を右クリック
❷[軸の書式設定]をクリック

Excel 2010で[第2軸横（値）軸]を設定するには

Excel 2010では、手順5〜6の操作の代わりに、[軸の書式設定]ダイアログボックスの[軸のオプション]で以下のように操作します。

第2軸横（値）軸と横（値）軸の値をそろえる

❶[軸のオプション]をクリック
❷[最小値]の[固定]をクリックして「0」と入力

❸[最小値]に「0」と入力
❹ここを下にドラッグしてスクロール

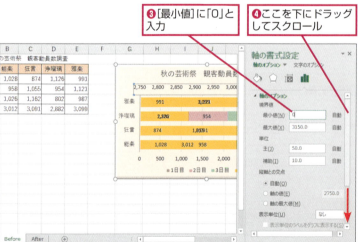

❸[目盛の種類]のここをクリックして[なし]を選択
❹[軸ラベル]のここをクリックして[なし]を選択

❺[閉じる]をクリック

⑥ 第2軸横（値）軸の目盛りを削除する

第2軸横（値）軸の目盛りを非表示にする

❶ [ラベル]をクリック

❷ [ラベルの位置]のここをクリックして[なし]を選択

❸ [閉じる]をクリック

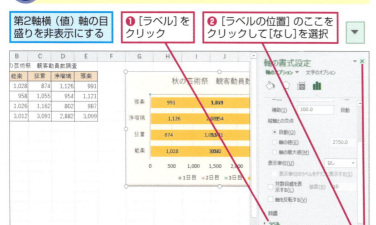

💡HINT! 合計と要素のデータラベルが重なって表示される

手順5〜6では第2軸横（値）軸の最小値を設定し、表示されていた目盛りを削除しました。その結果、各要素の棒の中央と、合計の棒の中央にデータラベルが表示されます。各要素はオレンジ色の「合計」の棒の下に隠れていますが、それぞれのデータラベルは「合計」の棒の上に表示されます。そのため互いのデータラベルが重なりますが、後で配置を修正するので気にする必要はありません。

[2日目]と[合計]のデータラベルが重なっている

⑦ 第2軸横（値）軸の目盛りが削除された

[合計]の系列が積み上げ横棒グラフの真上にぴったり重なった

第2軸横（値）軸の目盛りが非表示になった

合計と要素のデータラベルが重なって表示された

💡HINT! なぜ[合計]の系列のグラフの種類を変更するの？

データラベルを表示できる位置は、グラフの種類によって変わります。積み上げ横棒の選択肢は、[中央][内側][内側軸寄り]だけです。各要素の数値の配置は中央でいいのですが、合計値は棒全体の外側に配置するのが自然です。集合横棒グラフであれば、設定項目に[外側]があります。そこで手順8〜9で[合計]の系列だけ集合横棒に変更し、合計値を外側に移動します。

⑧ [グラフの種類の変更]ダイアログボックスを表示する

[合計]の系列のグラフの種類を集合縦棒に変更する

❶ [合計]の系列を右クリック

❷ [系列グラフの種類の変更]をクリック

⚠️ 間違った場合は？

手順7で[グラフツール]の[デザイン]タブが表示されない場合は、手順6の後にグラフの選択を解除してしまっています。グラフエリアをクリックしてグラフを選択しましょう。

次のページに続く

❾ [合計]の系列のグラフの種類を変更する

[グラフの種類の変更]ダイアログボックスが表示された

❶ここを下にドラッグしてスクロール

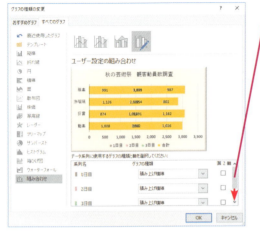

❷[合計]のここをクリックして[集合横棒]を選択

❸[OK]をクリック

❿ [合計]の系列の数値を外側に移動する

[合計]の系列が集合横棒に変更された

❶[合計]の系列をクリックして選択

❷[グラフツール]の[デザイン]タブをクリック

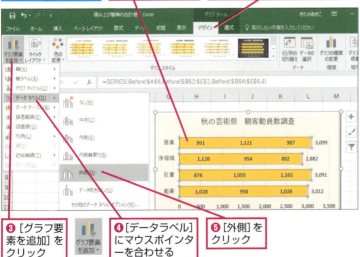

❸[グラフ要素を追加]をクリック

❹[データラベル]にマウスポインターを合わせる

❺[外側]をクリック

HINT! Excel 2010でグラフの種類を変更するには

Excel 2010では、手順8の操作を行うと以下のような[グラフの種類の変更]ダイアログボックスが表示されるので、以下のように操作し、下のHINT!の方法で操作を進めます。

❶[横棒]をクリック　❷[集合横棒]をクリック

❸[OK]をクリック

HINT! Excel 2010で[合計]の系列の数値を外側に移動するには

Excel 2010では、手順10の操作の代わりに、[グラフツール]の[レイアウト]タブからデータラベルの位置を変更します。

❶[合計]の系列をクリック

❷[グラフツール]の[レイアウト]タブをクリック

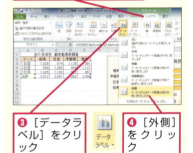

❸[データラベル]をクリック　❹[外側]をクリック

棒グラフで割合の変化を比較しよう　実践編　第6章

11 [合計] の系列の横棒を透明にする

[合計] の系列にあったデータラベルの数値が一番右に移動した

❶ [グラフツール] の [書式] タブをクリック

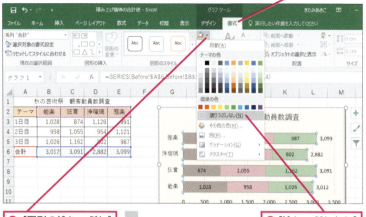

❷ [図形の塗りつぶし] のここをクリック

❸ [塗りつぶしなし] をクリック

HINT! 横（値）軸の [最小値] を「0」にするといい

横（値）軸の [最小値] を [自動] にしておくと、元表の数値を変更したときに、軸の最小値が「0」でなくなる場合があります。184ページの手順5で第2軸の [最小値] を「0」に固定していますが、横（値）軸の最小値が「0」でなくなると、2つの軸の範囲がそろわず、合計値の位置がずれてしまいます。元データを変更する可能性がある場合は、横（値）軸の [最小値] も「0」にしておくといいでしょう。

47 積み上げ横棒の合計値

12 凡例から「合計」を削除する

[合計] の系列の横棒が透明になった

❶ [合計] を2回クリック

❷ キーを押す

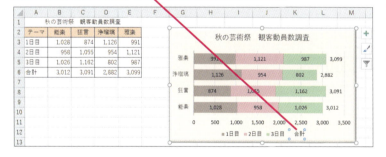

間違った場合は?

手順12で凡例全体が削除された場合は、クイックアクセスツールバーの [元に戻す] ボタン（ ）をクリックして凡例を再表示します。凡例が選択されていることを確認し、その状態で [合計] をクリックすると、凡例内の [合計] だけが選択されます。その状態で Delete キーを押せば、[合計] を削除できます。

13 凡例から [合計] が削除された

凡例にあった「合計」が削除された

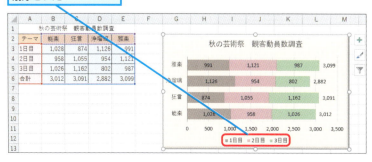

レッスン 48

100%積み上げ棒グラフにパーセンテージを表示するには

パーセントスタイル

対応バージョン 2016 2013 2010
レッスンで使う練習用ファイル
パーセントスタイル.xlsx

分かりやすいグラフにするために表を作り直すこともある

「100%積み上げ縦棒グラフ」と「100%積み上げ横棒グラフ」は、各要素の全体に占める割合を表すグラフです。グラフ内にデータラベルで割合を表示できると便利ですが、残念なことにデータラベルの表示内容の選択肢に「パーセンテージ」はありません。しかし、パーセンテージ（構成比）を計算した表を用意して100%積み上げ棒グラフを作成すれば解決します。

このレッスンでは、横棒の100%積み上げ棒グラフを例にパーセンテージ（構成比）の表とグラフを作成する方法を説明します。縦棒の場合も同じ要領でグラフを作成して、パーセンテージのデータラベルを表示できます。

関連レッスン

▶レッスン21
グラフ上に元データの数値を
表示するには ……………………… p.90

▶レッスン57
項目名とパーセンテージを
見やすく表示するには …………… p.230

キーワード

絶対参照	p.372
相対参照	p.372
データラベル	p.373
パーセントスタイル	p.373
表示形式	p.373
フィルハンドル	p.373

棒グラフで割合の変化を比較しよう 実践編 第6章

野菜に関する意識調査＜子供編＞

野菜	好き	やや好き	やや嫌い	嫌い
シイタケ	13%	21%	36%	30%
ゴボウ	15%	22%	40%	23%
ナス	18%	31%	32%	19%
ピーマン	23%	37%	23%	17%
ニンジン	26%	39%	19%	16%

構成比を求めた表を利用すれば、データラベルに割合を表示できる

Before

野菜	好き	やや好き	やや嫌い	嫌い
ニンジン	128	194	97	81
ピーマン	115	184	117	84
ナス	89	154	162	95
ゴボウ	76	108	201	115
シイタケ	63	105	182	150

After

野菜	好き	やや好き	やや嫌い	嫌い
ニンジン	26%	39%	19%	16%
ピーマン	23%	37%	23%	17%
ナス	18%	31%	32%	19%
ゴボウ	15%	22%	40%	23%
シイタケ	13%	21%	36%	30%

グラフにパーセンテージのデータラベルを表示するために、構成比の表を作成する

※上記のグラフは、練習用ファイルの[書式設定後]シートに用意されています。

188 できる

1 構成比を計算する

表に入力されているデータを利用して、別の表に構成比を求める

❶セルB11をクリックして選択　❷「=B4/$E$2」と入力　❸Enterキーを押す

2 表示形式を変更する

セルの表示形式を変更して数値をパーセンテージで表示する

❶セルB11をクリック　❷[ホーム]タブをクリック　❸[パーセントスタイル]をクリック

「=B4/$E$2」の意味とは

ニンジンを好きと答えた子供の割合は、手順1でセルB11に入力する「=B4/E2」という数式で計算できるはずです。しかし、ここでは「=B4/$E$2」という数式を使用しています。これは、数式をコピーして使い回すためのテクニックです。

「B4」のようなセルの指定方法を「相対参照」と呼びます。数式をすぐ下にコピーすると、数式中の「B4」は自動的に1行分ずれて、「B5」に変わります。それに対して、「$E$2」のように「$」を付けてセルを指定する方法を「絶対参照」と呼びます。数式をどこにコピーしても、絶対参照で指定したセル番号がずれません。

つまり、「=B4/$E$2」をすぐ下のセルにコピーすると、数式は「=B5/$E$2」になり、すぐ右のセルにコピーすると「=C4/$E$2」になります。相対参照のセルB4はコピー先に応じて変わりますが、絶対参照のセルE2の参照先は変わらないままです。絶対参照により、各回答を常にセルE2の全回答者数で割って、正しい割合が求められるのです。

セルE2を「$E$2」と指定することで、常にセルE2が参照されるようになる

野菜	好き	やや好き	やや嫌い	嫌い
ニンジン	=B4/$E$2	=C4/$E$2	19%	16%
ピーマン	=B5/$E$2	=C5/$E$2	23%	17%
ナス		18%	31%	32%	19%
ゴボウ	15%	22%	40%	23%
シイタケ	13%	21%	36%	30%

次のページに続く

③ 構成比を求める数式をコピーする

セルB11の数式をセルB15までコピーする

❶セルB11のフィルハンドルにマウスポインターを合わせる

❷セルB15までドラッグ

セルB11～B15の数式をセルC11～E15までコピーする

❸セルB15のフィルハンドルにマウスポインターを合わせる

❹セルE15までドラッグ

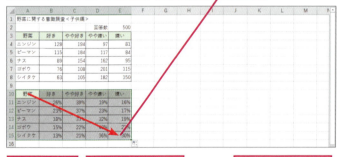

④ 構成比から100%積み上げ横棒グラフを作成する

セルC11～E15に構成比を求める数式がコピーされた

❶セルA10～E15をドラッグして選択

❷[挿入]タブをクリック

❸[縦棒/横棒グラフの挿入]をクリック

❹[100%積み上げ横棒]をクリック

「フィルハンドル」って何?

セルを選択すると、セルの右下隅に小さい四角形のマーク(■)が表示されます。これを「フィルハンドル」と呼びます。フィルハンドルをドラッグすると、隣接するセルに数式をコピーできます。

Excel 2013/2010で横棒グラフを挿入するには

Excel 2013では、手順4の操作3～4の代わりに、[横棒グラフの挿入]ボタンをクリックして[100%積み上げ横棒]をクリックします。また、Excel 2010では、[横棒]ボタンをクリックして[100%積み上げ横棒]をクリックします。

●Excel 2013の場合

❶[挿入]タブをクリック

❷[横棒グラフの挿入]をクリック

❸[100%積み上げ横棒]をクリック

●Excel 2010の場合

❶[横棒]をクリック

❷[100%積み上げ横棒]をクリック

間違った場合は?

手順4の操作4で間違って[積み上げ横棒]をクリックしてしまったときは、[グラフツール]の[デザイン]タブにある[グラフの種類の変更]ボタンをクリックし、[横棒]にある[100%積み上げ横棒]を選択し直しましょう。

❺ 要素にデータラベルを表示する

100％積み上げ横棒グラフが作成された	100％積み上げ横棒にデータラベルを追加して、パーセンテージを表示する

❶ [グラフエリア] をクリック
❷ [グラフ要素] をクリック
❸ [データラベル] をクリックしてチェックマークを付ける

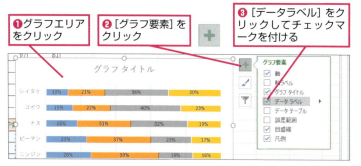

HINT! Excel 2010で要素にデータラベルを表示するには

Excel 2010では、手順5の操作の代わりに、[グラフツール] の [レイアウト] タブからデータラベルを追加します。

❶ グラフエリアをクリック
❷ [グラフツール] の [レイアウト] タブをクリック

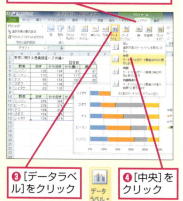

❸ [データラベル] をクリック
❹ [中央] をクリック

100％積み上げ横棒グラフに各項目の構成比が表示される

❻ 要素にデータラベルが表示された

100％積み上げ横棒グラフに各項目の構成比が表示された	必要に応じてグラフの位置や書式を変更しておく

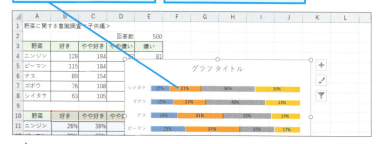

テクニック 棒の一部に系列名を表示できる

一部の棒に系列名を表示すれば、グラフの棒と凡例を見比べる手間を減らせます。それには、系列名を表示する4つのラベルそれぞれに対して次の操作を行います。

❶ [やや好き] のデータラベルを2回クリックして選択

❷ 要素を右クリック
❸ [データラベルの書式設定] をクリック

❹ [系列名] をクリックしてチェックマークを付ける
❺ [区切り文字] のここをクリックして [(改行)] を選択
❻ [閉じる] をクリック

Excel 2010では [データラベルの書式設定] ダイアログボックスの [ラベルオプション] をクリックして操作する

選択したデータラベルだけに系列名が表示される

同様にほかの要素にも系列名を表示しておく

48 パーセントスタイル

レッスン 49

上下対称グラフを作成するには

上下対称グラフ

対応バージョン 2016 2013 2010

レッスンで使う練習用ファイル
上下対称グラフ.xlsx

上下に並べれば売り上げと経費が一目瞭然

「売り上げ」と「経費」や「収入」と「支出」のように正反対の意味を持つ2種類の数値は、上下対称のグラフで表すと正負の関係を強調できます。例えば下の [Before] の表には、売り上げと経費のデータが入力されています。この表から下のグラフのように、売り上げの棒を青色で上方向に、経費の棒を赤色で下方向に伸ばすグラフを作れば、同じ月の売り上げと経費を対比させやすくなります。[Before] の表を元に上下対称グラフを作成するのは非常に困難ですが、経費を負数に変換すると、驚くほど簡単に上下対称グラフを作成できます。

まず、[Before] の表を [After] の表のように修正し、正と負の数値が混じった表から積み上げ縦棒グラフを作成しましょう。すると、正数の棒は上、負数の棒は下に伸びて自動的に上下対称グラフの体裁になります。後は目盛に振られた負数を正数に見えるよう設定すれば完成です。

関連レッスン

▶レッスン63
左右対称の半ドーナツグラフを
作成するには ······················ p.254

キーワード

軸ラベル	p.371
縦（値）軸	p.372
表示形式	p.373
表示形式コード	p.373
横（項目）軸	p.375

棒グラフで割合の変化を比較しよう

実践編 第6章

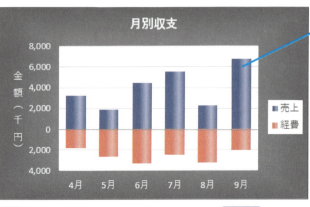

売り上げに対して経費がどれくらいかかっているかを上下対称で比較できる

Before

	A	B	C	D
1	月別収支			
2			（千円）	
3	月	売上	経費	
4	4月	3,254	1,855	
5	5月	1,874	2,674	
6	6月	4,428	3,304	
7	7月	5,517	2,471	
8	8月	2,257	3,247	
9	9月	6,784	2,017	

After

	A	B	C	D
1	月別収支			
2			（千円）	
3	月	売上	経費	経費
4	4月	3,254	1,855	-1,855
5	5月	1,874	2,674	-2,674
6	6月	4,428	3,304	-3,304
7	7月	5,517	2,471	-2,471
8	8月	2,257	3,247	-3,247
9	9月	6,784	2,017	-2,017

売り上げと経費を比較するために、経費のデータを負数で入力する

※上記のグラフは、練習用ファイルの [書式設定後] シートに用意されています。

1 経費データをマイナスで表示する

C列の経費データをマイナス表示にする数式を入力する

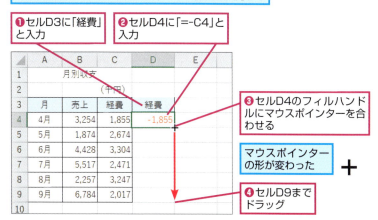

2 売り上げと経費を比較した積み上げ縦棒グラフを作成する

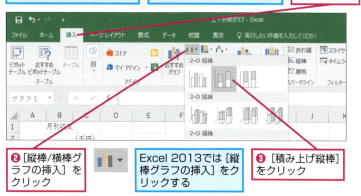

3 [軸の書式設定] 作業ウィンドウを表示する

縦(値)軸の表示形式を正数表示に変更する

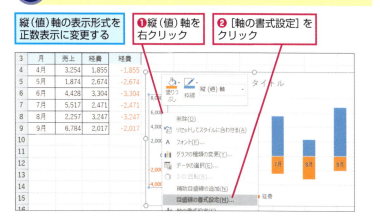

HINT! 元表の経費自体を負数に変更するには

手順1ではD列に正負を反転させた経費を入力していますが、[形式を選択して貼り付け]の機能を使うと、元表の経費自体を簡単に負数にできます。

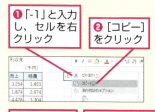

❶「-1」と入力し、セルを右クリック　❷[コピー]をクリック

❸経費のセル範囲を選択　❹選択したセル範囲を右クリック

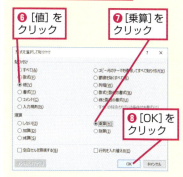

❺[形式を選択して貼り付け]をクリック
❻[値]をクリック
❼[乗算]をクリック
❽[OK]をクリック

経費が負数に変わる　　手順1で入力した「-1」を削除しておく

HINT! D列を非表示にしたいときは

D列を非表示にすると、グラフから経費の棒が消えてしまいます。その場合、レッスン㉛を参考に、非表示のデータをグラフに表示するように設定しましょう。

次のページに続く

縦（値）軸の表示形式を変更する

縦（値）軸の「-2,000」を「2,000」、「-4,000」を「4,000」と表示されるように、表示形式を変更する

❶ここを下にドラッグしてスクロール

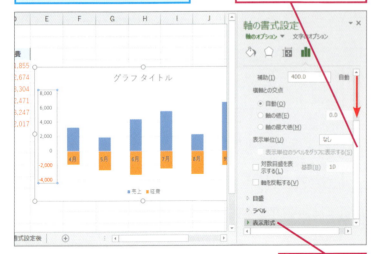

❷［表示形式］をクリック

表示形式コードを追加する

「+」や「-」の符号を付けずに3けた区切りで数値が表示されるようになる

❸ここを下にドラッグしてスクロール

❹［表示形式コード］に「#,##0;#,##0」と入力

❺［追加］をクリック

HINT! Excel 2010で数値軸の表示形式を設定するには

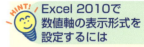

Excel 2010の場合、手順4の代わりに以下の手順で表示形式を設定します。

❶［表示形式］をクリック

❷「#,##0;#,##0」と入力

❸［追加］をクリック

❹［閉じる］をクリック

HINT! 「#,##0;#,##0」の意味とは

数値の表示形式は、「正数と0の表示形式;負数の表示形式」のように、正負に分けて指定できます。「#,##0;#,##0」と設定すると、正数と負数に「+」「-」の符号を付けずに、3けた区切りで表示できます。

⚠ 間違った場合は？

手順4で間違った表示形式コードを追加してしまった場合は、［表示形式コード］に正しく入力し直し、再度［追加］ボタンをクリックします。間違って追加した表示形式コードは、ブックを閉じるときに消去されます。

⑤ 横（項目）軸の位置を表示する

❶ 横（項目）軸をクリック

横（項目）軸の項目名が下端に表示されるように設定する

❷ ［ラベル］をクリック

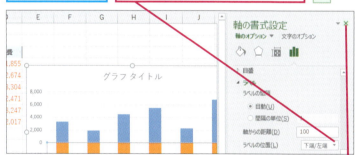

ラベルの設定項目が表示された

❸ ［ラベルの位置］のここをクリックして［下端/左端］を選択

❹ ［閉じる］をクリック

⑥ 横（項目）軸の項目名が下端に表示された

項目名が下端に表示され、上下対称グラフが見やすくなった

必要に応じてグラフの位置や書式を変更しておく

HINT! Excel 2010で横（項目）軸の項目名を下端に移動するには

Excel 2010では、手順5の代わりに以下の手順で横（項目）軸の項目名をグラフの下端に移動します。

❶ 横（項目）軸を右クリック　❷ ［軸の書式設定］をクリック

❸ ［軸ラベル］のここをクリックして［下端/左端］を選択

❹ ［閉じる］をクリック

HINT! 凡例を右に配置する場合は系列の順序を入れ替えよう

凡例を下に配置する場合は凡例が［売上］［経費］の順に並びますが、右に移動すると［経費］［売上］の順に並び、棒の並び方と逆になります。凡例の並び方を棒にそろえるには、レッスン㊺を参考に［経費］と［売上］の系列の順序を入れ替えましょう。

凡例を右に移動すると系列の順番が逆になる

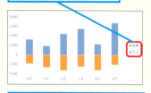

凡例の順番を並び替えるとグラフが見やすくなる

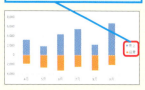

---

49 上下対称グラフ

できる | 195

この章のまとめ

●積み上げ棒グラフのテクニックを活用しよう！

積み上げ棒グラフは、各系列のデータを同じ項目ごとに一直線上に並べて表示するグラフです。そのうち、積み上げ縦棒グラフと積み上げ横棒グラフは、棒のサイズで数量を表します。項目ごとの合計値とその内訳に注目したいときに使用しましょう。標準の機能にはない合計値の表示も、この章で紹介した手順を踏めば、分かりやすく表示できます。
100％積み上げ縦棒グラフと100％積み上げ横棒グラフは、棒のサイズで構成比を表します。項目ごとの構成比を比べたいときに使用するといいでしょう。グラフに構成比のパーセンテージを表示する機能はありませんが、構成比を計算してからグラフを作成すれば、簡単に表示できます。

このほかにも、積み上げの順序を変更したり、収支を上下対称のグラフで表したりするなど、グラフにひと手間加えることで、グラフの完成度や分かりやすさが格段にアップします。積み上げグラフのメリットを存分に発揮するためにも、この章で紹介した数々のテクニックをぜひ活用してください。

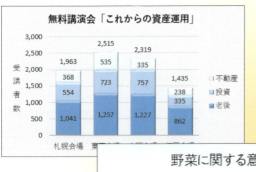

合計値や構成比などで積み上げ棒グラフの説得力がアップする

合計値や構成比を表示したり、上下対称にしたりすることで、積み上げ棒グラフの良さが生きる

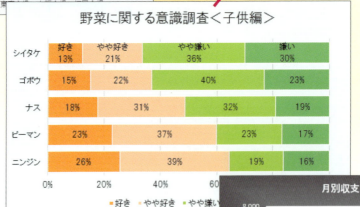

練習問題

1

[Before］シートの積み上げ縦棒グラフの積み上げの順序を変更して、「用紙・トナー」を「リース料」の上に配置しましょう。

● ヒント　［データソースの選択］ダイアログボックスで積み上げの順序を変更します。

練習用ファイル
練習問題6.xlsx

2

練習問題1で作成したグラフに、区分線を追加しましょう。

● ヒント　リボンのボタンを使用して区分線を追加します。

解答

1

積み上げ縦棒グラフの系列の順序を変更する

❶グラフエリアを右クリック
❷[データの選択]をクリック

❸[用紙・トナー]をクリック
❹[下へ移動]をクリック

[データソースの選択]ダイアログボックスを表示して、系列の順序を入れ替えます。

[用紙・トナー]の系列が下に移動した
❺[OK]をクリック

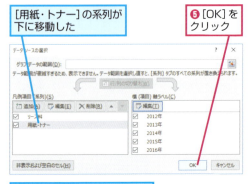

積み上げ縦棒グラフの系列の順序が変更された

2

積み上げ縦棒グラフに区分線を追加する

●Excel 2016/2013の場合

❶グラフエリアをクリック
❷[グラフツール]の[デザイン]タブをクリック

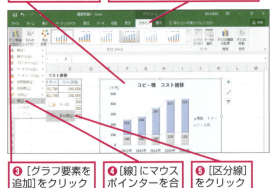

❸[グラフ要素を追加]をクリック
❹[線]にマウスポインターを合わせる
❺[区分線]をクリック

Excel 2016/2013では[グラフツール]-[デザイン]タブにある[グラフ要素を追加]ボタンから、Excel 2010では[グラフツール]-[レイアウト]タブにある[線]ボタンから区分線を挿入します。

●Excel 2010の場合

❶グラフエリアをクリック
❷[グラフツール]の[レイアウト]タブをクリック
❸[線]をクリック

❹[区分線]をクリック

第7章

折れ線グラフで変化や推移を表そう

折れ線グラフはデータを線で結んで、連続的な値の変化を表すのに効果的なグラフです。データの変化や推移を時系列で調べたいときに活躍します。この章では、折れ線グラフを効果的に使うワザと見やすくするテクニックを紹介します。

●この章の内容

- ㊿ 折れ線全体の書式や一部の書式を変更するには ……………………… 200
- 51 縦の目盛り線をマーカーと重なるように表示するには ……………………… 204
- 52 折れ線の途切れを線で結ぶには ……………… 208
- 53 計算結果のエラーを無視して前後の点を結ぶには ……………………… 210
- 54 特定の期間だけ背景を塗り分けるには ………… 212
- 55 採算ラインで背景を塗り分けるには ………… 218
- 56 面グラフを見やすく表示するには ……………… 224

レッスン 50

折れ線全体の書式や一部の書式を変更するには

図形の塗りつぶしと枠線

対応バージョン 2016 / 2013 / 2010

レッスンで使う練習用ファイル
図形の書式設定.xlsx

折れ線の線種を変えて売り上げ予測を目立たせる

折れ線グラフの見栄えを整えたり、データを分かりやすく表示したりするには、書式の設定が不可欠です。このレッスンでは、折れ線全体の色の変更と、折れ線の一部の線種変更を例に、折れ線の書式設定について説明します。

マーカー付き折れ線の場合、書式設定のポイントは枠線と塗りつぶしの両方を設定することです。枠線の設定は、折れ線の線とマーカーの線が対象になります。塗りつぶしの設定は、マーカーが対象になります。

折れ線の一部に、ほかとは異なる色や線種を設定するときは、要素の選択が書式設定のカギとなります。ここでは [After] のグラフのように、2016年の部分だけ折れ線の線種を点線に変えて、この部分が予測データであることを分かりやすくします。

関連レッスン

▶レッスン 9
グラフのデザインをまとめて
設定するには ………………… p.48

▶レッスン 51
縦の目盛り線をマーカーと
重なるように表示するには
………………………………… p.204

キーワード

系列	p.370
データ要素	p.373
マーカー	p.374

マーカーの色を変更する

折れ線の色を変更する

年度ごとの売り上げ実績と予測が折れ線グラフで表示されている

折れ線の一部を点線に変更すれば、2016年度が予測データであることを表せる

折れ線グラフで変化や推移を表そう　実践編　第7章

1 系列を選択する

折れ線の[売上]の系列を選択する　折れ線をクリック

2 折れ線の色を変更する

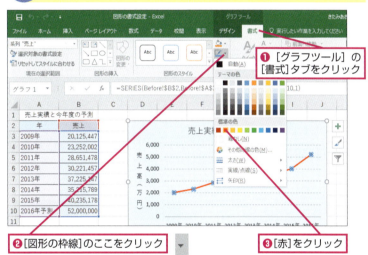

❶[グラフツール]の[書式]タブをクリック
❷[図形の枠線]のここをクリック
❸[赤]をクリック

3 マーカーの色を変更する

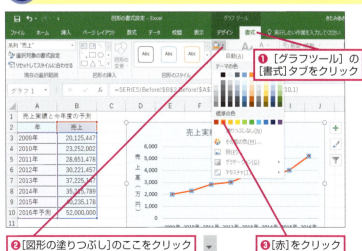

❶[グラフツール]の[書式]タブをクリック
❷[図形の塗りつぶし]のここをクリック
❸[赤]をクリック

HINT! クリックの回数で選択されるグラフ要素が変わる

折れ線をクリックすると、系列全体が選択されます。マーカーの書式を変更するには、該当するマーカーのみをクリックしてハンドルが表示された状態にします。マーカーを1つ選択すると、マーカーの左にある線も同時に選択されます。

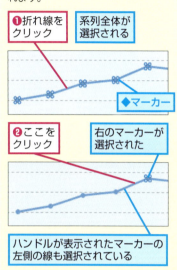

❶折れ線をクリック → 系列全体が選択される
❷ここをクリック → 右のマーカーが選択された
ハンドルが表示されたマーカーの左側の線も選択されている

HINT! 線とマーカーでそれぞれ書式を設定できる

折れ線グラフには、マーカーとマーカーを結ぶ線（図の緑の線）とマーカーを囲む線（図の赤い線）の2種類の線があります。手順2の操作では、この2種類の線が[赤]に設定されます。また、手順3の操作では、マーカーの内側が[赤]で塗りつぶされます。

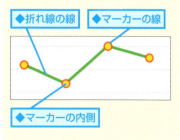

◆折れ線の線　◆マーカーの線
◆マーカーの内側

次のページに続く

50 図形の塗りつぶしと枠線

できる 201

❹ データ要素を選択する

一番右の［2016年予測］のデータ要素を選択して線種を変更する

一番右の折れ線をクリック

HINT! 折れ線とマーカーで個別に書式を設定する

手順5では、［図形の枠線］から線種を選択して折れ線の書式を変更しました。この方法だと、折れ線の線だけでなくマーカーの線も点線になります。このレッスンのサンプルでは、マーカーの枠が細いので点線にしても目立たず、差し支えありません。
同様の操作で、折れ線に矢印を付けることもできます。上昇や下降、横ばいなど、数値の傾向を視覚的に表せます。

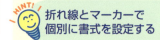

❶折れ線のここを2回クリック　❷［グラフツール］の［書式］タブをクリック

❸［図形の枠線］のここをクリック

❺ 線種を変更する

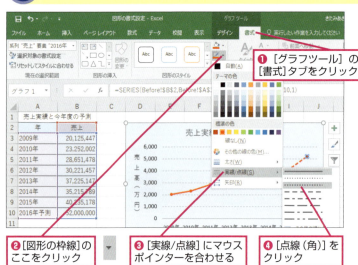

❶［グラフツール］の［書式］タブをクリック

❷［図形の枠線］のここをクリック

❸［実線/点線］にマウスポインターを合わせる

❹［点線（角）］をクリック

❹［矢印］にマウスポインターを合わせる　❺［矢印スタイル5］をクリック

❻グラフエリアをクリック

❻ 線種が変更された

一番右の折れ線が［点線（角）］に変更された

マーカーの線も点線に変わっている

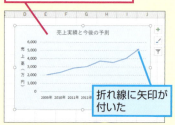

折れ線に矢印が付いた

テクニック　マーカーの図形やサイズを変更できる

折れ線グラフのマーカーの設定を変更するには、[データ系列の書式設定]作業ウィンドウ（Excel 2010の場合は、[データ系列の書式設定]ダイアログボックス）の[マーカーのオプション]を使用します。マーカーの図形を三角形やひし形に変えたり、サイズを変更したりすることができます。

Excel 2016/2013の場合

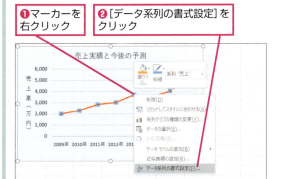

❶マーカーを右クリック
❷[データ系列の書式設定]をクリック

マーカーを選択しにくいときは、71ページのHINT!を参考に[系列"売上"]のグラフ要素を選択して、[選択対象の書式設定]をクリックする

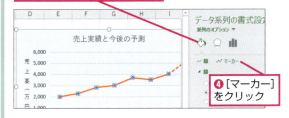

❸[塗りつぶしと線]をクリック
❹[マーカー]をクリック

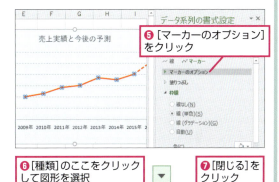

❺[マーカーのオプション]をクリック
❻[種類]のここをクリックして図形を選択
❼[閉じる]をクリック

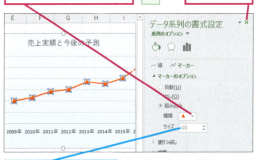

[サイズ]でマーカーのサイズを設定できる

Excel 2010の場合

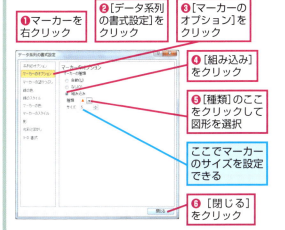

❶マーカーを右クリック
❷[データ系列の書式設定]をクリック
❸[マーカーのオプション]をクリック
❹[組み込み]をクリック
❺[種類]のここをクリックして図形を選択
ここでマーカーのサイズを設定できる
❻[閉じる]をクリック

マーカーの図形が変更された

50　図形の塗りつぶしと枠線

できる　203

レッスン 51

縦の目盛り線をマーカーと重なるように表示するには

横（項目）軸目盛線

対応バージョン 2016 2013 2010
レッスンで使う練習用ファイル
横（項目）軸目盛線.xlsx

折れ線と項目軸との対応を明確にする縦の目盛り線

折れ線グラフは、「上昇傾向」や「下降傾向」など、全体的な傾向を把握するためによく使用されます。しかしグラフによっては、グラフ上の個々のデータがいつのデータなのか、詳細を確認したいことがあります。そのようなグラフには、データと項目の対応を簡単に目で追えるように、縦に目安となる線があると便利です。縦に引く目盛りの線を横（項目）軸目盛線と言います。
グラフに横（項目）軸目盛り線を表示すると、標準の設定では目盛り線がマーカーとマーカーの間に引かれるので、折れ線の山や谷と重ならず、見ためが不自然になります。ここでは下の［After］のグラフのように、横（項目）軸目盛線を表示する方法と、表示した目盛り線をマーカーと重ねるテクニックを紹介します。

関連レッスン

▶レッスン25
目盛りの範囲や
間隔を指定するには ……………… p.104

▶レッスン50
折れ線全体の書式や
一部の書式を変更するには ……… p.200

▶レッスン52
折れ線の途切れを
線で結ぶには …………………… p.208

キーワード

補助目盛線	p.374
マーカー	p.374
目盛線	p.374

Before

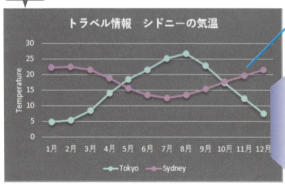

折れ線のマーカーと月の対応が分かりづらい

◆マーカー

↓

After

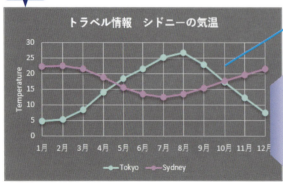
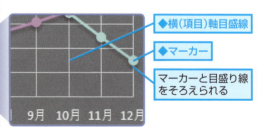

横（項目）軸目盛線を挿入すると、気温と月の関係が読み取りやすい

◆横（項目）軸目盛線
◆マーカー
マーカーと目盛り線をそろえられる

① 目盛り線を追加する

縦に目安となる目盛り線（横（項目）軸目盛線）を表示する

❶横（項目）軸を右クリック

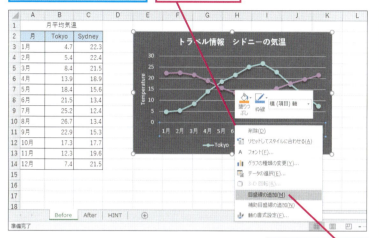

❷[目盛線の追加]をクリック

Excel 2016/2013ではボタンで目盛り線を追加できる

Excel 2016/2013では、グラフを選択すると表示される［グラフ要素］ボタン（＋）でも目盛り線を追加できます。

❶グラフエリアをクリック

❷[グラフ要素]をクリック

❸[目盛線]のここをクリック

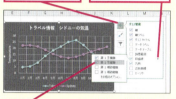

❹[第1主縦軸]をクリックしてチェックマークを付ける

横（項目）軸目盛線が表示される

② [軸の書式設定] 作業ウィンドウを表示する

横（項目）軸目盛線が追加された

◆横（項目）軸目盛線

マーカーと横（項目）軸目盛線が重なっていない

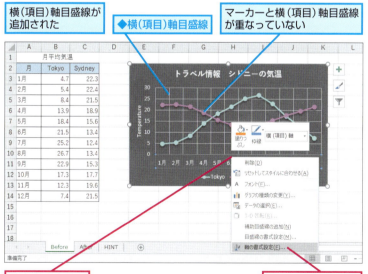

❶横（項目）軸を右クリック

❷[軸の書式設定]をクリック

Excel 2010ではリボンから目盛り線を追加できる

Excel 2010では、[グラフツール]の[レイアウト]タブにある［目盛線］-[主縦軸目盛線］-[目盛線]をクリックしても、目盛り線を表示できます。

❶グラフエリアをクリック

❷[グラフツール]の[レイアウト]タブをクリック

❸[目盛線]をクリック

❹[主縦軸目盛線]にマウスポインターを合わせる

❺[目盛線]をクリック

次のページに続く

❸ 横（項目）軸目盛線とマーカーを合わせる

[軸の書式設定]作業ウィンドウが表示された

[軸位置]の設定を変更する

❶[目盛]をクリック

❷[閉じる]をクリック

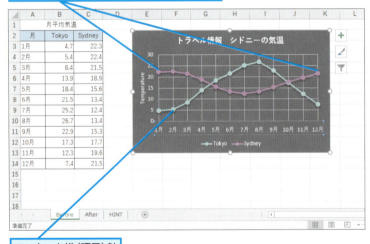

❹ 横（項目）軸目盛線とマーカーの位置がそろった

軸位置が変更され、折れ線の両端がプロットエリアいっぱいに配置された

マーカーと横（項目）軸目盛線が重なった

HINT! [目盛の間]と[目盛]の違いとは

手順3の操作1で設定している[軸位置]の[目盛の間]と[目盛]の違いは以下の通りです。

◆[目盛の間]
目盛り線（横（項目）軸目盛線）がマーカーとマーカーの間を通る

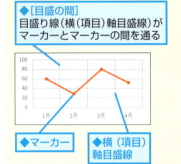

◆マーカー　◆横（項目）軸目盛線

◆[目盛]
目盛り線（横（項目）軸目盛線）がマーカー上を通り、折れ線の両端がプロットエリアの枠いっぱいに広がる

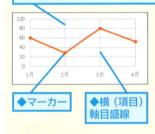

◆マーカー　◆横（項目）軸目盛線

HINT! Excel 2010でマーカーと目盛り線を合わせるには

Excel 2010の場合は、手順3で[軸の書式設定]ダイアログボックスの[軸のオプション]から操作します。

❶[軸のオプション]をクリック　❷[目盛]をクリック

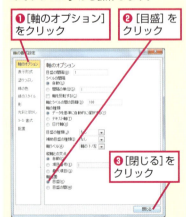

❸[閉じる]をクリック

テクニック 補助目盛り線で折れ線の数値を読み取る

レッスン㉕で目盛りの間隔を狭くする方法を紹介しましたが、狭くし過ぎると目盛りに振られる数値が見づらくなります。目盛り線を細かく入れたいときは、以下の手順で操作して、目盛りと目盛りの間に補助目盛り線を入れましょう。数値は補助目盛り線には振られず、目盛り線の位置だけに表示されます。なお、書式を設定するときに補助目盛り線を選択しづらい場合は、[グラフツール]の[書式]タブにある[グラフ要素]の一覧から[縦（値）軸補助目盛線]を選択しましょう。

補助目盛り線を追加して、数値を読み取りやすくする

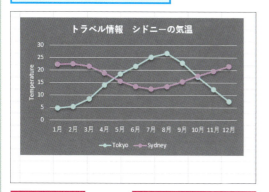

❶ 縦（値）軸を右クリック
❷ [補助目盛線の追加]をクリック

補助目盛り線が表示された
❸ 縦（値）軸を右クリック
❹ [軸の書式設定]をクリック

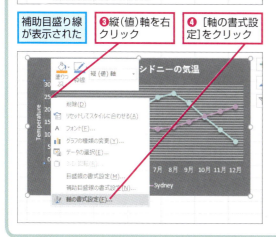

❺ [軸のオプション]をクリック
Excel 2010では[固定]をクリックして数値を入力する

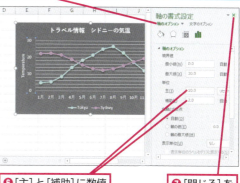

❻ [主]と[補助]に数値を入力
❼ [閉じる]をクリック

Excel 2013では[目盛]と[補助目盛]に数値を入力する

❽ 補助目盛り線をクリック
❾ [グラフツール]の[書式]タブをクリック
❿ [図形の枠線]のここをクリック

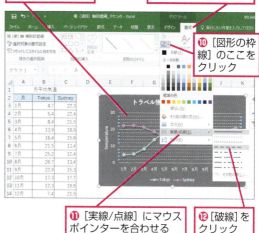

⓫ [実線/点線]にマウスポインターを合わせる
⓬ [破線]をクリック

補助目盛線が追加され、グラフの数値が読み取りやすくなる

51 横（項目）軸目盛線

レッスン 52

折れ線の途切れを線で結ぶには

空白セルの表示方法

対応バージョン: 2016 / 2013 / 2010

レッスンで使う練習用ファイル　空白セルの表示方法.xlsx

元データに抜けがあっても、大丈夫

Excelの標準の設定では、元表に抜けがあると、抜けている部分で折れ線が途切れてしまいます。[Before]の表を見てください。電気代とガス代は月々の経費欄が埋まっていますが、水道代は1カ月置きの支払いなので、偶数月のセルが空白になっています。この表から折れ線グラフを作成すると、[Before]のグラフのように、水道代の奇数月に点が表示されるだけで、線で結ばれません。
折れ線の途切れを解消するには、[データソースの選択]ダイアログボックスを使用します。[データ要素を線で結ぶ]という設定をオンにすれば、[After]のグラフのようにマーカー同士が線で結ばれ、折れ線グラフの体裁が整います。

関連レッスン

▶レッスン51
縦の目盛り線をマーカーと重なるように表示するには ……………………… p.204

▶レッスン53
計算結果のエラーを無視して前後の点を結ぶには ……………… p.210

キーワード

N/A関数	p.368
データソースの選択	p.372

HINT!
「#N/A」で途切れを結ぶ手もある

折れ線の途切れを結ぶもう1つの方法に、「#N/A」（ノーアサイン）を利用する方法があります。「#N/A」とは、未定値を意味するエラー値です。元表のセルに「#N/A」が表示されていると、そのセルを飛ばして、前後のデータが結ばれます。セルに直接「#N/A」か「=NA()」のようにNA関数を入力すると、セルに「#N/A」が表示されます。NA関数については、レッスン㊿でさらに詳しく解説します。

元表に「#N/A」を入力しておくと、折れ線が途切れなくなる

① [データソースの選択]ダイアログボックスを表示する

元表のデータが抜けたために、途切れてしまった折れ線を結ぶ

❶グラフエリアを右クリック

❷[データの選択]をクリック

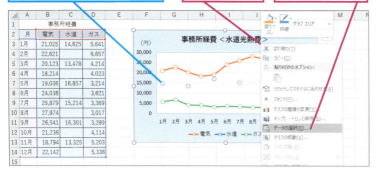

HINT!
未入力のセルを「0」と見なすには

手順2の[データソースの選択]ダイアログボックスで[ゼロ]を選択すると、空白セルを0と見なして折れ線を結べます。新規契約があった日だけ契約数を記録した表から折れ線グラフを作成するような場合に便利です。

[空白セルの表示方法]が[空白]になっていると、空白の個所で折れ線が途切れる

[空白セルの表示方法]を[ゼロ]にすると、0のデータとして折れ線が結ばれる

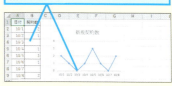

② 途切れている折れ線を結ぶ

❶[非表示および空白のセル]をクリック

❷[データ要素を線で結ぶ]をクリック

❸[OK]をクリック

[OK]をクリックして[データソースの選択]ダイアログボックスを閉じる

途切れていた折れ線が結ばれた

レッスン 53

計算結果のエラーを無視して前後の点を結ぶには

NA関数の利用

対応バージョン 2016 2013 2010

レッスンで使う練習用ファイル
NA関数の利用.xlsx

売り上げがない月をグラフから省ける

四則演算の対象となるセルに文字が入力されていると、計算結果のセルに「#VALUE!」というエラー値が表示されます。そのようなエラー値を含む表から折れ線グラフを作成すると、[Before]のグラフのように、「#VALUE!」が「0」と見なされて、折れ線が極端に落ち込んでしまいます。
「#VALUE!」を無視してグラフを作成したいときは、「#VALUE!」の代わりに「#N/A」が表示されるように、数式を作成しましょう。「#N/A」は「未定値」を表す特殊なエラー値です。折れ線グラフの元表のセルに「#N/A」が表示されていると、そのセルを飛ばして、前後のデータが結ばれます。その結果、[After]のグラフのように折れ線が「0」に落ち込むことはなくなります。

関連レッスン

▶レッスン 52
折れ線の途切れを
線で結ぶには……………… p.208

キーワード

IFERROR関数	p.368
N/A関数	p.368
エラー値	p.369
フィルハンドル	p.373

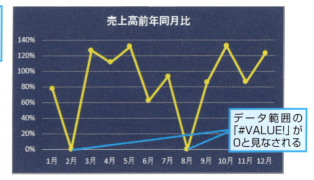

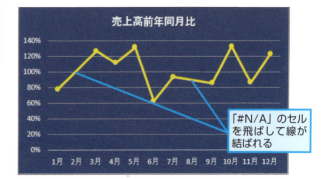

1 数式を削除する

[前年度]と[今年度]列に「改装休業」と入力されているので、[前年比]列に「#VALUE!」が表示されている

セルD3〜D14の数式を削除する

❶ セルD3〜D14をドラッグして選択

❷ [Delete]キーを押す

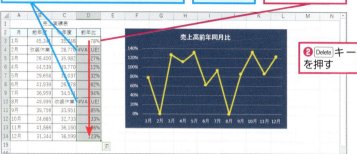

NA関数とは

手順2の数式中のNA関数とは、「=NA()」の書式でエラー値「#N/A」を返す関数です。

エラーの場合に値を表示する関数を利用する

手順2でセルD3に入力したIFERROR関数の書式は、「=IFERROR(値, エラーの場合の値)」で、引数[値]に指定した式がエラーになる場合、エラー値の代わりに[エラーの場合の値]を表示します。ここでは引数[値]に「C3/B3」を指定し、[エラーの場合の値]に「NA()」を指定しました。「C3/B3」は、もともとセルD3に入力されていた数式です。これにより、「C3/B3」がエラーにならない場合は「C3/B3」の結果が表示され、エラーになる場合は「#N/A」が表示されます。

2 新しい数式を入力する

「#VALUE!」の代わりに「#N/A」を表示する

❶ セルD3に「=IFERROR(C3/B3,NA())」と入力

❷ [Enter]キーを押す

ほかのセルに新しい数式をコピーする

❸ セルD3のフィルハンドルにマウスポインターを合わせる

マウスポインターの形が変わった

❹ セルD14までドラッグ

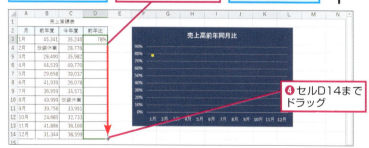

印刷時にエラー値の「#N/A」を隠すには

表を印刷するときに、「#N/A」が表示されると体裁がよくありません。「#N/A」の代わりに空白や「--」を印刷するように設定しましょう。

❶ [ページレイアウト]タブをクリック

❷ [ページ設定]をクリック

❸ [シート]タブをクリック

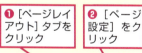

❹ ここをクリックして[--]を選択

❺ [OK]をクリック

3 エラーを無視して前後の線が結ばれた

「#N/A」のセルを飛ばして、前後の線が結ばれた

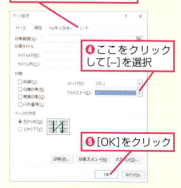

レッスン 54

特定の期間だけ背景を塗り分けるには

縦棒グラフの利用

対応バージョン 2016 / 2013 / 2010

レッスンで使う練習用ファイル
縦棒グラフの利用.xlsx

折れ線で背景の一部を目立たせれば、グラフの状況がさらに伝わる!

折れ線グラフは、時系列のデータを扱うことが多いグラフです。特定の期間だけプロットエリアの色を塗り分けて、その期間にあったイベントや出来事を書き込むと、データの背後にある状況を分かりやすく伝えられます。このレッスンでは、下の[After]のグラフのようにセール期間にだけ色を塗ります。これにより、特定の期間に来客数が増加した理由がひと目で分かります。

特定の期間に色を付けるには、縦棒グラフのプロットエリアを縦に区切るテクニックを使います。セール期間にだけ縦棒をすき間なく表示して、折れ線グラフの背景を塗りつぶします。縦棒グラフは背景としてプロットエリアになじむように、控えめな書式を設定しましょう。

関連レッスン

▶レッスン31
非表示の行や列のデータが
グラフから消えないようにするには
………………………………… p.124

▶レッスン37
棒を太くするには …………… p.146

▶レッスン55
採算ラインで背景を
塗り分けるには ……………… p.218

キーワード

縦(値)軸	p.372
データ範囲	p.373
プロットエリア	p.374

来客数が多い3月19日から3月21日の期間を目立たせたい

来客数が多い3日間が「セール期間」ということがひと目で分かる

1 新しいデータを入力する

[セール期間]の系列を追加するので、C列にデータを入力する

❶ セルC2に「セール期間」と入力

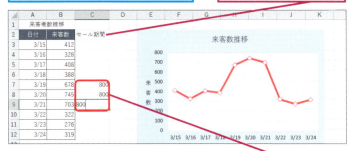

3月19日から3月21日のグラフを追加するので、セルC7～C9に「800」を入力する

❷ セルC7～C9に「800」と入力

HINT! どうして「800」と入力するの？

このレッスンで開く練習用ファイルでは、グラフの縦（値）軸の最大値が「800」になっています。セール期間の3日間についてプロットエリアの上端まで塗りつぶすために、手順1では、セルC7～C9に軸の最大値である「800」を入力します。
また、塗りつぶした背景に「セール期間」の文字を表示するため、セルC2に棒グラフの系列名として「セール期間」と入力します。

54 縦棒グラフの利用

2 グラフのデータ範囲を変更する

❶ グラフエリアをクリック
❷ ここにマウスポインターを合わせる

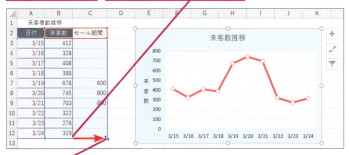

❸ ここまでドラッグ

HINT! 折れ線の書式に注意しよう

手順4で[セール期間]の系列を棒グラフに変更しますが、あらかじめ折れ線グラフに[グラフスタイル]を設定していると、設定したスタイルによっては、棒に枠線が表示されたり、棒が立体的に表示されたりすることがあります。棒グラフを背景のように見せるには、棒からそれらの書式を解除しましょう。また、棒には凝った書式を設定しないようにしましょう。

棒グラフに余計な書式を設定すると、背景らしく見えなくなる

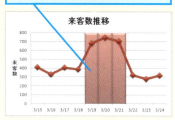

3 [グラフの種類の変更]作業ウィンドウを表示する

グラフに追加された[セール期間]の系列のグラフの種類を変更する

❶ [セール期間]の系列を右クリック

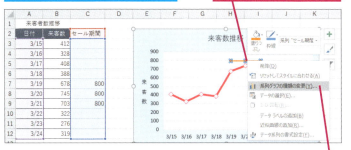

❷ [系列グラフの種類の変更]をクリック

次のページに続く

できる | 213

[セール期間]の系列のグラフの種類を変更する

[グラフの種類の変更]ダイアログボックスが表示された

❶[セール期間]のここをクリックして[集合縦棒]を選択

❷[OK]をクリック

 **Excel 2010でグラフの種類を変更するには**

Excel 2010の場合、手順3の操作2の後に[グラフの種類の変更]ダイアログボックスで[セール期間]の系列のグラフの種類を変更します。

❶[縦棒]をクリック　❷[集合縦棒]をクリック

❸[OK]をクリック

 集合縦棒は折れ線の背面に表示される

手順2で追加した[セール期間]の系列を集合縦棒に変更すると、折れ線の背面に棒グラフが表示されます。縦棒と折れ線の複合グラフでは、必ず折れ線が縦棒の手前に表示される仕組みになっています。

複合グラフでは折れ線グラフが手前に表示される

 [データ系列の書式設定]作業ウィンドウを表示する

[セール期間]の系列が集合縦棒に変更された

レッスン㊲と同様に、要素の間隔を狭くして棒グラフを太くする

❶[セール期間]の系列を右クリック

❷[データ系列の書式設定]をクリック

どうして集合縦棒を半透明にするの？

手順6の操作6では、[セール期間]の系列の縦棒の背景を半透明にします。半透明にすると、縦棒の背面にある目盛り線を薄く表示できるからです。

6 ［セール期間］の系列の書式を変更する

［データ系列の書式設定］作業ウィンドウが表示された

❶ ［要素の間隔］に「0」と入力

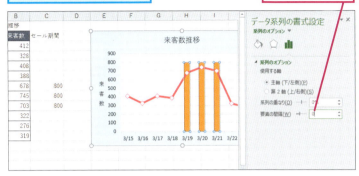

［塗りつぶし］の設定項目を表示する

❷ ［塗りつぶしと線］をクリック

❸ ［塗りつぶし］をクリック

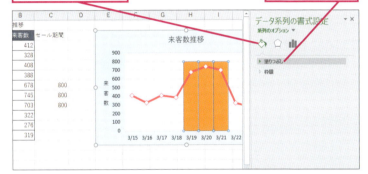

❹ ［塗りつぶし（単色）］をクリック

❺ ［塗りつぶしの色］をクリックして［ゴールド、アクセント4］を選択

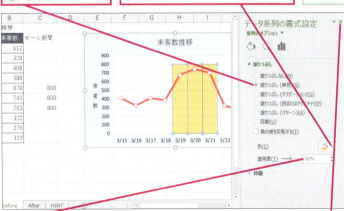

❻ ［透明度］に「50」と入力

❼ ［閉じる］をクリック

HINT! Excel 2010で書式を変更するには

Excel 2010の場合、［データ系列の書式設定］ダイアログボックスの［系列のオプション］と［塗りつぶし］で、手順6の書式を設定します。

❶ 手順5と同様の操作を実行

❷ ［系列のオプション］をクリック

❸ 「0」と入力

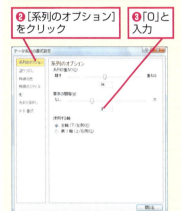

［セール期間］の系列の棒の色と透明度を変更する

❹ ［塗りつぶし］をクリック

❺ ［塗りつぶし（単色）］をクリック

❻ ［色］をクリックして［オレンジ、アクセント2］を選択

❼ 「50」と入力

❽ ［閉じる］をクリック

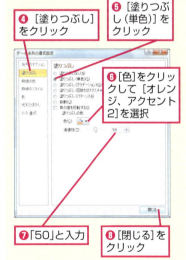

次のページに続く

[軸の書式設定] ダイアログボックスを表示する

自動で変更された縦(値)軸の最大値を「800」に設定する

❶縦(値)軸を右クリック
❷[軸の書式設定]をクリック

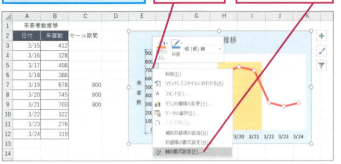

 縦(値)軸の最大値を「800」に設定する

❶[最大値]をクリックして「800」と入力
❷[閉じる]をクリック

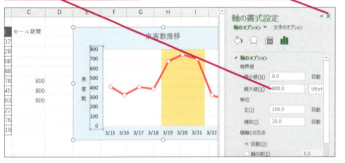

[セール期間]の系列にデータラベルを追加する

[セール期間]の系列の真ん中の棒の上に、データラベルを表示する

❶[セール期間]の系列の真ん中を2回クリックして選択
❷[セール期間]の系列の真ん中のデータ要素を右クリック
❸[データラベルの追加]をクリック

 どうして縦(値)軸の最大値を変更するの？

縦(値)軸の最大値の既定値は[自動]です。そのため追加した系列の値が「800」だと、軸の最大値が「800」より大きい値に自動的に変わります。これでは棒グラフでプロットエリアの上端まで塗りつぶせないので、手順8で最大値を「800」に戻します。

 Excel 2010で最大値を変更するには

Excel 2010の場合、[軸の書式設定]ダイアログボックスの[軸のオプション]で最大値を変更します。

❶手順7と同様の操作を実行

❷[軸のオプション]をクリック
❸[最大値]の[固定]をクリック

❹「800」と入力

❺[閉じる]をクリック

 真ん中のデータ要素だけを選択しておく

手順9では真ん中の棒をゆっくり2回クリックします。真ん中の棒の四隅にハンドルが表示されたことを確認してください。手順10は、真ん中のデータ要素のみが選択された状態で操作します。選択を解除してしまった場合は、もう一度真ん中の棒をゆっくり2回クリックして、選択し直してから、手順10の操作を行います。

⑩ [データラベルの書式設定] 作業ウィンドウを表示する

データラベルが追加された

❶ [セール期間]の系列の真ん中のデータ要素を右クリック

❷ [データラベルの書式設定]をクリック

⑪ データラベルの値を系列名に変更する

追加されたデータラベルの「800」の値を系列名に変更して、中央に配置する

❶ [系列名]をクリックしてチェックマークを付ける

❷ [値]をクリックしてチェックマークをはずす

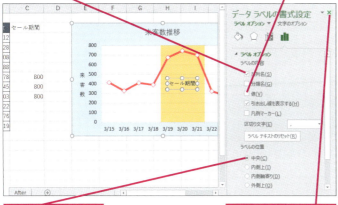

❸ [中央]をクリック

❹ [閉じる]をクリック

⑫ データラベルに系列名が表示された

[セール期間]の系列名が中央に表示された

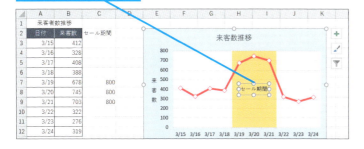

💡 Excel 2010で系列名を表示するには

Excel 2010で手順10の操作を行うと、[データラベルの書式設定]ダイアログボックスが表示されます。以下のように設定すると、データラベルに「セール期間」と表示できます。

❶ [ラベルオプション]をクリック

❷ [値]をクリックしてチェックマークをはずす

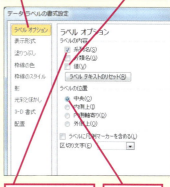

❸ [系列名]をクリックしてチェックマークを付ける

❹ [中央]をクリック

❺ [閉じる]をクリック

💡 C列を非表示にしたいときは

C列を非表示にすると、背景の塗り分けが消えてしまいます。その場合、レッスン㉛を参考に、非表示のデータをグラフに表示する設定を行います。

⚠ 間違った場合は?

手順9で、操作1を忘れていきなり操作2から実行すると、すべての棒にデータラベルが表示されてしまいます。その場合は、クイックアクセスツールバーの[元に戻す]ボタン()をクリックしていったんデータラベルを削除し、操作1からやり直しましょう。

レッスン 55

採算ラインで背景を塗り分けるには

積み上げ面グラフの利用

対応バージョン 2016 2013 2010

レッスンで使う練習用ファイル
積み上げ面グラフ.xlsx

来場者数の推移と採算ラインがひと目で分かるすご技グラフ！

レッスン㊵では、縦棒グラフを利用して、セールで来客者数が増加した期間の背景を塗り分けました。下のグラフのように、「期間」ではなく「特定の値」を基準に背景を塗り分けるときは、プロットエリアを横に区切る必要があります。プロットエリアを横に区切るには、積み上げ面グラフを利用しましょう。

このレッスンでは、下のグラフのように、来場者数の推移を表す折れ線グラフの背景を塗り分けます。採算ラインの「55,000」を基準に上下を塗り分け、基準より上の月は黒字、下の月は採算割れであることを分かりやすく示します。

以上を実現するワザとして、「来場者数」「採算割れ」「黒字」の3系列から新規に積み上げ面グラフと折れ線グラフの複合グラフを作成します。

関連レッスン

▶レッスン31
非表示の行や列のデータが
グラフから消えないようにするには
.... p.124

▶レッスン54
特定の期間だけ背景を
塗り分けるには p.212

キーワード

系列	p.370
縦（値）軸	p.372
データラベル	p.373
複合グラフ	p.373
プロットエリア	p.374
横（項目軸）	p.375

折れ線グラフで変化や推移を表そう

実践編 第7章

積み上げ面グラフを利用すれば、採算ラインを表現できる

※上記の[After]のグラフは、練習用ファイルの[書式設定後]シートに用意されています。

折れ線と積み上げ面グラフの複合グラフを作成する

 Excel 2016/2013の場合

❶ 新しいデータを入力する

C列に「採算割れ」、D列に「黒字」のデータを入力する

❶C列に系列名と「採算割れ」のデータを入力

❷D列に系列名と「黒字」のデータを入力

セルC3～D8まで[ホーム]タブ-[桁区切りスタイル]をクリックしてけた区切りを設定しておく

❷ 積み上げ面グラフを作成する

月ごとの来場者数と、それに対する採算割れ、黒字のデータから面グラフを作成する

❶セルA2～D8をドラッグして選択

❷[挿入]タブをクリック

❸[複合グラフの挿入]をクリック

❹[ユーザー設定の複合グラフを作成する]をクリック

来場者数をマーカー付き積み上げ折れ線に、採算割れと黒字を積み上げ面にそれぞれ設定する

❺[来場者数]のここをクリックして[マーカー付き折れ線]を選択

❻[採算割れ]のここをクリックして[積み上げ面]を選択

❼[黒字]のここをクリックして[積み上げ面]を選択

❽[OK]をクリック

続けて221ページの手順3の操作を行う

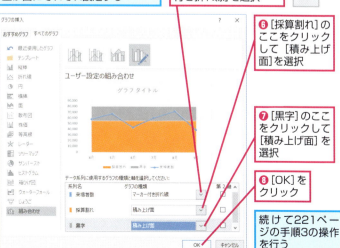

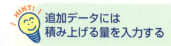

💡 HINT! 追加データには積み上げる量を入力する

手順1では、背景を塗り分けるための仮のデータをC列とD列に入力しています。仮のデータには、積み上げる量を指定します。このレッスンの例では、[採算割れ]の系列を0から55,000で積み上げたいので「55,000」と入力します。また、[黒字]の系列は55,000から80,000まで積み上げたいので、80,000と55,000の差である「25,000」を入力します。

💡 HINT! 積み上げ面グラフって何？

積み上げ面グラフとは、1系列目から順にデータを積み上げて各データを結び、それぞれの領域に色を付けるグラフです。各系列の値の変化と、全体量の変化を1つのグラフで表せることが特徴です。
ただし、系列の値の変化が激しいと、その上に重ねられる系列の変化が分かりづらくなります。積み上げ面グラフを作るときは、比較的変化量が少ない系列を下に配置するといいでしょう。

変化の大きい系列を下にすると、上の系列の変化が見づらい

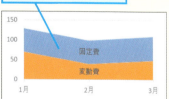

変化が小さい系列を下にすれば、上の系列の変化が見やすくなる

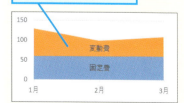

次のページに続く

Excel 2010の場合

1 積み上げ面グラフを作成する

Excel 2016/2013の場合の手順1と同様の操作をしておく

月ごとの来場者数と、それに対する採算割れ、黒字のデータから面グラフを作成する

❶ セルA2～D8をドラッグして選択

❷ [挿入]タブをクリック

❸ [面]をクリック

❹ [積み上げ面]をクリック

2 グラフの種類を変更する

[来場者数]の系列をマーカー付きの折れ線グラフに変更する

❶ [来場者数]の系列を右クリック

❷ [系列グラフの種類の変更]をクリック

❸ [折れ線]をクリック

❹ [マーカー付き折れ線]をクリック

❺ [OK]をクリック

続けて次ページの手順3の操作を行う

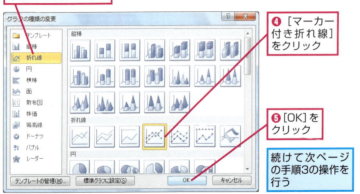

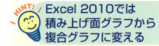

HINT! Excel 2010では積み上げ面グラフから複合グラフに変える

Excel 2010では、リボンに[複合グラフ]のボタンがありません。いったんすべてのデータから積み上げ面グラフを作成しておき、[来場者数]の系列だけを後から折れ線グラフに変更して、複合グラフに作り替えます。

HINT! なぜ折れ線ではなく積み上げ面を作成するの？

最初に折れ線グラフを作成すると、[採算割れ]と[黒字]の2系列でグラフの種類を積み上げ面に変更しなければならず、面倒です。それに対して、最初に積み上げ面グラフを作成すれば、後で[来場者数]の系列1つを折れ線グラフに変更するだけで済みます。

グラフの体裁を整える

❸ 凡例を削除する

複合グラフが作成された

❶凡例をクリック

❷[Delete]キーを押す

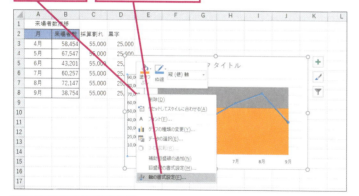

❹ 縦（値）軸の最大値を設定する

縦(値)軸の最大値を「80000」に設定する

❶縦（値）軸を右クリック

❷[軸の書式設定]をクリック

❸[最大値]に「80000」と入力

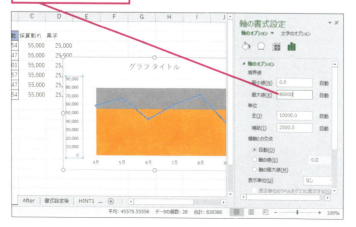

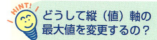
どうして縦（値）軸の最大値を変更するの？

縦（値）軸の最大値の既定値は[自動]です。そのため積み上げた値が「80000」だと、軸の最大値が「80000」より大きい値に自動的に変わります。これではプロットエリアの上端まで塗りつぶせないので、手順4で最大値を「80000」に戻します。

Excel 2010で縦（値）軸の最大値を設定するには

Excel 2010で手順4の操作1～2を行うと、[軸の書式設定]ダイアログボックスが表示されます。以下のように設定すると、縦（値）軸の最大値を設定できます。

❶[軸のオプション]をクリック

❷[最大値]の[固定]をクリックして「80000」と入力

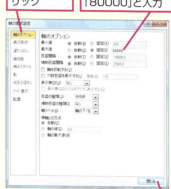

❸[閉じる]をクリック

次のページに続く

221

❺ 横（項目）軸の軸位置を設定する

横(値)軸の軸位置を[目盛]に設定して、グラフが
プロットエリアの左端から始まるようにする

❶横(値)軸をクリック　❷[軸のオプション]をクリック

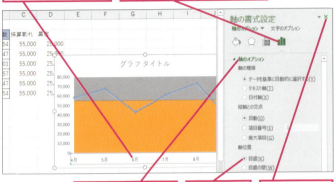

❸[軸のオプション]をクリック　❹[目盛]をクリック　❺[閉じる]をクリック

HINT! 軸位置をずらして左右の余白を埋める

[軸位置]の設定が[目盛の間]のままだと、第1系列の[4月]が縦(値)軸から少し離れ、グラフとプロットエリアの間に余白が生じます。[目盛]に変更すれば、第1系列の[4月]が縦(値)軸上に配置され、グラフがプロットエリアの左端から始まり、左右の余白がなくなります。

HINT! Excel 2010で横（項目）軸の軸位置を設定するには

Excel 2010では、手順5の代わりに以下のように設定します。

❶横(項目)軸を右クリック　❷[軸の書式設定]をクリック

❸[軸のオプション]をクリック　❹[目盛]をクリック

❺[閉じる]をクリック

❻ [黒字]の系列にデータラベルを追加する

[黒字]の系列にデータラベルを追加し、系列名を表示する

❶[黒字]の系列を右クリック

❷[データラベルの追加]をクリック

❸追加されたデータラベルを右クリック　❹[データラベルの書式設定]をクリック

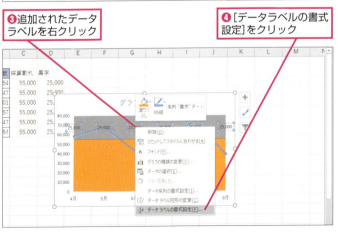

7 データラベルの値を系列名に変更する

横(値)軸の軸位置を[目盛]に設定して、グラフが
プロットエリアの左端から始まるようにする

❶[系列名]をクリックしてチェック
マークを付ける

❷[値]をクリックしてチェック
マークをはずす

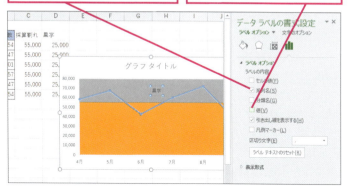

「黒字」の系列名が追加された

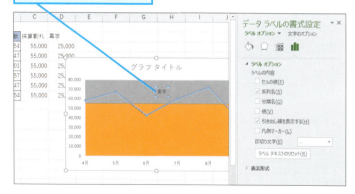

8 [採算割れ]の系列を設定する

手順6〜7と同様に[採算割れ]
の系列の系列名を設定

必要に応じて書式を
整えておく

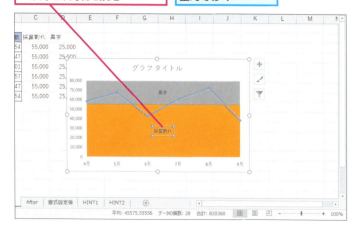

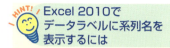

Excel 2010でデータラベルに系列名を表示するには

Excel 2010では、手順7の代わりに以下のように操作しましょう。

❶[ラベルオプション]をクリック

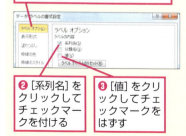

❷[系列名]を
クリックして
チェックマー
クを付ける

❸[値]をクリ
ックしてチェ
ックマークを
はずす

❹[閉じる]をクリック

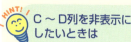

C〜D列を非表示にしたいときは

C〜D列を非表示にすると、背景の塗り分けが消えてしまいます。その場合、レッスン㉛を参考に、非表示のデータをグラフに表示する設定を行います。

目盛りごとに背景を塗り分けるには

目盛りを読み取りやすくするために、このレッスンの手順と同じ要領で、目盛りごとに背景を塗り分けることもできます。例えば目盛りの範囲が「0」〜「80,000」、目盛り間隔が「10,000」の場合、「10,000」のダミーデータを8列分入力し、その表から折れ線と積み上げ面の複合グラフを作成します。

❶仮のデータを8列分入力

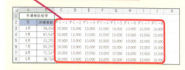

❷このレッスンの手順で
グラフを作成

目盛ごとに塗り
分けできる

55 積み上げ面グラフの利用

できる 223

レッスン 56

面グラフを見やすく表示するには

3-D面グラフ

対応バージョン: 2016 / 2013 / 2010

レッスンで使う練習用ファイル
3-D面グラフ.xlsx

3-Dにすれば面グラフの後ろが見やすくなる

時系列に並んだデータの変化を表すグラフには、折れ線グラフのほかに面グラフがあります。面グラフは背面のデータが隠れてしまうことがあるので、一般的には折れ線グラフを使用した方がデータの変化をきちんと表せます。しかし、面グラフはインパクトがあるので、プレゼンテーションなどでは面グラフがよく使われます。

面グラフを見やすくするには、普通の面グラフを「3-D面グラフ」に変更するといいでしょう。3-D化すれば、背面に隠れていた系列が目に入るように、自分で角度を調整できます。さらに、「透過性」を設定して手前の系列を半透明にすれば、背面の系列をより見やすくできます。

関連レッスン

▶レッスン43
3-D棒グラフを
回転するには ………………… p.166

▶レッスン44
3-D棒グラフの背面の棒を
見やすくするには ………………… p.168

▶レッスン45
積み上げグラフの積み上げの
順序を変えるには ………………… p.174

キーワード

系列　　　　　　　p.370

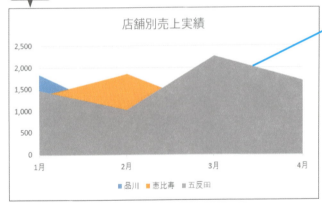

[五反田]の系列でほかの系列が隠れてしまい、変動が分かりづらい

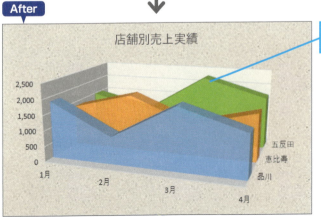

3-Dにすることで各系列の大きさが立体的になり、見やすくなった

※上記の[After]のグラフは、練習用ファイルの[書式設定後]シートに用意されています。

1 [グラフの種類の変更] 作業ウィンドウを表示する

面グラフを3-D面グラフに変更する

❶グラフエリアを右クリック
❷[グラフの種類の変更]をクリック

2 グラフの種類を変更する

[グラフの種類の変更] ダイアログボックスが表示された

❶[3-D面]をクリック
❷ここをクリック
❸[OK]をクリック

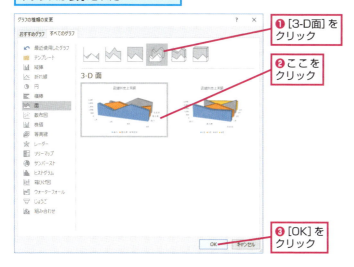

3 3-D面グラフに変更された

各系列の大きさが分かりやすくなった
レッスン㉟を参考に凡例を削除しておく
必要に応じて書式を整えておく

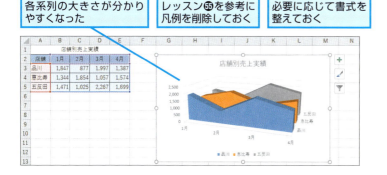

HINT! Excel 2010でグラフの種類を変更するには

Excel 2010では手順1の操作後、[グラフの種類の変更]ダイアログボックスで以下のように設定しましょう。

❶[面]をクリック
❷[3-D面]をクリック

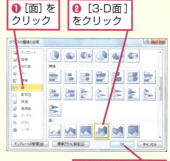

❸[OK]をクリック

HINT! 3-D面グラフにしても各系列が見にくいときは

3-D面グラフに変更しても、背面のグラフが隠れてしまうときは、角度を調整したり、データ系列の順序を入れ替えてみましょう。3-Dグラフの角度の調整方法は、レッスン㊸を参考にしてください。また、系列の順序の変更の方法は、レッスン㊺を参考にしてください。

HINT! 半透明の塗りつぶしを設定するには

手前の系列を右クリックして、ショートカットメニューから[データ系列の書式設定]をクリックすると、設定画面が表示されます。Excel 2016/2013の場合はレッスン㊿の手順6の操作4～6、Excel 2010の場合は、215ページのHINT!「Excel 2010で書式を変更するには」の操作4～7を参考に設定を行うと、手前の系列に半透明の塗りつぶしを設定できます。

できる 225

この章のまとめ

●グラフのポイントを強調して伝わるよう工夫しよう！

折れ線グラフは、連続的な変化を表すのが得意なグラフです。折れ線の傾きから、データが上昇傾向にあるのか、下降傾向にあるのかが、ひと目で分かります。線の傾きが折れ線を読み取る重要なポイントなので、元表に「抜け」や「エラー値」がある場合は、この章で紹介した操作を実行して、折れ線を適切に結びましょう。

折れ線は、線と小さなマーカーから構成されており、それほどインパクトはありません。そのため、背景のプロットエリアに負けない、目立つ書式を設定することが大切です。棒グラフではプロットエリアは棒の陰に隠れますが、折れ線グラフの場合、プロットエリアがほぼ全面見えています。プロットエリアの書式をどのように設定するかが、工夫の見せどころです。特定の期間や特定の数値で背景を塗り分けて、折れ線グラフにプラスアルファの情報を表示したり、縦の目盛り線を表示してデータと項目の対応を明確にするなど、グラフの目的に応じた分かりやすいグラフ作成を心がけてください。

折れ線の特徴を生かしたグラフを作る

データ要素の書式や目盛り線、プロットエリアの書式を調整すれば、分かりやすい折れ線グラフが作れる

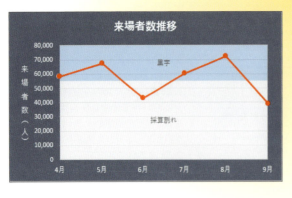

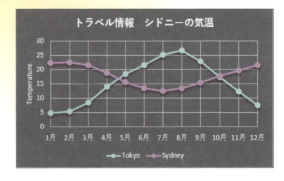

練習問題

1

[Before]シートの折れ線グラフで、[定額制コース]の系列の折れ線の色とマーカーの色を赤に変更しましょう。

●ヒント [グラフツール]の[書式]タブにあるボタンを使用して色を変更します。

練習用ファイル
練習問題7.xlsx

2

練習問題1で作成したグラフの縦の目盛り線とマーカーが重なるように設定しましょう。

●ヒント 縦の目盛り線の位置は、横(項目)軸の[軸の書式設定]の設定画面で設定します。

答えは次のページ

解 答

1

[定額制コース]の系列の折れ線とマーカーの色を変更する

❶[定額制コース]の系列をクリック

[定額制コース]の系列を選択し、[グラフツール]の[書式]タブのボタンを使用して、折れ線の色とマーカーの色を変更します。

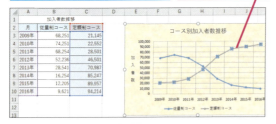

❷[グラフツール]の[書式]タブをクリック

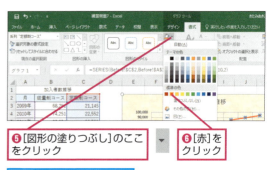

❺[図形の塗りつぶし]のここをクリック　❻[赤]をクリック

折れ線の色とマーカーの色を変更できた

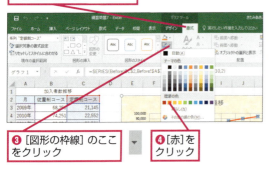

❸[図形の枠線]のここをクリック　❹[赤]をクリック

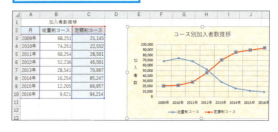

2

横（項目）軸目盛り線とマーカーを合わせる

❶横（項目）軸を右クリック

横（項目）軸の[軸の書式設定]作業ウィンドウ（Excel 2010の場合はダイアログボックス）を表示し、[軸のオプション]で[軸位置]の設定を変更します。

❷[軸の書式設定]をクリック

❸[軸のオプション]をクリック　❹[目盛]をクリック　❺[閉じる]をクリック

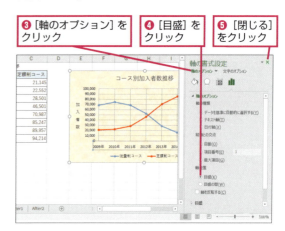

第8章

円グラフで割合を表そう

円グラフは、系列全体の大きさを1つの円で表し、各データの比率を扇形の大きさで表すグラフです。全体に対する各要素の割合を表現したいときに使用します。系列が複数あるときは、ドーナツグラフを使うと各系列の構成比を効果的に比較できます。この章では、円グラフとドーナツグラフに関するテクニックを紹介します。

●この章の内容
- ❺❼ 項目名とパーセンテージを
  見やすく表示するには……………………………… 230
- ❺❽ 円グラフから扇形を切り離すには………………… 234
- ❺❾ 円グラフの特定の要素の内訳を表示するには…… 236
- ❻⓪ 円グラフを2つ並べて合計量を表すには………… 240
- ❻❶ ドーナツ状の3-D円グラフの
  中心に合計値を表示するには …………………… 244
- ❻❷ 分類と明細を二重のドーナツグラフで
  表すには ……………………………………………… 248
- ❻❸ 左右対称の半ドーナツグラフを作成するには…… 254

レッスン 57

項目名とパーセンテージを見やすく表示するには

円グラフのデータラベル

対応バージョン 2016 / 2013 / 2010

レッスンで使う練習用ファイル
円グラフのデータラベル.xlsx

円グラフには項目名と割合を表示するのが鉄則

円グラフは、系列全体の合計値を100%として、各項目の比率を扇形で表すグラフです。扇形の大きさや角度を見れば、おおよその比率を判断できますが、比率の数値をきちんと伝えたいときは、円グラフにパーセンテージを表示しましょう。同時に項目名も表示すれば、より分かりやすいグラフになります。

下の[Before]のグラフは、凡例に項目名を表示しているだけの円グラフです。項目名を凡例と照らし合わせるのが面倒な上、正確な割合も分かりません。[After]のグラフはデータラベルを表示しているので、製品名と売り上げの割合がひと目で分かります。データラベルは扇形の外側や内側など表示する位置を選べるので、バランスのいい位置に表示しましょう。

関連レッスン

▶レッスン21
グラフ上に元データの数値を表示するには……………… p.90

▶レッスン48
100%積み上げ棒グラフにパーセンテージを表示するには……………… p.188

キーワード

区切り文字	p.369
データラベル	p.373
分類名	p.374

Before

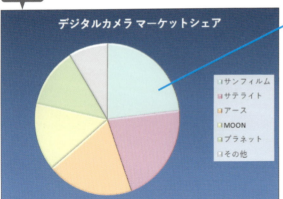

各項目がどれくらいの割合を占めているのか、よく分からない

After

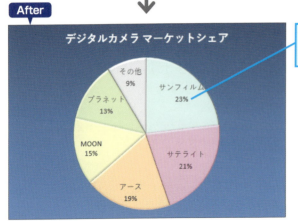

グラフに項目名とパーセンテージを表示すれば、売り上げの割合がひと目で分かる

このレッスンは動画で見られます  操作を動画でチェック！
※詳しくは2ページへ

1 凡例を削除する

❶凡例をクリック　❷Deleteキーを押す

2 要素にデータラベルを表示する

円グラフにデータラベルを表示する
❶要素を右クリック
❷[データラベルの追加]をクリック

続けてデータラベルの設定を変更する
❸データラベルを右クリック
❹[データラベルの書式設定]をクリック

HINT! ボタンをクリックしてレイアウトを変更する方法もある

[クイックレイアウト]ボタン（Excel 2010では[デザイン]-[グラフのレイアウト]）を使用して項目名とパーセンテージを一気に表示する方法もあります。ただし、すでに設定済みのレイアウトがリセットされてしまうので注意してください。

❶グラフエリアをクリック　❷[グラフツール]の[デザイン]タブをクリック

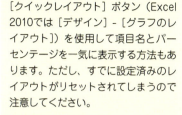

❸[クイックレイアウト]をクリック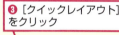

❹[レイアウト1]をクリック

グラフに項目名とパーセンテージが表示される

HINT! 元表でパーセンテージを計算しなくてもいい

円グラフ上では、パーセンテージを自動的に算出します。元表でパーセンテージを計算する必要はありません。

HINT! Excel 2016/2013ではグラフボタンからも表示できる

Excel 2016/2013の場合、グラフを選択すると右上に表示される[グラフ要素]ボタン（）を選択して、[データラベル]にチェックマークを付けてもグラフにデータラベルを表示できます。

次のページに続く

❸ データラベルに表示する内容を選択する

ここでは、[分類名]と[パーセンテージ]を選択して製品名と売り上げの割合を表示する

❶ [分類名]をクリックしてチェックマークを付ける

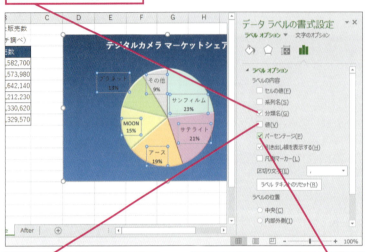

❷ [値]をクリックしてチェックマークをはずす

❸ [パーセンテージ]をクリックしてチェックマークを付ける

続けてラベルの区切り文字と位置を設定する

❹ [区切り文字]のここをクリックして[(改行)]を選択

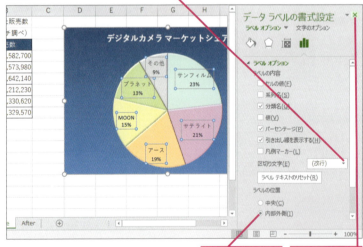

❺ [内部外側]をクリック

❻ [閉じる]をクリック

データラベルに項目名とパーセンテージが表示される

 データラベルを追加すると元データの数値が表示される

データラベルを追加すると自動的に元データの数値が表示されます。項目名やパーセンテージを表示するには、手順3のように[データラベルの書式設定]作業ウィンドウで、表示内容を設定し直す必要があります。

Excel 2010で項目名とパーセンテージを表示するには

Excel 2010では、手順2の操作4を行うと[データラベルの書式設定]ダイアログボックスが表示されるので、以下のように設定します。

❶ [ラベルオプション]をクリック

❷ [分類名]と[パーセンテージ]をクリックしてチェックマークを付ける

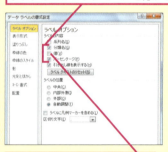

❸ [値]をクリックしてチェックマークをはずす

❹ [内部外側]をクリック

❺ [区切り文字]のここをクリックして[(改行)]を選択

❻ [閉じる]をクリック

テクニック パーセンテージのけた数を変更して正確な数値を表示できる

パーセンテージを「23.3%」のように、小数点第1位まで表示すると、より正確な情報を伝えられます。小数点以下のけた数を指定するには、[表示形式]の項目で[小数点以下の桁数]にけたの位の数字を入力します。

●Excel 2016/2013の場合

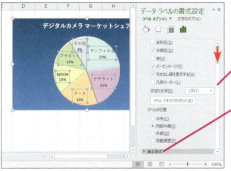

[データラベルの書式設定]作業ウィンドウを表示しておく

❶ここを下にドラッグしてスクロール

❷[表示形式]をクリック

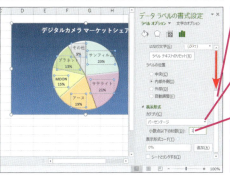

❸ここを下にドラッグしてスクロール

❹[カテゴリ]のここをクリックして[パーセンテージ]を選択

❺[小数点以下の桁数]に「1」と入力

❻[閉じる]をクリック

パーセンテージが小数点第1位まで表示される

●Excel 2010の場合

[データラベルの書式設定]ダイアログボックスを表示しておく

❶[表示形式]をクリック

❷[パーセンテージ]をクリック

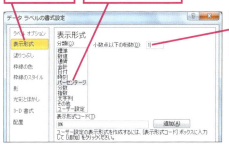

❸[小数点以下の桁数]に「1」と入力

❹[閉じる]をクリック

HINT! データ吹き出しを使うと簡単にパーセンテージを表示できる

円グラフのデータラベルに分類名とパーセンテージを表示するには手順3の操作が必要ですが、データ吹き出しなら最初から分類名とパーセンテージが表示されるので簡単です。データ吹き出しを追加するには、手順2で[データラベルの追加]-[データの吹き出しを追加]をクリックします。

データの吹き出しには、分類名とパーセンテージが表示される

HINT! 円グラフを作成するコツとは

項目の順番に特に意味がない限り、元表のデータは値の大きい順に入力しましょう。そうすれば円グラフの扇形が大きい順に並び、自然な見ために仕上がります。データが小さい順に入力されているときは、数値が入力されているセルをクリックして、降順で並べ替えましょう。なお、小さい数値の項目は、合計して「その他」にまとめておくと、円グラフが雑然としてしまうのを防げます。

数値が入力されたセルの一部をクリックして選択しておく

❶[並べ替えとフィルター]をクリック

❷[降順]をクリック

数値が降順に並べ替わる

レッスン 58

円グラフから扇形を切り離すには

データ要素の切り離し

対応バージョン 2016 2013 2010

レッスンで使う練習用ファイル
データ要素の切り離し.xlsx

注目して欲しい要素を切り離して目立たせる

円グラフの扇形は、円の外側に切り離して表示できます。切り離した扇形はひときわ目立つので、競合他社のグラフの中で自社のデータに注目を集めたいときや、特に力を注いでいる商品のデータを強調したいときに効果的です。このレッスンでは、扇形を切り離す方法を紹介しますが、その前に円グラフは円全体が1つの系列であることと、個々の扇形が系列を構成するデータ要素であることを頭に入れておきましょう。下の［Before］のグラフは、5つのデータ要素（扇形）からなる［売上高］という系列で構成されています。円グラフから扇形を切り離すには、切り離す扇形の選択、つまり「データ要素の選択」がポイントになります。事前にきちんとデータ要素が選択されていれば、ドラッグ操作で簡単にデータ要素を切り離せます。円グラフで特定の要素を強調するときに欠かせないテクニックなので、ぜひマスターしてください。

関連レッスン

▶レッスン11
1本だけ棒の色を変えて
目立たせるには ………………………… p.54

キーワード

系列	p.370
データ要素	p.373

製品の売上比率を表す円グラフで、［DK-101］という製品のデータ要素をさらに目立たせたい

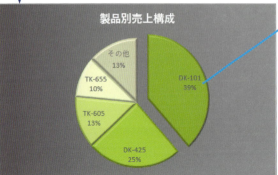

切り離したことで、［DK-101］という製品のデータ要素がより目立つ

① 系列を選択する

円グラフをクリックして系列を選択する

円グラフを1回クリックすると、円全体（[売上高]の系列）が選択される

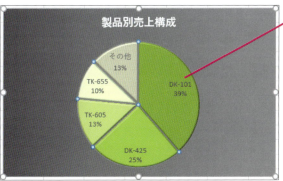

[売上高]の系列をクリック

② 切り離すデータ要素を選択する

[DK-101]のデータ要素を選択する

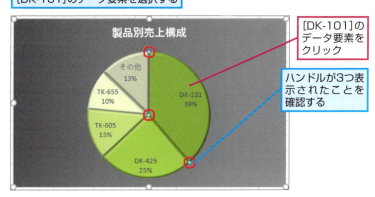

[DK-101]のデータ要素をクリック

ハンドルが3つ表示されたことを確認する

③ データ要素をドラッグする

[DK-101]のデータ要素が選択された

❶ここにマウスポインターを合わせる

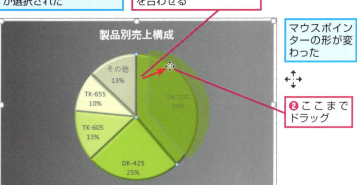

マウスポインターの形が変わった

❷ここまでドラッグ

[DK-101]のデータ要素が切り離される

HINT! 事前にデータ要素を選択しておく

扇形を切り離すには、事前にデータ要素を選択します。系列を選択した状態でいずれかの扇形をドラッグすると、すべての扇形が切り離されてしまうので注意してください。

HINT! 円グラフを回転するには

円グラフを回転したいときは、以下の手順で操作します。回転方向は時計回りです。

❶データ要素を右クリック
❷[データ系列の書式設定]をクリック

●Excel 2016/2013の場合

[グラフの基線位置]のスライダーをドラッグ

系列が回転する

●Excel 2010の場合

❶[系列のオプション]をクリック
❷[グラフの基線位置]のスライダーをドラッグ

系列が回転する

レッスン 59

円グラフの特定の要素の内訳を表示するには

補助縦棒付き円グラフ

対応バージョン 2016 / 2013 / 2010

レッスンで使う練習用ファイル
補助縦棒付き円グラフ.xlsx

要素の内訳を表示して売れ筋商品を分析できる

円グラフの仲間に、「補助縦棒付き円グラフ」と「補助円グラフ付き円グラフ」があります。いずれも円グラフの中の特定の要素について、その内訳を補助グラフで表示するものです。比率が小さい要素まで見やすくグラフに表示したいときや、注目する要素についてさらにその内訳を掘り下げたいときに利用します。

このレッスンでは、デジタルカメラのマーケットシェア全体を表す円グラフのうち、自社のシェアの内訳を「補助縦棒グラフ」で表示します。表から補助縦棒付き円グラフを作成すると、表の末尾の数項目が自動的に「その他」としてまとまり、補助グラフに切り出されます。したがって、補助グラフで表示したい項目を、表の末尾に入力しておくようにしましょう。ここでは、円グラフに表示する項目の表の下に、補助グラフに表示する項目の表を入力しておき、その2つの表を元に補助縦棒付き円グラフを作成します。

関連レッスン

▶レッスン 62
分類と明細を二重のドーナツ
グラフで表すには …………… p.248

キーワード

クイックレイアウト	p.369
データ要素	p.373
データラベル	p.373
フォント	p.373
補助縦棒	p.374
補助プロット	p.374

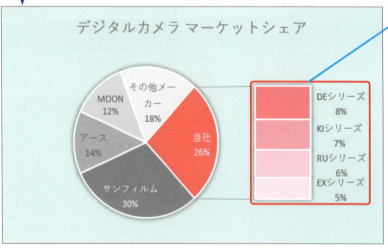

After

「当社」の内訳としてデジタルカメラのシリーズ別販売数の割合を表示できる

※上記の[After]のグラフは、練習用ファイルの[書式設定後]シートに用意されています。

1 グラフにする範囲を選択する

ここでは、2つの表を選択して補助棒付き円グラフを作成する

［当社］の項目（セルA8～B8）以外を選択する

❶セルA3～B7をドラッグして選択

見出しの項目（セルA11～B11）以外を選択する

❷ Ctrl キーを押しながら、セルA12～B15をドラッグして選択

2 グラフの種類を選択する

ここでは、［補助縦棒付き円］を選択する

❶［挿入］タブをクリック

❷［円またはドーナツグラフの挿入］をクリック

❸［補助縦棒付き円］をクリック

3 グラフのレイアウトを変更する

レイアウトを変更してデータラベルを追加する

❶［グラフツール］の［デザイン］タブをクリック

❷［クイックレイアウト］をクリック

❸［レイアウト1］をクリック

メーンのデータと補助のデータは同じ系列になる

補助縦棒付き円グラフは、補助縦棒と円グラフの全要素を合わせて1つの系列になります。下のような1つの表から［補助縦棒付き円］を作成しても構いません。

1つの表の場合は、セルA3～B11を選択して補助縦棒付き円グラフを作成する

	A	B
1	デジタルカメラ	競合他社販売数
2	（できるリサーチ調べ）	
3	メーカー	販売数
4	サンフィルム	12,582,700
5	アース	5,642,140
6	MOON	5,212,230
7	その他メーカー	7,329,570
8	DEシリーズ	3,275,421
9	KIシリーズ	3,011,741
10	RUシリーズ	2,672,315
11	EXシリーズ	2,114,503
12		

補助縦棒グラフで表示する項目を表の下に入力しておく

 間違った場合は？

間違ってセルA8～B8やセルA11～B11などを含めた範囲を選択してグラフを作成してしまった場合は、グラフを選択して Delete キーを押して削除し、あらためて手順1から操作をやり直しましょう。

 選択範囲に注意しよう

手順1で2つのセル範囲を同時に選択しますが、選択範囲をつなげたときに上のHINT!のような1つの表になるように選択します。セルA8～B8の「当社」と、セルA11～B11の見出しの項目は選択に含めないようにしてください。

次のページに続く

④ [データ系列の書式設定] 作業ウィンドウを表示する

[DEシリーズ]のデータ要素が円グラフに表示された

[DEシリーズ]のデータ要素は「当社」の内訳に含まれるため、補助縦棒へ移動する

❶ 系列を右クリック

❷ [データ系列の書式設定] をクリック

⑤ 補助縦棒に表示するデータ数を指定する

データ要素を補助縦棒に移動する

❶ [補助プロットの値] に「4」と入力

❷ [閉じる] をクリック

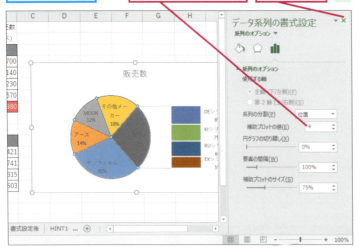

HINT! Excel 2010でグラフのレイアウトを変更するには

Excel 2010では、手順3の代わりに、以下の手順で操作します。

❶ グラフエリアをクリック　❷ [グラフツール] の [デザイン] タブをクリック

❸ [レイアウト1]をクリック

HINT! 補助グラフに表示するデータ数を指定する

補助縦棒付き円グラフを作成すると、自動的に元表の下から数個のデータが補助グラフに配置されますが、補助グラフのデータ数は [補助プロットの値] で変更できます。手順4のグラフでは補助グラフに3個のデータが表示されていますが、[当社] の内訳項目は4つあり、[DEシリーズ] がメーンの円に表示されています。手順5で [補助プロットの値] に「4」を指定すると、[DEシリーズ] がメーンの円から補助グラフに移動します。

HINT! Excel 2010でデータ要素を移動するには

Excel 2010では、手順5の代わりに、以下の手順で操作します。

❶ [系列のオプション]をクリック

❷ [補助プロットに含む値の個数] に「4」と入力　❸ [閉じる] をクリック

⑥ データラベルを変更する

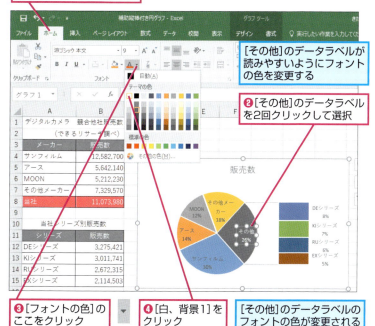

❶ [ホーム]タブをクリック

[その他]のデータラベルが読みやすいようにフォントの色を変更する

❷ [その他]のデータラベルを2回クリックして選択

❸ [フォントの色]のここをクリック

❹ [白、背景1]をクリック

[その他]のデータラベルのフォントの色が変更される

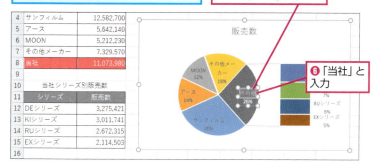

[その他]のデータ要素のデータラベルを「当社」に変更する

❺ [その他]をドラッグして文字を選択

❻「当社」と入力

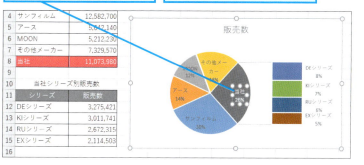

[その他]のデータ要素のデータラベルが「当社」に変更された

必要に応じてグラフタイトルや書式を変更する

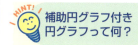

補助円グラフ付き円グラフって何？

補助円グラフ付き円グラフとは、メーンの円グラフの1つの要素の内訳を、別の円グラフで表示するグラフです。

◆補助円グラフ付き円グラフ

旧バージョンで開いたときにうまく表示されない場合は

Excel 2016/2013で作成したグラフをExcel 2010で開くと、[当社]のデータラベルにパーセンテージの数値が表示されないことがあります。その場合、以下のように[ラベルテキストのリセット]を実行して、あらためて「その他」を「当社」に変更してください。

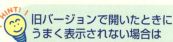

[当社]の下にパーセンテージの数値が表示されていない

❶ データラベルを右クリック

❷ [データラベルの書式設定]をクリック

❸ [ラベルテキストのリセット]をクリック

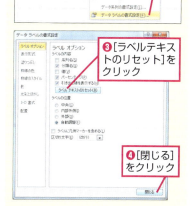

❹ [閉じる]をクリック

補助縦棒付き円グラフ 59

できる 239

レッスン 60

円グラフを2つ並べて合計量を表すには

グラフのサイズ変更

対応バージョン 2016 2013 2010

レッスンで使う練習用ファイル
グラフのサイズ変更.xlsx

2つの円グラフの大きさで市場規模の違いがはっきりする！

円グラフを2つ並べて表示するときは、データの合計量に応じて円グラフの大きさを変えると、それぞれのデータの割合だけでなく、合計量の違いを表せます。

下の［After］のグラフは、業界全体に対する各メーカーの売り上げの比率を円グラフで表したものです。円のサイズを2006年と2016年の売り上げに比例させているので、この10年で市場規模が拡大していることが直感的に伝わります。

同じデザインの円グラフを2つ作成するときは、グラフを1つ完成させてから、コピーするといいでしょう。このレッスンでは、円グラフをコピーして使用する方法と、円グラフのサイズを売上合計に比例させるワザを紹介します。

関連レッスン

▶レッスン6
グラフの位置やサイズを
変更するには ………………… p.36

▶レッスン61
ドーナツ状の3-D円グラフの
中心に合計値を表示するには
………………………………… p.244

キーワード

SQRT関数	p.368
カラーリファレンス	p.369
グラフタイトル	p.370
ショートカットキー	p.371
ワードアート	p.375

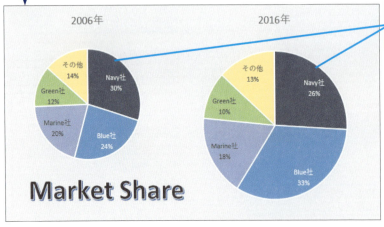

円グラフのサイズを売り上げの値と比例させることで、この10年で市場規模が拡大していることが分かる

※上記の［After］のグラフは、練習用ファイルの［書式設定後］シートに用意されています。

1 円グラフの縦横の長さの倍率を求める

SQRT関数を使って円グラフの縦横の長さの倍率を求める

❶ セルB10に「倍率」と入力
❷ セルC10に「=SQRT(C8/B8)」と入力

	A	B	C	D
1	マーケットシェア			
2	メーカー	2006年	2016年	
3	Navy社	221,547	301,454	
4	Blue社	182,057	382,478	
5	Marine社	150,234	205,272	
6	Green社	89,747	120,141	
7	その他	100,254	152,014	
8	合計	743,839	1,161,359	
9				
10		倍率	=SQRT(C8/B8)	

❸ Enterキーを押す

2 グラフをコピーする

円グラフの縦横の長さの倍率が求められた

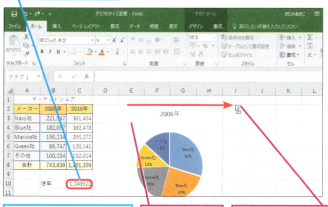

ドラッグの操作で円グラフをコピーする
❶ グラフエリアをクリック
❷ Ctrlキーを押しながらここまでドラッグ

 「=SQRT(C8/B8)」って何？

例えば円の面積を4倍にするには、縦横の長さを2倍（√4倍）、9倍にするには、縦横の長さを3倍（√9倍）というようにルートの計算を行います。手順1では、円グラフの縦横の長さの倍率を求めています。売上合計のアップ率は「C8÷B8」で約1.56と求められます。円グラフの面積のアップ率を1.56倍にするには、縦横を√1.56倍にします。ExcelではルートをSQRT関数という関数で計算できます。2016年の円グラフの縦横の倍率は「SQRT(C8/D8)」で求められ、計算結果は約1.25（=√1.56）となります。

 ドラッグでコピーするコツ

グラフエリアにマウスポインターを合わせ、マウスの左ボタンを押しながらCtrlキーを押します。その状態でドラッグすると、グラフを任意の位置にコピーできます。
ドラッグするときにCtrlキーと一緒にAltキーを押すと、セルの枠線に合わせてグラフをコピーできます。配置をそろえたいときに便利です。

 ショートカットキーでもコピーできる

グラフのコピーには、ショートカットキーも利用できます。その場合、グラフをクリックしてCtrl+Cキー（コピー）を押し、貼り付け先のセル（ここではセルI2）をクリックしてCtrl+Vキー（貼り付け）を押します。

次のページに続く

❸ 円グラフがコピーされた

グラフをコピーできた

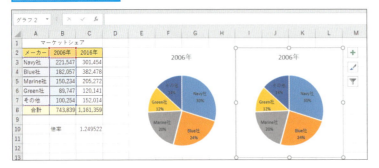

❹ グラフのサイズを変更する

グラフの縦横比を固定する

❶右のグラフのグラフエリアをクリック
❷[グラフツール]の[書式]タブをクリック

❸[サイズとプロパティ]をクリック

❹[縦横比を固定する]をクリックしてチェックマークを付ける

[縦横比を固定する]にチェックマークが付いていると、[目盛の高さ]に入力した数値に合わせてグラフの幅も広がる

目盛りの高さを手順1で求めた拡大率125%に設定する

❺[目盛の高さ]に「125」と入力
❻[閉じる]をクリック

Excel 2013では[高さの調整]に数値を入力する

Excel 2010でグラフのサイズを変更するには

Excel 2010でグラフのサイズを指定した倍率に変更するには、[オブジェクトの書式設定]ダイアログボックスを使用します。

グラフの高さを手順1で求めた倍率125%にする

❶[サイズ]をクリック
❷[縦横比を固定する]をクリックしてチェックマークを付ける

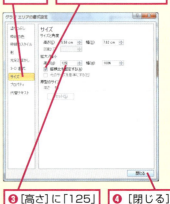

❸[高さ]に「125」と入力
❹[閉じる]をクリック

忘れずに縦横比を固定しておく

手順4で[縦横比を固定する]をクリックしてチェックマークを付けると、[目盛の高さ]に「125%」を設定したときに、自動的に[目盛の幅]にも[125%]が設定されます。その結果、縦横が同じ倍率で拡大され、グラフエリアの面積は「125%×125%」になります。

5 コピーしたグラフのデータ範囲を変更する

右のグラフの大きさが左のグラフの約1.25倍になった

まだ、右のグラフには2006年の売り上げが表示されている

コピーしたグラフのデータ範囲を2016年のデータに変更する

❶右のグラフのグラフエリアをクリック

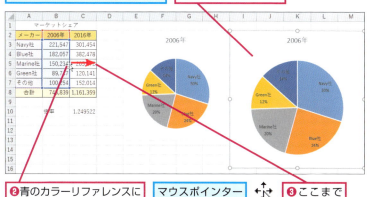

❷青のカラーリファレンスにマウスポインターを合わせる

マウスポインターの形が変わった

❸ここまでドラッグ

6 コピーしたグラフのデータ範囲を変更できた

コピーしたグラフのデータ範囲が2016年のデータに変更された

Excel 2010ではレッスン❸を参考にグラフタイトルを変更しておく

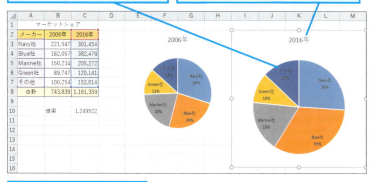

必要に応じて書式を変更し、ワードアートを追加しておく

 青い枠をドラッグすると赤い枠も移動する

手順5では、データ範囲の青いカラーリファレンスを右隣の列に移動しました。青のカラーリファレンスを移動すると、自動的に系列名を囲むピンク色のカラーリファレンスも移動します。項目名を囲む紫のカラーリファレンスは移動しません。

 インパクトのある文字を作成するには

［ワードアートのスタイル］を利用すると、文字をインパクトのあるデザインで表示できます。設定は、［クイックスタイル］ボタンの一覧からデザインを選ぶだけなので簡単です。テキストボックス以外に、グラフタイトルや図形にも設定ができます。

❶テキストボックスをクリック

❷［描画ツール］の［書式］タブをクリック

❸［クイックスタイル］をクリック

解像度が高いときは、［ワードアートのスタイル］の［その他］をクリックする

❹好みのスタイルをクリック

 タイトルが変わらないときは手動で修正する

このレッスンの練習用ファイルでは手順5の操作を行うと自動的にグラフタイトルが「2006年」から「2016年」に変わりますが、グラフの状態によっては変わらない場合もあります。その場合は、グラフタイトルを手動で修正してください。

レッスン 61

ドーナツ状の3-D円グラフの中心に合計値を表示するには

円/楕円

対応バージョン 2016 2013 2010

レッスンで使う練習用ファイル
楕円の追加.xlsx

楕円で3-D円グラフの中心をくりぬいて合計のセルを参照する

Excelの円グラフには「3-D円」が用意されていますが、ドーナツグラフには「3-Dドーナツ」のようなグラフはありません。立体的なドーナツグラフを使用したいときは、3-D円グラフの中央に楕円の図形を挿入し、穴を空けたように見せるテクニックを使います。楕円に面取りの効果を設定して、ドーナツの穴が立体的に見えるようにすると、さらに見ためがよくなります。

ドーナツの穴は、グラフに関する情報を表示するのにもってこいのスペースです。グラフのタイトルを入力したり、データ全体の合計値を表示したりするのに役立ちます。ここでは、3-D円グラフに楕円を配置し、そこにデータ全体の合計値を表示します。元表のセルを参照して表示するようにすれば、データ範囲の変更時にすぐグラフの合計値が更新されて便利です。

関連レッスン

▶レッスン60
円グラフを2つ並べて
合計量を表すには ……………… p.240

キーワード

数式バー	p.371
図形	p.371
図形の効果	p.371
データラベル	p.373

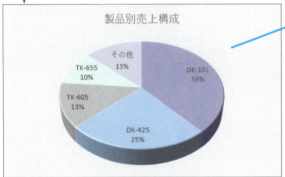

Before

3-D円グラフの中央に合計値を表示してドーナツグラフのように仕上げたい

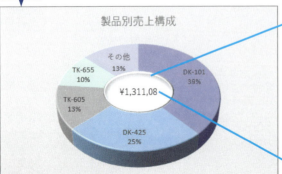

After

楕円の図形を挿入して、書式と効果を設定する

元表のセルを参照して、データ全体の合計値を表示する

① 楕円を挿入する

円グラフの中央に楕円を挿入して、3-Dグラフをドーナツ状にする

❶ グラフエリアをクリック
❷ [グラフツール]の[書式]タブをクリック
❸ [図形の挿入]の[円/楕円]をクリック

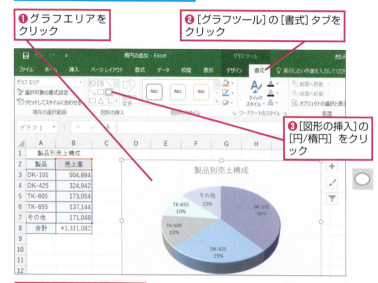

❹ ここにマウスポインターを合わせる
❺ ここまでドラッグ

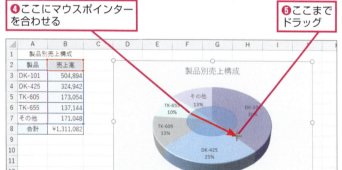

② 楕円の枠線を透明にする

❶ [描画ツール]の[書式]タブをクリック
❷ [図形の枠線]をクリック
❸ [線なし]をクリック

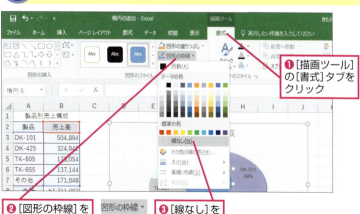

HINT! Excel 2010で楕円を描画するには

Excel 2010では、[グラフツール]の[レイアウト]タブから楕円を挿入します。

❶ グラフエリアをクリック
❷ [グラフツール]の[レイアウト]タブをクリック

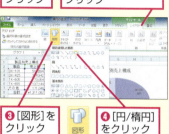

❸ [図形]をクリック ❹ [円/楕円]をクリック

HINT! 3-D円グラフの注意点とは

3-D円グラフは、扇形の面積で比率を正しく表せない欠点があります。下のグラフでは、比率は同じなのに手前の扇形の方が大きく見えます。正確なグラフを作りたいときは、平面の円グラフやドーナツグラフを使用しましょう。見栄えを優先して3-D円グラフを使用するときは、レッスン㊸を参考に傾きを小さくすると、正確なグラフに近づきます。

比率は同じなのに、手前の扇形が大きく見える

傾きを小さくすれば、正確な比率に近づく

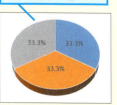

次のページに続く

❸ 楕円の色を変更する

❶ [描画ツール] の [書式] タブを
クリック

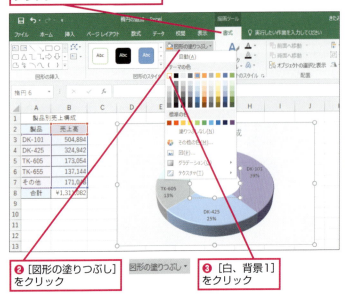

❷ [図形の塗りつぶし]
をクリック

❸ [白、背景1]
をクリック

❹ 図形の効果を設定する

❶ [描画ツール] の [書式] タブを
クリック

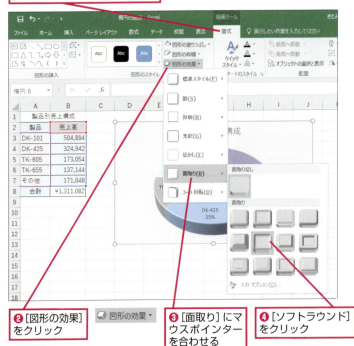

❷ [図形の効果]
をクリック

❸ [面取り] にマ
ウスポインター
を合わせる

❹ [ソフトラウンド]
をクリック

 図形は書式が設定されている

挿入した図形には、最初から枠線や塗りつぶしの色が設定されています。そのため、手順2～3で枠線を非表示に設定し、塗りつぶしを白に変更します。

 データラベルは自由に移動できる

データラベルが見づらい場合は、ドラッグで自由に移動できます。円グラフの外に移動すると、自動的に引き出し線が表示されます。

見づらいデータラベルを円グラフの外に移動する

❶ データラベルを2回
クリックして選択

❷ ここまでドラッグ

円の外に移動したデータラベルに引き出し線が追加された

 [面取り] って何？

[面取り] とは、図形の境界線部分を削り取って立体的に見せる効果です。[ソフトラウンド] を設定すると、中央にくぼみを持たせることができます。

⑤ 図形に合計値を表示する

❶楕円をクリック　❷数式バーに「=」を入力

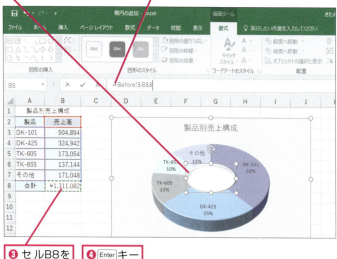

❸セルB8をクリック　❹[Enter]キーを押す

HINT! ドーナツグラフに合計値を表示するには

通常のドーナツグラフの穴に合計値を表示するには、［挿入］タブの［テキストボックス］ボタンをクリックしてテキストボックスを挿入し、合計のセルを参照します。ドーナツの穴の大きさは、レッスン㊷を参考に、適宜調整しましょう。

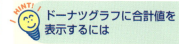

テキストボックスを追加しておく

手順5と同様に合計のセルを参照する数式を入力する

⑥ 文字の書式と配置を変更する

楕円の文字の配置を変更する

❶［ホーム］タブをクリック　❷［上下中央揃え］をクリック　❸［中央揃え］をクリック

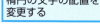
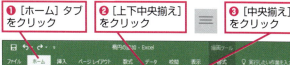
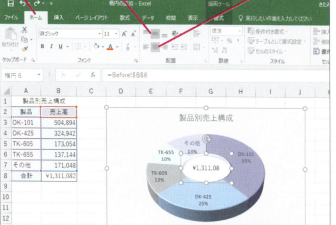

楕円の中央に合計値が表示される

HINT! 必要に応じてフォントの色を変更する

Excel 2010では、楕円内の文字が背景と同じ白で表示されるため、文字が見えないことがあります。そんなときは、以下の手順で黒に変更してください。Excel 2016/2013の場合も、文字の色を変更したい場合は、以下の手順で操作しましょう。

❶［描画ツール］の［書式］タブをクリック　❷［文字の塗りつぶし］のここをクリック

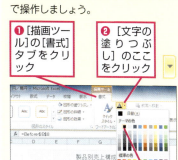

❸［黒、テキスト1］をクリック

61 円／楕円

できる 247

レッスン 62

分類と明細を二重の ドーナツグラフで表すには

ドーナツグラフの系列の追加

対応バージョン: 2016 / 2013 / 2010

レッスンで使う練習用ファイル
ドーナツグラフ.xlsx

固定費と変動費の比率と内訳がひと目で分かる！

ドーナツグラフは、系列全体の合計値を100％としたときの、各データの比率を表すグラフです。円グラフと似ていますが、ドーナツグラフには複数の系列を表示できるので、下の例のように系列間で比率を比較したいときに使用されます。系列が2つあるときは二重のドーナツ、系列が3つあるときは三重のドーナツになります。このレッスンでは固定費と変動費の内訳を表示するために、分類と明細の二重のドーナツグラフを作成します。下の［Before］の経費の表を元に、明細を覆うように分類を表示するには、合計値を入力するセルの位置がポイントです。次ページからの手順では、元表へ固定費と変動費の合計値を追加し、それを元にドーナツグラフを作成する方法を解説します。

関連レッスン

▶レッスン59
円グラフの特定の要素の内訳を表示するには ………… p.236

▶レッスン63
左右対称の半ドーナツグラフを作成するには ………… p.254

キーワード

SUM関数	p.368
クイックレイアウト	p.369
グラフタイトル	p.370
データラベル	p.373

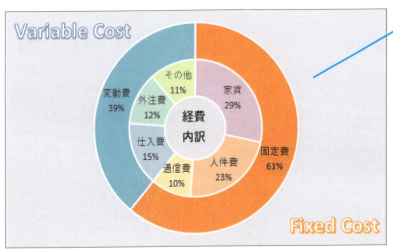

ドーナツグラフで固定費と変動費の比率と明細が把握できる

経費内訳の表を元に固定費と変動費の合計を求め、ドーナツグラフを作成する

※上記のグラフは、練習用ファイルの［書式設定後］シートに用意されています。

1 「固定費」と「変動費」の合計を求める

SUM関数でセルD3に「固定費」、セルD6に「変動費」の合計を求める

❶セルD3に「=SUM(C3:C5)」と入力
❷セルD6に「=SUM(C6:C8)」と入力

	A	B	C	D	E
1	経費内訳				
2	分類	費目	金額		
3	固定費	家賃	150,000	322,000	
4		人件費	120,000		
5		通信費	52,000		
6	変動費	仕入費	80,000	=SUM(C6:C8)	
7		外注費	65,000		
8		その他	60,000		
9					

HINT! D列の空白セルは「0」と見なされる

手順1では分類ごとの合計値を求めますが、ドーナツグラフを作成するときに、空白のセルD4～D5とD7～D8は「0」と見なされます。第2系列の「家賃」が「322,000」、「人件費」が「0」、「通信費」が「0」、「仕入費」が「205,000」……と見なされるため、手順3の外側のドーナツは「家賃」を表す青の要素と「仕入費」を表す黄色の要素だけが表示されます。
なお、空白のセルに「0」を入力してしまうと、手順6で「0%」のデータラベルが表示されてしまうので、必ず空白にしておいてください。

外側のドーナツは、「人件費」「通信費」「外注費」「その他」が0になる

2 ドーナツグラフを作成する

セルD6に変動費の合計が表示された

❶セルB3～D8をドラッグして選択
❷[挿入]タブをクリック

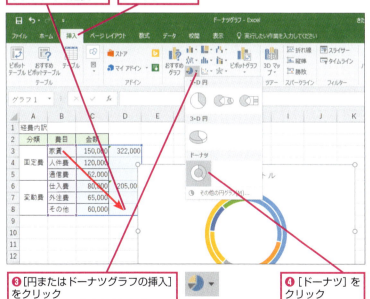

❸[円またはドーナツグラフの挿入]をクリック
❹[ドーナツ]をクリック

HINT! Excel 2010でドーナツグラフを作成するには

Excel 2010では、手順2で表のセルを選択した後、[挿入]タブにある[その他のグラフ]ボタンをクリックして、[ドーナツ]をクリックします。

❶セルB3～D8をドラッグして選択
❷[挿入]タブをクリック
❸[その他のグラフ]をクリック

❹[ドーナツ]をクリック

次のページに続く

できる | 249

③ グラフのレイアウトを変更する

ドーナツグラフが作成された

レイアウトを変更してデータラベルを追加する

❶[クイックレイアウト]をクリック

❷[レイアウト1]をクリック

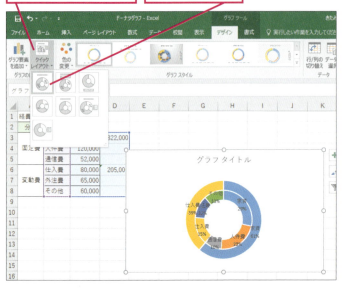

HINT! [レイアウト1]を利用してデータラベルを追加する

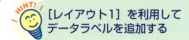

手順3で[レイアウト1]を適用すると、凡例が非表示になり、データラベルに分類名とパーセンテージが表示されます。グラフタイトルも配置されますが、ここでは不要なので削除します。

HINT! Excel 2010でレイアウトを設定するには

Excel 2010では、手順3の操作1～2の代わりに、以下のように操作します。

❶[グラフツール]の[デザイン]タブをクリック

❷[グラフのレイアウト]の[レイアウト1]をクリック

テクニック Excel 2016ではサンバーストを利用できる

Excel 2016では、サンバーストを利用すると、ドーナツ状の階層グラフを簡単に作成できます。248ページの[Before]の表から直接作成できるので、あらかじめ分類ごとの合計を求めておく必要はありません。サンバーストでは、分類が必ず内側に表示されます。内側と外側を入れ替えるなど、細かい設定はできません。グラフの細部まで思い通りに設定したいときは、このレッスンのグラフのようにドーナツグラフを使用しましょう。

❶セルA2～C8をドラッグして選択

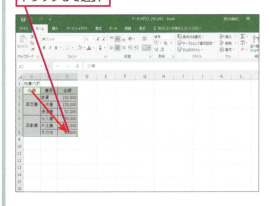

❷[挿入]タブをクリック

❸[階層構造グラフの挿入]をクリック

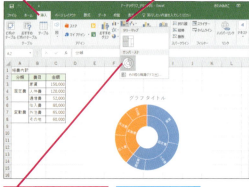

❹[サンバースト]をクリック

サンバーストが作成される

4 グラフタイトルを削除する

不要なグラフタイトルを削除する

❶グラフタイトルをクリック
❷[Delete]キーを押す

5 [データ系列の書式設定]作業ウィンドウを表示する

ドーナツの穴の大きさを設定する

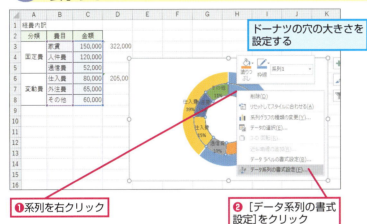

❶系列を右クリック
❷[データ系列の書式設定]をクリック

6 ドーナツの穴の大きさを設定する

ここではドーナツの穴の大きさを「30%」に設定する

❶[ドーナツの穴の大きさ]に「30」と入力
❷[閉じる]をクリック

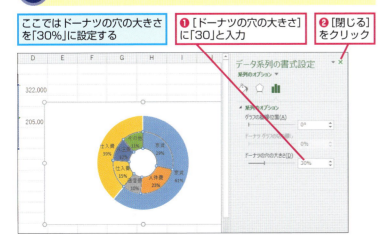

Excel 2010でドーナツの穴の大きさを変更するには

Excel 2010では、手順4の操作を行うと[データ系列の書式設定]ダイアログボックスが表示されるので、以下のように設定しましょう。

❶[系列のオプション]をクリック

❷[ドーナツの穴の大きさ]に「30」と入力
❸[閉じる]をクリック

 D列を非表示にしたいときは

元表のD列を非表示にすると、外側のドーナツが消えてしまいます。その場合、レッスン㉛を参考に、非表示のデータがグラフから消えないように設定します。

次のページに続く

62 ドーナツグラフの系列の追加

7 データラベルを変更する

[家賃]のデータラベルを[固定費]に変更する

❶ [家賃]のデータラベルを2回クリック

❷ [家賃]をドラッグして文字を選択

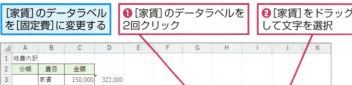

❸「固定費」と入力

HINT! 旧バージョンで開いたときにうまく表示されない場合は

Excel 2016/2013で作成したグラフをExcel 2010で開くと、[変動費]と[固定費]のデータラベルにパーセンテージの数値が表示されないことがあります。その場合、239ページのHINT!を参考に[ラベルテキストのリセット]を実行してから手順7の操作をしてください。

[変動費]と[固定費]の下にパーセンテージの数値が表示されていない

8 データラベルが変更された

❶ 手順6と同様に[仕入費]のデータラベルを「変動費」に変更

❷ 247ページのHINT!を参考にテキストボックスを追加して「経費内訳」と入力

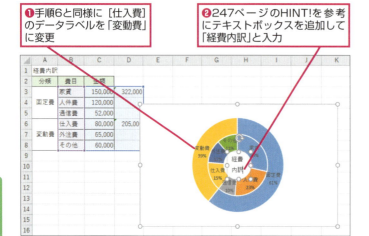

必要に応じてグラフタイトルや書式を変更しておく

HINT! 明細を外側に表示するには

外側のドーナツの方が面積が広いので、分類を内側、明細を外側に表示した方が明細のデータラベルが収まりやすくなります。内側と外側のドーナツを入れ替えるには、レッスン㊺を参考に系列の順序を変えます。

系列の順序を入れ替えると明細を外側に配置できる

テクニック 階層構造はツリーマップでも表現できる

Excel 2016では、ツリーマップを使用しても、分類とその内訳を分かりやすく表現できます。分類ごとの商品の売上高や地区ごとの支店の売上高など、階層構造のデータをグラフ化するのに役立ちます。
以下の例では、1列目に部門名、2列目に製品名、3列目に売上高が入力された表から、ツリーマップを作成しています。各製品が部門ごとに色分けされた長方形で表示されて、長方形の面積を比べることで各製品の売り上げを直感的につかめます。また、色ごとの面積を比べれば、部門ごとの売り上げの差が分かります。

①セルA2～C10をドラッグして選択

②[挿入]タブをクリック
③[階層構造グラフの挿入]をクリック

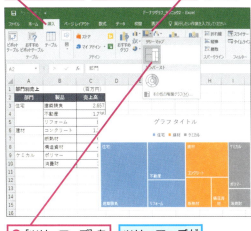

④[ツリーマップ]をクリック
ツリーマップが作成される

ツリーマップの色を変更する
⑤[グラフツール]の[デザイン]タブをクリック

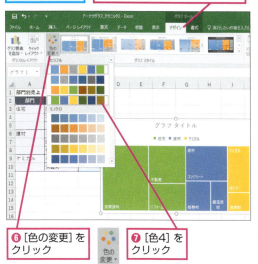

⑥[色の変更]をクリック
⑦[色4]をクリック

⑧グラフタイトルを入力

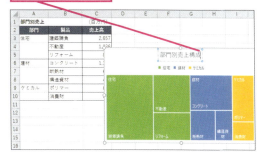

レッスン 63 左右対称の半ドーナツグラフを作成するには

グラフのコピー

対応バージョン：2016 / 2013 / 2010

レッスンで使う練習用ファイル：グラフのコピー.xlsx

項目の比較には左右対称のドーナツグラフを使う

「男性と女性」「関東と関西」など、相対する2種類のデータの内訳の比率を比較したいときは、左右対称の半ドーナツグラフを使ってみましょう。二重のドーナツグラフでも比率を比較できますが、下の例にあるような半ドーナツグラフの方が比較しやすく、また相対するデータであることが鮮明になります。

このレッスンでは下の[Before]の意識調査の表を基に、男女別の半ドーナツグラフを作成します。半ドーナツグラフはExcelには始めから用意されていないので、作成にはひと手間が必要です。ここでは男女のデータが1系列になるように新しい表を作成し、それを元にグラフを作成します。作成したグラフをコピーして、一方のグラフの左半分ともう一方のグラフの右半分を並べることで、半ドーナツグラフに見えるようにします。作成する手間はかかりますが、手間をかけたかいのある出来栄えのグラフになるはずです。

関連レッスン

▶レッスン62
分類と明細を二重のドーナツグラフで表すには ………… p.248

キーワード

クイックレイアウト	p.369
グラフエリア	p.370
ショートカットキー	p.371
データ要素	p.373
データラベル	p.373
パーセントスタイル	p.373
フィルハンドル	p.373

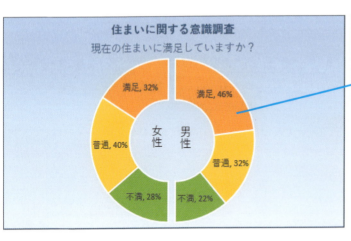

※上記のグラフは、練習用ファイルの[書式設定後]シートに用意されています。

① 住まいに関する満足度を求める

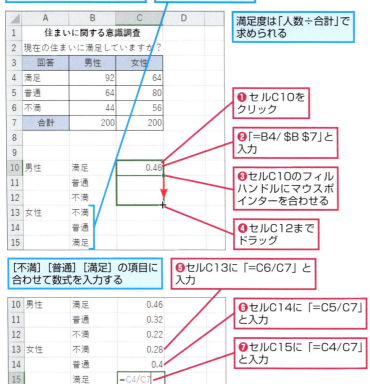

HINT! 女性のデータは男性と逆に入力する

左右対称の半ドーナツグラフを作成するには、元表の女性の項目名を男性とは逆の順序で入力することがポイントです。ドーナツグラフは真上の位置から時計回りに項目を並べます。前ページのグラフでは、女性の項目がドーナツの真上から反時計回りに真下まで並んでいるように見えますが、実際には真下から時計回りに真上まで項目が並びます。

HINT! 男女別にパーセンテージを計算しておく

セルC10～C15には、男女別にパーセンテージを計算しておきます。こうすることで、元の表のデータが変更されて、男性の合計と女性の合計が異なってしまった場合でも、男女のグラフを左右半々に表示できます。

② 満足度をパーセンテージで表示する

次のページに続く

③ ドーナツグラフを作成する

❶ セルB10〜C15をドラッグして選択
❷ [挿入]タブをクリック
❸ [円またはドーナツグラフの挿入]をクリック
❹ [ドーナツ]をクリック

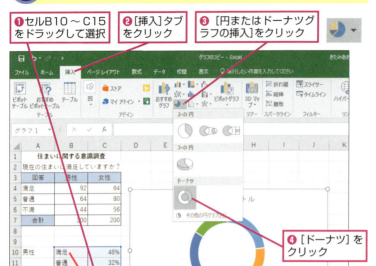

④ グラフのレイアウトを変更する

レイアウトを変更してデータラベルを追加する

❶ グラフエリアをクリック
❷ [グラフツール]の[デザイン]タブをクリック
❸ [クイックレイアウト]をクリック
❹ [レイアウト4]をクリック

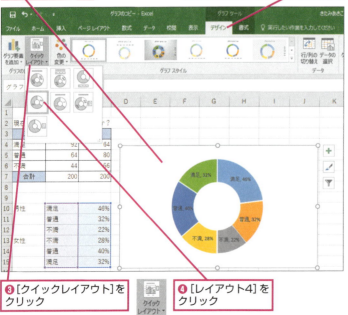

HINT! Excel 2010でドーナツグラフを作成するには

Excel 2010では、手順3でセルB10〜C15を選択した後、[挿入]タブにある[その他のグラフ]ボタンをクリックして、[ドーナツ]をクリックします。

HINT! [レイアウト4]を選ぶと分類名と値を表示できる

手順4で[レイアウト4]を適用すると、グラフタイトルと凡例が非表示になり、データラベルに分類名と値が表示されます。元の表の値がパーセンテージなので、データラベルにもパーセンテージの値が表示されます。

HINT! Excel 2010でレイアウトを設定するには

Excel 2010では、手順4の操作2〜4の代わりに、以下のように操作します。

❶ グラフエリアをクリック
❷ [グラフツール]の[デザイン]タブをクリック

❸ [グラフのレイアウト]の[その他]をクリック
❹ [レイアウト4]をクリック

分類名と値が表示される

⑤ 要素の色を変更する

要素を1つずつ選んで色を変更する

❶[満足]の要素を2回クリック

❷[グラフツール]の[書式]タブをクリック

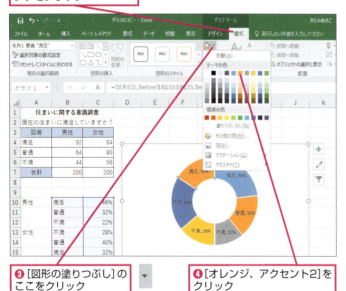

❸[図形の塗りつぶし]のここをクリック

❹[オレンジ、アクセント2]をクリック

[普通]に[ゴールド、アクセント4]、[不満]に[緑、アクセント6]を設定しておく

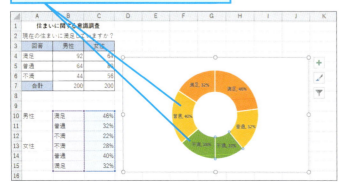

HINT! 同じ書式は F4 キーで手早く設定しよう

データ要素に同じ書式を設定するときは、F4 キーを使うと便利です。F4 キーは、直前の操作を繰り返すショートカットキーです。手順5では、男性の[満足]の要素の色を変更しますが、設定直後に女性の[満足]の要素を選択してF4 キーを押すと、同じ色を手早く設定できます。
また、手順9でデータ要素を透明にするときも、最初の要素を透明にした後、F4 キーでほかの要素も透明にできます。

HINT! Excel 2010でもExcel 2016/2013と同じ色が表示される

本書で利用する練習用ファイルは、Excel 2016/2013で作成しています。Excel 2010で練習用ファイルを開いた場合でも、カラーパレットにはExcel 2016/2013のカラーパレットと同じ色が表示され、手順5と同様に設定できます。

Excel 2010で[図形の塗りつぶし]の一覧を表示しても、Excel 2016/2013と同じ色が表示される

次のページに続く

6 グラフエリアの枠線を透明にする

❶ グラフエリアをクリック
❷ [グラフツール]の[書式]タブをクリック

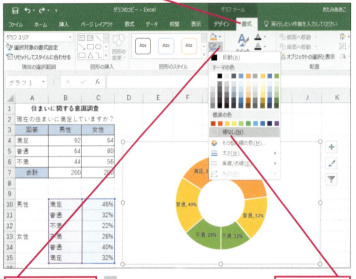

❸ [図形の枠線]のここをクリック
❹ [線なし]をクリック

 なぜグラフエリアを透明にするの?

ここでは2つのドーナツグラフを重ねて左右対称の半ドーナツグラフを作成します。手順6～7でグラフエリアの色と枠線の色を透明にすれば、グラフを重ねたときに背面のグラフが隠れません。

 分類名と値の間に改行を入れるには

手順4で[レイアウト4]を適用すると、データラベルに分類名と値が「,」(カンマ)で区切られて表示されます。分類名が長いと、データラベルがドーナツグラフをはみ出たり、切りの悪い位置で改行されることがあります。以下のように操作すれば、分類名と値の間に改行が入り、データラベルがドーナツグラフに収まりやすくなります。

❶ データラベルを右クリック

❷ [データラベルの書式設定]をクリック

❸ [区切り文字]のここをクリックして[(改行)]を選択

分類名と値の間に改行が入る

7 グラフエリアの色を透明にする

❶ グラフエリアをクリック
❷ [グラフツール]の[書式]タブをクリック

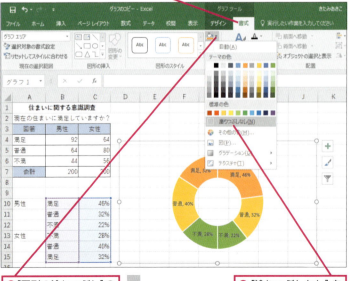

❸ [図形の塗りつぶし]のここをクリック
❹ [塗りつぶしなし]をクリック

 円グラフで割合を表そう 実践編 第8章

258 できる

8 グラフをコピーする

グラフを右側にコピーする

❶ グラフエリアをクリック
❷ クリックしたまま[Ctrl]キーを押す
❸ [Ctrl]キーと[Shift]キーを押しながらここまでドラッグ

9 半円分の塗りつぶしを透明にする

グラフがコピーされた
❶ 水平スクロールバーを右にドラッグ
❷ コピーしたグラフの左にある[満足]のデータ要素を2回クリック
❸ [グラフツール]の[書式]タブをクリック

❹ [図形の塗りつぶし]のここをクリック
❺ [塗りつぶしなし]をクリック

❻ 同様に[普通]と[不満]の要素を透明に設定

HINT! 透明なグラフエリアを選択するコツ

手順7でグラフを透明にした後、セルを選択してグラフの選択を解除すると、グラフエリアを選択しづらくなります。そのようなときは、いったんデータ系列をクリックして選択します。すると、グラフエリアが枠で囲まれるので、その枠をクリックすれば、グラフエリアを選択できます。

HINT! [Ctrl]キーでコピー、[Shift]キーで水平に移動する

[Ctrl]キーを押しながらグラフエリアをドラッグすると、グラフをコピーできます。コピーするときに[Ctrl]キーと一緒に[Shift]キーを押すと、グラフが正確に水平方向にコピーされます。

HINT! グラフを確実に水平方向にコピーするには

グラフを水平方向にコピーするときにドラッグしてコピーするのが難しい場合は、241ページのHINT!を参考にショートカットキーで任意のセルにコピーしましょう。コピーした後に、38ページのテクニックを参考に2つのグラフを選択して、[オブジェクトの配置]から[上揃え]を選択すれば、グラフの配置をそろえられます。

次のページに続く

⑩ 枠線を透明にする

データ要素の枠線を透明にする

❶[満足]の要素を2回クリック
❷[グラフツール]の[書式]タブをクリック

❸[図形の枠線]のここをクリック
❹[線なし]をクリック
❺同様に[普通]と[不満]の要素の枠線を透明にする

⑪ データラベルを削除する

❶[満足]のデータラベルを2回クリック
❷Deleteキーを押す
❸同様に[普通]と[不満]の要素のデータラベルを削除

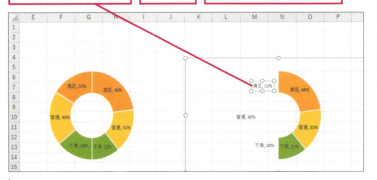

 なぜデータ要素の枠線を透明にするの？

Excel 2016/2013でドーナツグラフを作成すると、データ要素に白い枠線が表示されます。枠線をそのまま残しておくと、2つのグラフを重ねたときに枠線が見えてしまうので、透明にする必要があります。

グラフを重ねたときに枠線が重なってしまう

 Excel 2010では手順⑩の操作は不要

Excel 2010では、ドーナツグラフのデータ要素に枠線が表示されないので、手順⑩の操作は不要です。

 データラベルは必ず2回クリックしてから削除する

データラベルをクリックすると、すべての要素のデータラベルが選択されます。その状態でもう一度クリックすると、クリックしたデータラベルだけが選択された状態になるので、Deleteキーで削除します。1回クリックしただけでDeleteキーを押すと、グラフ上のデータラベルがすべて削除されてしまうので注意してください。

すべてのデータラベルにハンドルが表示されているときにDeleteキーを押すと、すべてのデータラベルが削除される

⑫ グラフを移動する

❶ 手順9～12と同様に元グラフの右側の系列を透明にしてデータラベルを削除

❷ コピーしたグラフのグラフエリアをクリック

❸ [Shift]キーを押しながらコピーしたグラフをここまでドラッグ

⑬ 左右対称の半ドーナツグラフが作成された

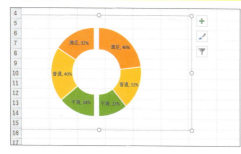

必要に応じてタイトルやテキストボックスを挿入して、グループ化しておく

背景に四角形を配置するには

グラフの背景に四角形を配置すると、タイトルやグラフのまとまりがよくなります。[挿入]タブの[図]-[図形]-[正方形/長方形]をクリックしてワークシート上をドラッグすると、四角形を描画できます。ただし、四角形はグラフの前面に表示されます。四角形を選択して、[描画ツール]の[書式]タブにある[背面へ移動]-[最背面へ移動]をクリックすると、四角形をグラフの背面に移動できます。

❶ レッスン⓰を参考に図形を追加

❷ [描画ツール]の[書式]タブをクリック

❸ [背面へ移動]のここをクリック

❹ [最背面へ移動]をクリック

図形がグラフの背面に移動する

テクニック 円グラフを回転して半円グラフを作成する

円グラフを利用して半円グラフを作っても、表現力のあるグラフになります。まず、元表の合計を含めたセル範囲を選択して円グラフを作成しましょう。レッスン㊳のHINT!を参考に円グラフを270度回転して、書式を整えれば完成です。

❶ セルA3～B6を選択して円グラフを作成

	A	B	C
1	営業部売上構成		
2	課	売上高	
3	一課	13,642,514	
4	二課	9,852,214	
5	三課	6,321,412	
6	営業部計	¥29,816,140	

❷ レッスン㊳のHINT!を参考に円グラフを270度回転

必要に応じてデータラベルや書式を設定する

この章のまとめ

●テーマや目的に合わせて円グラフを彩ろう！

円グラフは、構成比を表現するためのグラフです。扇形の面積が個々の要素の構成比を表しますが、目分量で割合や数値を正確に把握するのはなかなか難しいものです。グラフの中に項目名と比率のパーセンテージを表示して、分かりやすいグラフにしましょう。

ほかの種類のグラフに比べて、円グラフは色を付ける面積が広く、使用する色数も多いので、色使いに気を配りましょう。強調したいデータがあるときは、扇形を切り離すワザで見る人の視線を集めます。

円グラフの用途は構成比の表現に限られますが、アイデア次第で非常に面白い使い方ができます。この章では、円グラフの特定の要素の内訳を補助縦棒で表したり、中央をくりぬいて合計値を表示するなどのテクニックを紹介しました。また、ドーナツグラフを利用して、分類ごとの明細の比率を表すワザや、左右対称の半ドーナツグラフを作成するワザも紹介しています。いずれも見栄えがする上、分かりやすいグラフに仕上がります。いろいろなシーンで活用してください。

項目名の追加やコピーのテクニックを使う

パーセンテージや内訳、合計値などを表示すれば構成比を効果的に表す円グラフを作成できる

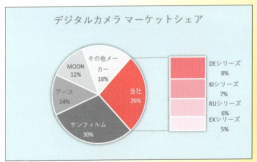

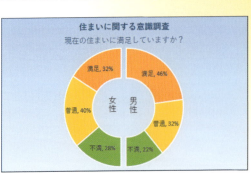

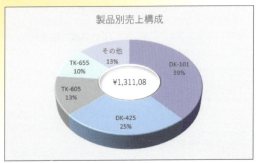

練習問題

1

[Before］シートの円グラフのデータラベルには、元表の数値が表示されています。扇の部分に分類名とパーセンテージが表示されるように変更しましょう。

●ヒント ［データラベルの書式設定］作業ウィンドウ（Excel 2010では［データラベルの書式設定］ダイアログボックス）で変更します。

円グラフに分類名とパーセンテージを表示する

2

練習問題1のグラフから、「菓子パン」の扇形を切り離しましょう。

●ヒント 「菓子パン」の扇形を切り離すには、まず「菓子パン」の扇形を選択します。

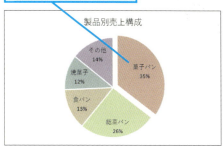

［菓子パン］のデータ要素を切り離して目立たせる

解 答

1

円グラフに分類名とパーセンテージを表示する

❶データラベルを右クリック

❷[データラベルの書式設定]をクリック

[データラベルの書式設定]の設定画面を表示し、[ラベルオプション]でラベルに表示する内容と区切り文字を設定します。

●Excel 2010の場合

❶[ラベルオプション]をクリック

❷[分類名]と[パーセンテージ]をクリックしてチェックマークを付ける

●Excel 2016/2013の場合

❶[分類名]をクリックしてチェックマークを付ける

❷[値]をクリックしてチェックマークをはずす

❸[パーセンテージ]をクリックしてチェックマークを付ける

❹[区切り文字]のここをクリックして[(改行)]を選択

❺[閉じる]をクリック

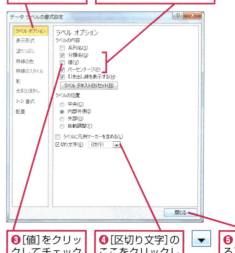

❸[値]をクリックしてチェックマークをはずす

❹[区切り文字]のここをクリックして[(改行)]を選択

❺[閉じる]をクリック

円グラフで割合を表そう 実践編 第8章

2

[菓子パン]のデータ要素を切り離す

❶[売上高]の系列をクリック

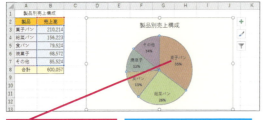

❷[菓子パン]のデータ要素をクリック

ハンドルが3つ表示されたことを確認する

扇形をゆっくり2回クリックして、[菓子パン]のデータ要素だけを選択します。その状態でドラッグすると、[菓子パン]のデータ要素を切り離せます。

❸ここにマウスポインターを合わせる

マウスポインターの形が変わった

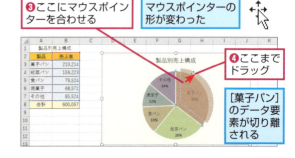

❹ここまでドラッグ

[菓子パン]のデータ要素が切り離される

第 **9** 章

グラフをデータ分析や
データ管理に役立てよう

ここまで、棒グラフ、折れ線グラフ、円グラフと、比較的なじみの深いグラフを扱ってきました。この章では、より専門性の高いグラフを取り上げ、その作成方法を紹介します。いずれもデータの分析や管理に役立つグラフばかりなので、ノウハウとテクニックをぜひ身に付けてください。

●この章の内容

- ㉞ 性能や特徴のバランスを分析するには ……………… 266
- ㉟ 数学の関数をXYグラフで表すには ………………… 270
- ㊱ 数学の関数をXYZグラフで表すには ………………… 272
- ㊲ 2種類の数値データの相関性を分析するには …… 278
- ㊳ 3種類の数値データの関係を分析するには ……… 282
- ㊴ ポジショニングマップで商品の特徴を
  分類するには ……………………………………………… 290
- ㊵ 階段グラフで段階的な変化を表すには …………… 300
- ㊶ ヒストグラムで人数の分布を表すには …………… 304
- ㊷ ピラミッドグラフで男女別に
  人数の分布を表すには ………………………………… 310
- ㊸ 箱ひげ図でデータの分布を表すには ……………… 320
- ㊹ ガントチャートで日程を管理するには …………… 330
- ㊺ Zチャートで12カ月の業績を分析するには ……… 336
- ㊻ パレート図でABC分析するには ……………………… 340
- ㊼ 株価の動きを分析するには …………………………… 350
- ㊽ 財務データの正負の累計を棒グラフで
  表すには ………………………………………………… 354
- ㊾ セルの中にグラフを表示するには ………………… 358

レッスン 64

性能や特徴のバランスを分析するには

レーダーチャート

対応バージョン： 2016 / 2013 / 2010

レッスンで使う練習用ファイル
レーダーチャート.xlsx

最大値の設定が評価を正しく表すポイント

製品の機能性や操作性、デザインなど評価のバランスをグラフで表すときは、「レーダーチャート」を使用しましょう。試験科目ごとの得点のバランスを表したいときにも便利です。

レーダーチャートでは、数値のバランスを多角形で表します。多角形が正多角形に近ければバランスが良く、ゆがんでいればバランスが悪いと判断できます。また、多角形が大きければ評価が高く、小さければ評価が低いと判断できます。

多角形で評価の高さを正しく判断するには、軸の最大値をきちんと設定して、評価が何点満点中の何点であるかを明確にすることが大切です。次ページからの手順では、10点を満点とした製品別ユーザーレビューの結果からレーダーチャートを作成していきます。[DS425]と[TM605]という製品の系列が2つ、評価項目が5つあるので、下の例のように五角形が2つ表示されたグラフになります。

関連レッスン

▶レッスン67
2種類の数値データの
相関性を分析するには …………… p.278

▶レッスン68
3種類の数値データの
関係を分析するには ………………… p.282

キーワード

データ範囲	p.373
表示形式	p.373
マーカー	p.374
ワークシート	p.375

After

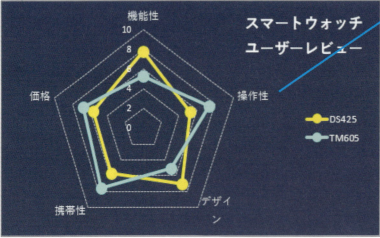

製品の機能や操作性に関する評価とバランスがひと目で分かる

※上記の[After]のグラフは、練習用ファイルの[書式設定後]シートに用意されています。

1 レーダーチャートを作成する

グラフにしたいデータ範囲を選択する

❶ セルA2～C7をドラッグして選択
❷ [挿入]タブをクリック

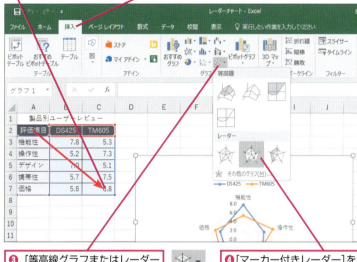

❸ [等高線グラフまたはレーダーチャートの挿入]をクリック
❹ [マーカー付きレーダー]をクリック

Excel 2010では[その他のグラフ]をクリックする

2 [軸の書式設定]作業ウィンドウを表示する

「8.0」「6.0」などと表示されているレーダー（値）軸の最大値と目盛り間隔を設定する

❶ レーダー（値）軸を右クリック

❷ [軸の書式設定]をクリック

HINT! レーダーチャートには3つの形式がある

レーダーチャートには、[レーダー][マーカー付きレーダー][塗りつぶしレーダー]の3つの形式があります。

● レーダー

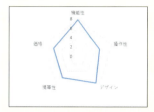

● マーカー付きレーダー

● 塗りつぶしレーダー

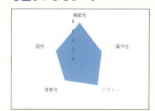

HINT! レーダー（値）軸って何？

レーダーチャートの数値軸を「レーダー（値）軸」と呼びます。軸は項目と同じ数だけあり、中心から外に向かって放射状に伸びています。レーダー（値）軸を選択したいときは、いずれかの軸の直線の部分をクリックするか、手順2のように目盛りの数値をクリックしましょう。

次のページに続く

③ レーダー（値）軸の目盛りを設定する

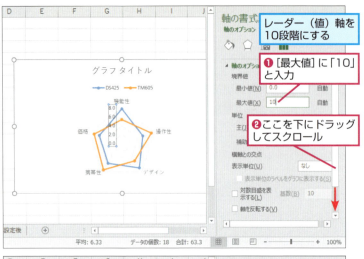

レーダー（値）軸を10段階にする

❶ [最大値] に「10」と入力

❷ ここを下にドラッグしてスクロール

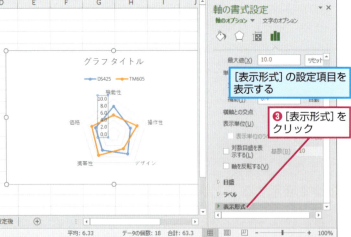

[表示形式] の設定項目を表示する

❸ [表示形式] をクリック

[表示形式] の設定項目が表示された

❹ ここを下にドラッグしてスクロール

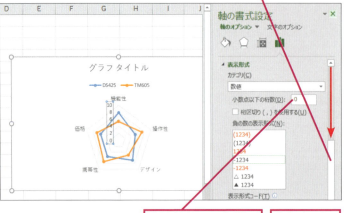

❺ [小数点以下の桁数] に「0」と入力

❻ [閉じる] をクリック

HINT! 軸の最大値をきちんと設定しよう

レーダーチャートは多角形の大きさで評価の高さを判断するので、レーダー（値）軸（レーダーチャートの数値軸）の最大値をきちんと設定しておかないと正しい判断ができません。ここでは元表のデータが10点満点中の得点なので、軸の最大値を10に変更します。

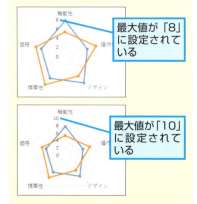

最大値が「8」に設定されている

最大値が「10」に設定されている

HINT! Excel 2010でレーダー軸を設定するには

Excel 2010では、手順3の代わりに以下のように操作します。

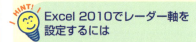

❶ [軸のオプション] をクリック

❷ [最大値] の [固定] をクリックして「10」と入力

❸ [表示形式] をクリック

❹ [小数点以下の桁数] に「0」と入力

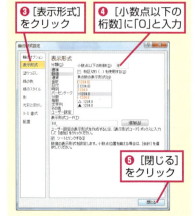

❺ [閉じる] をクリック

④ レーダー（値）軸の最大値と表示けた数が変更された

軸の表示が変更された

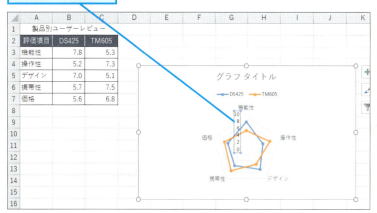

必要に応じてグラフの位置や書式を変更しておく

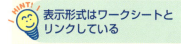
表示形式はワークシートとリンクしている

初期設定では、元表のセルに設定されている表示形式が、そのまま軸の表示形式として使用されます。手順3のようにグラフ側で独自の表示形式を設定すると、その表示形式の設定が優先されます。

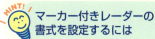
マーカー付きレーダーの書式を設定するには

マーカー付きレーダーの書式の設定方法は、マーカー付き折れ線と同様です。レッスン㊿を参考にしてください。

テクニック　透過性を設定すれば背面の多角形を見やすくできる

複数の系列を持つ塗りつぶしレーダーを作成すると背面の多角形が隠れてしまうので、透過性を設定しましょう。［データ系列の書式設定］作業ウィンドウを表示し、［マーカー］の［塗りつぶし］欄で、Excel 2010の場合は［マーカーの塗りつぶし］タブで色と透過性を設定します。なお、同じレーダーチャートでも塗りつぶしレーダーとマーカー付きレーダーでは、書式の設定方法が異なります。マーカー付きレーダーの場合、以下の手順と同じ操作を行うと、多角形の内部ではなく、多角形の頂点の図形の色が変化します。

❶系列を右クリック　❷［データ系列の書式設定］をクリック

❸［塗りつぶしと線］をクリック　❹［マーカー］をクリック

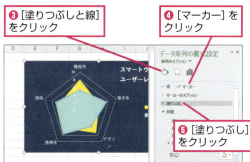

❺［塗りつぶし］をクリック

❻［塗りつぶし（単色）］をクリック　❼［色］をクリックして塗りつぶしの色を選択

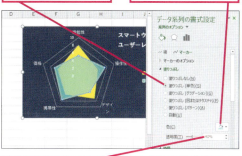

❽［透明度］に数値を入力して透明度を設定　❾［閉じる］をクリック

多角形が半透明になる

レッスン 65

数学の関数をXYグラフで表すには

散布図（平滑線）

対応バージョン 2016 2013 2010

レッスンで使う練習用ファイル
散布図.xlsx

散布図を利用して数学のXYグラフを作成できる

一次関数や二次関数をXYグラフに表すと、「x」を変化させたときの「y」の変化や、関数同士の関係が分かりやすくなります。XYグラフとは、「x=1のときy=0.5」「x=2のときy=2」というように、「x」と「y」の対応を表したグラフのことです。

ExcelでXYグラフを作成するには、散布図を使います。散布図は横軸と縦軸の両方が数値軸なので、横軸をx軸、縦軸をy軸と見立てて、XYグラフを表現できるのです。作成のポイントは、グラフの元となる表の作り方にあります。散布図では、元表の左端の列が「x」、それ以外の列が「y」として扱われます。このレッスンでは、A列に「x」、B列に二次関数「y=1/2 x²」、C列に一次関数「y=-x+8」の値を入力した表から、下の［After］のような2本のグラフを作成します。元表の「y」の列に入力する関数を変えるだけで、三角関数、指数関数、対数関数などの関数も同じ要領で作成できます。

関連レッスン

▶レッスン66
数学の関数をXYZグラフで
表すには ······················· p.272

キーワード

マーカー　　　　　　　p.374

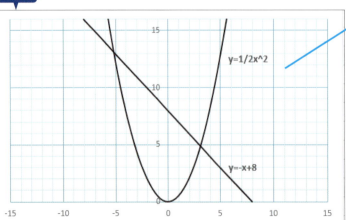

元表の1列目に「x」、2列目以降に「y」の値を入力しておく

1列目の「x」と2列目、3列目の「y」の値から2本のXYグラフを作成できる

※上記の［After］のグラフは、練習用ファイルの［書式設定後］シートに用意されています。

① 散布図を作成する

x値とy値の対応表を選択して散布図（平滑線）を作成する

❶ セルA2～C19までドラッグして選択
❷ [挿入]タブをクリック
❸ [散布図(X,Y)またはバブルチャートの挿入]をクリック
❹ [散布図（平滑線）]をクリック

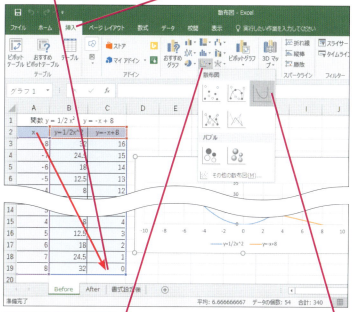

② x値とy値の対応表から散布図が作成された

散布図（平滑線）が作成できた

必要に応じてグラフの位置や書式を変更しておく

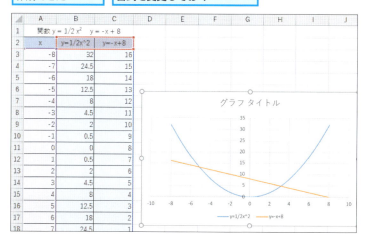

[散布図（平滑線）]とは

2種類の数値の対応を点で表したグラフを「散布図」と呼びます。[散布図（平滑線）]を使用すると、散布図の点を結んだ滑らかな線のグラフを作成できます。線は元表のデータの入力順に結ばれるので、xの小さい順にデータを入力しておきましょう。

● 散布図（マーカーのみ）

● 散布図（平滑線）

「x」を入力するときの注意

元表の「x」の値は、「1、2、3……」というように等間隔にする必要はありません。急なカーブの部分では「x」の値を細かく入力すると、グラフが美しく仕上がります。

「x」を「1、2、3……」と等間隔で入力した場合、グラフの曲線がいびつになる

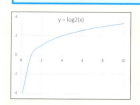

急カーブを描く「x=1」の前後を細かく入力すると、自然な曲線になる

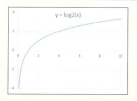

65 散布図（平滑線）

できる 271

レッスン 66

数学の関数をXYZグラフで表すには

等高線グラフ

対応バージョン 2016 2013 2010
レッスンで使う練習用ファイル
等高線グラフ.xlsx

等高線グラフで数学のXYZグラフを作成する

例えば「x=0.2、y=0.2のときz=0.48」「x=0.2、y=0.4のときz=0.18」というように、「x」「y」「z」の3種類の数値を3次元のXYZグラフで表したいときは、3本の軸を持つ等高線グラフを使用します。等高線グラフとは、地形図のような見ためを持つグラフです。地図上で同じ標高の地点を結んで等高線を描くのと同じように、グラフ上で一定間隔ごとに色を塗り分けて、値の高低を表します。縦棒や折れ線など通常のグラフは、1列目に項目名、2列目以降に数値を入力した表から作成しますが、等高線グラフは列見出しと行見出しを持つクロス表から作成します。その際、列見出しと行見出しに「x」「y」の値を等間隔に入力し、その交差部分に「z」の値を入力することがXYZグラフを正しく作成するポイントです。ここでは、下の［Before］のように「z=cos(xπ)sin(xπ)」の値を入力した表から、［After］のようなXYZグラフを作成します。

関連レッスン

▶レッスン9
グラフのデザインをまとめて設定するには ………… p.48

▶レッスン65
数学の関数をXYグラフで表すには ………………… p.270

キーワード

系列	p.370
目盛の種類	p.375
ラベル	p.375

Before

元表の列見出しに「x」、行見出しに「y」、交差部分に「z」の値を入力しておく

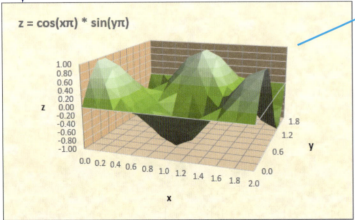

After

X軸、Y軸、Z軸を持つ3次元のグラフを作成できる

※上記の［After］のグラフは、練習用ファイルの［書式設定後］シートに用意されています。

1 3-D等高線グラフを作成する

グラフで表したいx、y、zの値を表に入力しておく

❶ セルB3～M14をドラッグして選択
❷ [挿入]タブをクリック

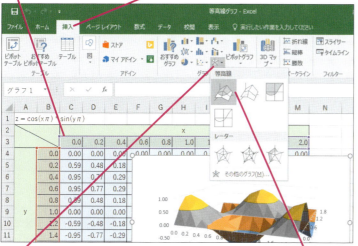

❸ [等高線グラフまたはレーダーチャートの挿入]をクリック
❹ [3-D等高線]をクリック

Excel 2010では[その他のグラフ]をクリックする

2 3-D等高線グラフの等高線を細かくする

X、Y、Zの値を元に3-D等高線グラフが作成された
等高線の間隔を狭くする

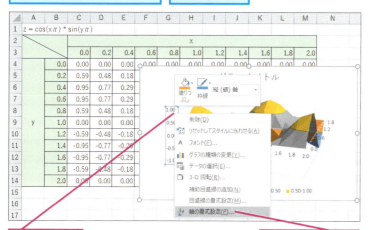

❶ 縦(値)軸を右クリック
❷ [軸の書式設定]をクリック

HINT! 等高線グラフには軸が3つある

等高線グラフには、横(項目)軸、奥行き(系列)軸、縦(値)軸の3種類の軸があります。元表の行見出しと列見出しが横(項目)軸と奥行き(系列)軸のいずれかになります。元表の数値データが縦(値)軸になります。

◆縦(値)軸

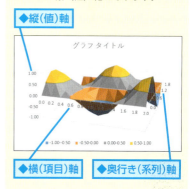

◆横(項目)軸　◆奥行き(系列)軸

HINT! xとyは等間隔で入力する

等高線グラフの3本の軸のうち、数値軸は縦(値)軸だけです。横(項目)軸と奥行き(系列)軸は、本来項目名や系列名が表示される軸です。「x」と「y」の値は、項目名や系列名としてグラフ上に等間隔で表示されるので、元表の「x」と「y」の値も小さい順に等間隔で入力する必要があります。

元表の「x」「y」を小さい順に等間隔で入力しないと、グラフのX軸とY軸がおかしくなる

次のページに続く

❸ 目盛りの間隔を変更する

❶[単位]の[主]に「0.2」と入力

Excel 2013では[目盛間隔]に「0.2」と入力する

❷[閉じる]をクリック

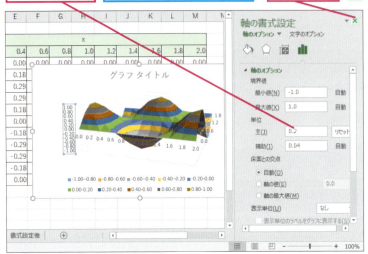

HINT! [主]の設定で等高線の幅が変わる

等高線の幅が広いと、色の変化が粗くなります。Excel 2016/2013では、[単位]の[主]の値を小さくすると縦(値)軸の目盛り間隔が狭くなり、等高線の幅が狭まることで、色のグラデーションがきれいになります。

● [主]の設定が0.5の場合

[主]の値が大きいと、等高線の幅が広くなる

● [主]の設定が0.2の場合

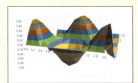

[主]の値が小さいと、等高線の幅が狭くなる

❹ 等高線が細かくなった

等高線の間隔が狭くなった

奥行き(系列)軸をグラフの下に移動する

❶奥行き(系列)軸を右クリック

❷[軸の書式設定]をクリック

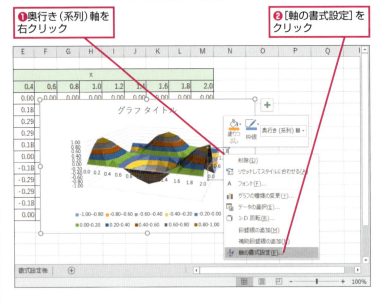

HINT! Excel 2010で目盛りの間隔を変更するには

Excel 2010では、手順3の操作の代わりに以下のように設定します。

❶[軸のオプション]をクリック

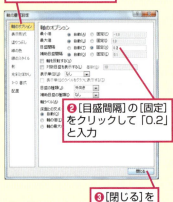

❷[目盛間隔]の[固定]をクリックして「0.2」と入力

❸[閉じる]をクリック

⑤ 奥行き（系列）軸の目盛りを グラフの下に移動する

❶ [目盛]をクリック

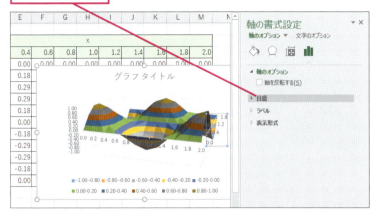

❷ [目盛の種類]のここをクリックして [なし]を選択

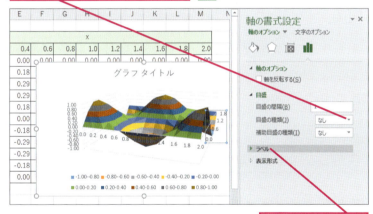

❸ [ラベル]をクリック

❹ [ラベルの位置]のここをクリックして [下端/左端]を選択

❺ [閉じる]を クリック

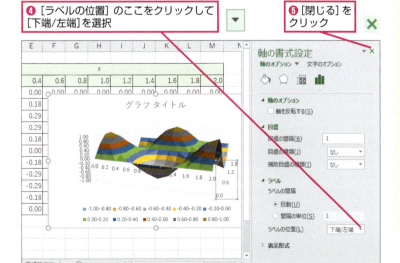

HINT! 2-Dの等高線グラフも利用できる

等高線グラフには平面のグラフも用意されています。数値の大きさは、平面上に色の違いで表示されます。等高線の幅を設定したいときは、グラフ上で縦（値）軸を選択するのが難しいので、リボンの［グラフツール］-［書式］タブにある［グラフ要素］で選択するといいでしょう。

2-Dの等高線グラフでは、数値の大きさが平面上に色の違いで表現される

HINT! X軸とY軸の目盛りを下に移動する

縦（値）軸に正と負の値が含まれると、横（項目）軸と奥行き（系列）軸は、縦（値）軸の「0」の位置に表示されます。そのままだとグラフと重なるので、手順4～6で目盛りを下に移動してグラフを見やすくしています。

次のページに続く

6 奥行き（系列）軸の目盛りがグラフの下に移動した

奥行き（系列）軸の目盛りがグラフの下に移動した

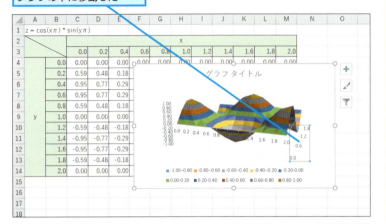

横（項目）軸を右クリックして、手順4～5と同様に、目盛りをグラフの下に移動しておく

レッスン❾を参考に、グラフに［スタイル3］のデザインを設定しておく

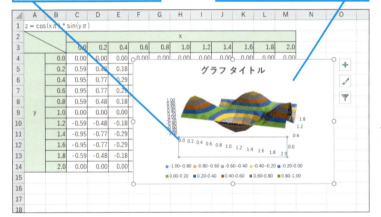

HINT! Excel 2010で目盛りを下端に移動するには

Excel 2010では、手順5の操作の代わりに以下のように設定します。

❶［軸のオプション］をクリック

❷［目盛の種類］のここをクリックして［なし］を選択

❸［軸ラベル］のここをクリックして［下端/左端］を選択

❹［閉じる］をクリック

HINT! 作業ウィンドウを表示したまま作業を続けられる

前ページの手順5で奥行き（系列）軸の目盛りをグラフの下に移動した後、作業ウィンドウを閉じずに手順6の設定を行っても構いません。作業ウィンドウが表示された状態で横（項目）軸をクリックすると、横（項目）軸の設定画面に切り替わるので、スムーズに次の設定に進めます。

テクニック スタイルを使って同系色のグラフに仕上げよう

等高線グラフは、同系色の濃淡で高低を表現すると仕上がりがきれいです。［グラフツール］の［デザイン］タブに切り替え、Excel 2016/2013の場合は［色の変更］ボタンから、Excel 2010の場合は［グラフのスタイル］から同系色の色を選びましょう。

❶グラフエリアをクリック　❷［色の変更］をクリック

❸ここを下にドラッグしてスクロール

❹［色10］をクリック

等高線グラフが同系色のグラデーションで表示された

テクニック 凡例の選択で特定の値の色を変更できる

等高線グラフは、目盛り間隔の単位で異なる色を設定できます。特定の値を目立たせたいときや、Excelに用意されていない独自の色を付けたいときは、凡例をクリックして選択し、色を付けたい値の範囲をクリックで選択します。後は、通常と同じように［図形の塗りつぶし］ボタンの一覧から色を選べば、選択した値の範囲にその色を適用できます。単に凡例全体を選択した場合は、凡例自体に色が付いてしまうので注意してください。

凡例をクリックして凡例全体を選択しておく

❶［0.40-0.60］の凡例をクリック　❷［グラフツール］の［書式］タブをクリック

❸［図形の塗りつぶし］のここをクリック　❹［赤］をクリック

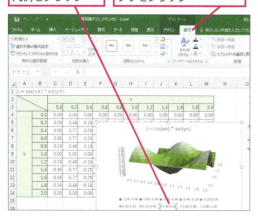

0.4～0.6の範囲の色が変わる

66 等高線グラフ

できる | 277

レッスン 67

2種類の数値データの相関性を分析するには

散布図と近似曲線

対応バージョン 2016 2013 2010

レッスンで使う練習用ファイル
散布図と近似曲線.xlsx

点のバラツキで広告費と売り上げの相関性を見分ける

「広告費と売り上げに関係はあるのか」「気温と売り上げの関係はどうか」というように、2種類の数値の関係を調べたいときは、散布図を使用します。散布図とは、縦軸と横軸の両方が数値軸になっているグラフです。例えば広告費と売り上げの数値から散布図を作成するときは、「広告費を○円かけたときの売り上げは○円」という1件のデータを、散布図上の1つの点で表します。データ数を増やせば散布図上の点が増え、点のバラツキ具合で2種類のデータの相関性を判断できるようになります。バラツキが小さく、何らかの傾向が見える場合は、相関関係があると見なせます。点の数が多いほど、データの信頼性は高くなります。

近似曲線で相関関係がはっきり分かる！

下の［After］のグラフを見てください。広告費が高いほど売り上げが伸びている様子がうかがえ、相関関係があると判断できます。相関関係があると判断される場合、散布図に適切な近似曲線を加えると、より相関関係が鮮明になります。下のグラフには直線の近似曲線を入れています。これにより、「広告費を○万円かけると、○万円の売り上げが見込める」という、より具体的なデータ分析が可能になります。

関連レッスン

▶レッスン64
性能や特徴のバランスを
分析するには ……………… p.266

▶レッスン68
3種類の数値データの
関係を分析するには ……… p.282

キーワード

系列	p.370
凡例	p.373

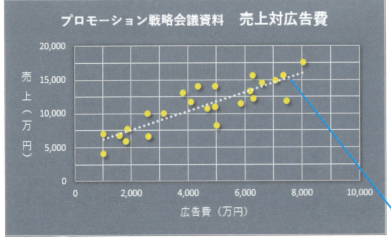

After

近似曲線を追加すると広告費と売り上げの相関関係がより鮮明になる

※上記の［After］のグラフは、練習用ファイルの［書式設定後］シートに用意されています。

① 散布図を作成する

売り上げと広告費の相関関係を調べるために散布図を作成する

❶ セルB3～C27まで
ドラッグして選択

❷ [挿入] タブを
クリック

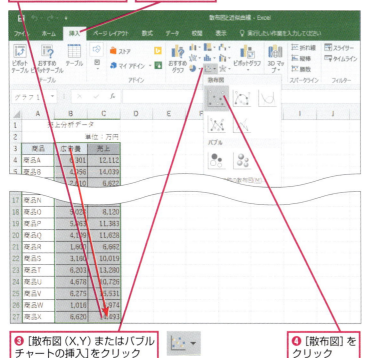

❸ [散布図（X,Y）またはバブル
チャートの挿入] をクリック

❹ [散布図] を
クリック

売り上げと広告費のデータから散布図が作成される

② 散布図が作成された

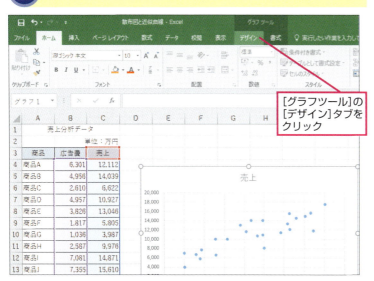

[グラフツール] の
[デザイン] タブを
クリック

HINT! 相関関係って何？

相関関係とは、2種類のデータのうち、一方を増減すると、もう一方も連動して変化する関係です。下の散布図からは、かき氷の売り上げと気温は相関関係があり、食パンの売り上げと気温は相関関係がないことがグラフから読み取れます。

相関関係がある

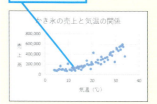

相関関係がない

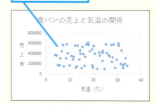

HINT! 近似曲線って何？

近似曲線とは、相関関係にあるデータの傾向を表す直線や曲線です。棒グラフ、折れ線グラフ、散布図、株価チャート、バブルチャートに追加できます。3-Dグラフには追加できません。

HINT! Excel 2010では凡例を削除する

Excel 2010で散布図を作成するとグラフに凡例が表示されますが、不要なので削除しましょう。

次のページに続く

③ 近似曲線を追加する

広告費と売り上げの相関関係を明確に表すために近似曲線を追加する

❶[グラフ要素を追加]をクリック
❷[近似曲線]にマウスポインターを合わせる
❸[線形]をクリック

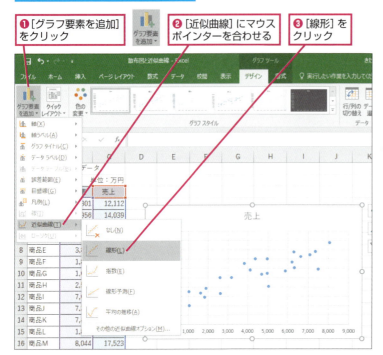

④ 近似曲線が追加された

売り上げと広告費の相関関係を表す近似曲線が追加された

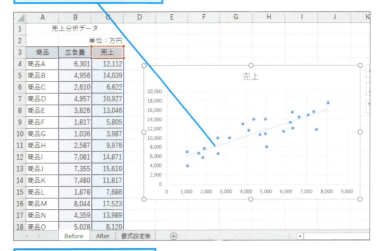

必要に応じてグラフの位置や書式を変更しておく

HINT! 近似曲線の種類は慎重に選ぼう

このレッスンでは直線の近似曲線を使用しましたが、このほかにもいろいろな形の近似曲線が用意されています。近似曲線はデータの傾向を分かりやすく示す便利な道具ですが、適切な種類を選ばないと、間違った傾向を示すことになります。データの状態に合うものを慎重に選びましょう。

HINT! Excel 2010で近似曲線を追加するには

Excel 2010では、[グラフツール]の[レイアウト]タブから近似曲線を追加します。

❶[グラフツール]の[レイアウト]タブをクリック

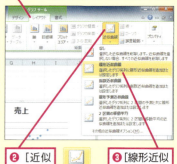

❷[近似曲線]をクリック

❸[線形近似曲線]をクリック

テクニック 系列が2つある散布図を作成する

「男性の年齢と購入額」「女性の年齢と購入額」というように2組のデータから2系列の散布図を作成したいときは、まず、男性のデータから散布図を作成します。次に、[データソースの選択]ダイアログボックスを使用して女性のデータを追加します。男性と女性のデータ数は、異なっていても構いません。なお、レッスン㊹のように共通のxから2系列の散布図を作成する場合は、最初から2系列一緒に作成できます。

セルA2〜B21（[年齢]列と[男性]列）のデータから散布図を作成しておく

❶グラフエリアを右クリック
❷[データの選択]をクリック

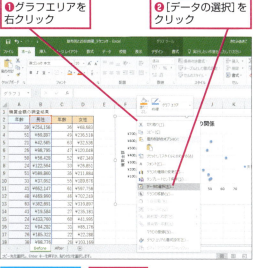

[女性]の系列を追加する
❸[追加]をクリック

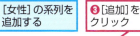

❹[系列名]でセルD2を選択
❺[系列Xの値]でセルC3〜C20を選択
❻[系列Yの値]でセルD3〜D20を選択
❼[OK]をクリック

操作5〜6では列見出しを含めないようにする

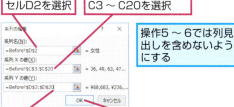

[凡例項目]に[女性]が追加された

❽[OK]をクリック

セルC3〜C20とセルD2〜D20のデータが追加された

必要に応じて書式を変更しておく

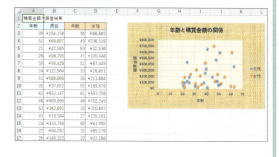

レッスン 68

3種類の数値データの関係を分析するには

バブルチャート

対応バージョン 2016 / 2013 / 2010

レッスンで使う練習用ファイル
バブルチャート.xlsx

3番目の数値はバブルの大きさで表現する

2種類の数値の相関関係を表したいときはレッスン㊿で紹介した散布図を使用しますが、3種類の数値の相関関係を表すときは「バブルチャート」を使うといいでしょう。バブルチャートの軸は縦軸も横軸も数値軸で、3種類のうち2つの数値は縦軸と横軸から読み取ります。3番目の数値はプロットエリア上に描いた「バブル」と呼ばれる円の大きさで判断します。

このレッスンでは、「Mercury」や「Venus」「Mars」など、Webサイトの更新頻度、被リンク数、閲覧数の3種類の数値から下のグラフのようなバブルチャートを作成します。更新頻度と被リンク数を軸に取り、閲覧数をバブルの大きさで表すことで、更新頻度と被リンク数がサイト閲覧数に及ぼす影響を分析できます。

非常に手の込んだグラフに見えますが、バブルチャートはExcelに初めから用意されているので、簡単に作成できます。次ページからの手順では、バブルチャートを作成する方法、バブルの色を塗り分ける方法、バブルに項目名を表示する方法を順を追って説明していきます。

関連レッスン

▶レッスン64
性能や特徴のバランスを
分析するには ……………… p.266

▶レッスン67
2種類の数値データの
相関性を分析するには ……… p.278

キーワード

系列	p.370
縦（値）軸	p.372
データラベル	p.373
プロットエリア	p.374
横（値）軸	p.375

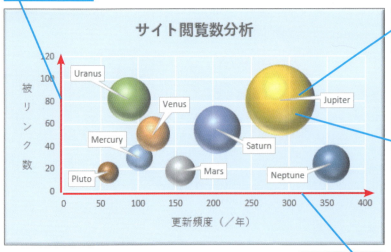

※上記の[After]のグラフは、練習用ファイルの[書式設定後]シートに用意されています。

1 3種類の数値データから3-Dのバブルチャートを作成する

各Webサイトの更新頻度と被リンク数、閲覧数からバブルチャートを作成する

❶ セルB3～D10をドラッグして選択
❷ [挿入] タブをクリック

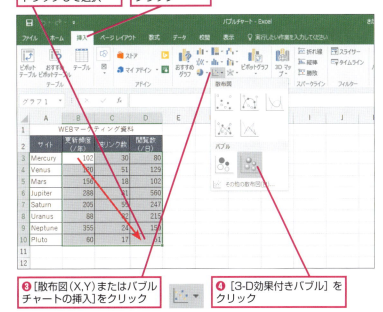

❸ [散布図(X,Y)またはバブルチャートの挿入]をクリック
❹ [3-D効果付きバブル] をクリック

Excel 2010では [その他のグラフ] をクリックする

2 [データ系列の書式設定] 作業ウィンドウを表示する

バブルの大きさや色を設定する
❶ バブルを右クリック

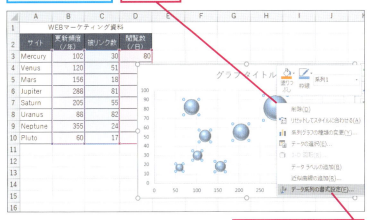

❷ [データ系列の書式設定]をクリック

HINT! x値、y値、バブルのサイズの順に入力しよう

バブルチャート用の元表を作成するときは、左の列にx値（横軸の値）、真ん中の列にy値（縦軸の値）、右の列にバブルのサイズを入力します。

HINT! 表の見出しを含めずに選択する

バブルチャートを作成するときは、表の見出しを含めずに数値のセルだけを選択します。表の見出しを選択に含めると、正しいグラフを作成できません。系列名は、必要に応じて後から設定します。設定するには、グラフエリアを右クリックして、[データの選択]をクリックします。[データソースの選択]ダイアログボックスで[編集]ボタンをクリックして[系列の編集]ダイアログボックスの[系列名]で系列名のセル（ここではセルD2）を指定します。

[系列の編集]ダイアログボックスの[系列名]で系列名を設定できる

HINT! Excel 2010でバブルチャートを作成するには

Excel 2010では、手順1でセルB3～D10を選択した後、[挿入] タブにある [その他のグラフ] ボタンをクリックしてから [3-D効果付きバブル] をクリックします。作成されるグラフに凡例が表示されますが、クリックして選択し、Deleteキーを押して削除しておきましょう。

次のページに続く

❸ バブルの大きさを変更する

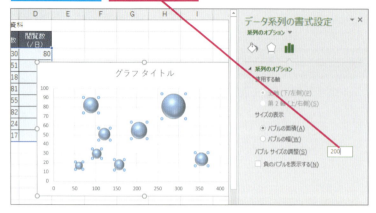

HINT! バブルの大きさを倍に設定できる

［バブルサイズの調整］の既定値は100です。「200」を設定するとバブルの面積が2倍になります。バブルの数が多いときは小さめに、反対に少ないときは大きめにするといいでしょう。

HINT! Excel 2010でバブルの大きさや色を調整するには

Excel 2010では、手順3～手順4の代わりに以下のように操作します。

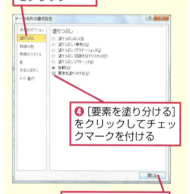

❹ バブルの色を塗り分ける設定をする

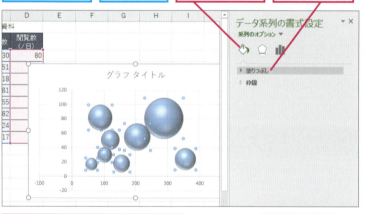

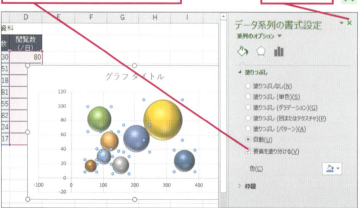

HINT! 系列が複数あるとバブルの色を塗り分けられない

初期設定では、同系列のバブルに同じ色が表示されます。バブルに1つずつ異なる色を付けたいときは、手順4のように［要素を塗り分ける］にチェックマークを付けます。ただし、系列が複数ある場合は、要素の塗り分けができません。

❺ [軸の書式設定] 作業ウィンドウを表示する

| バブルの要素がすべて別の色に変わった | 横(値)軸を設定する | ❶横(値)軸を右クリック | ❷[軸の書式設定]をクリック |

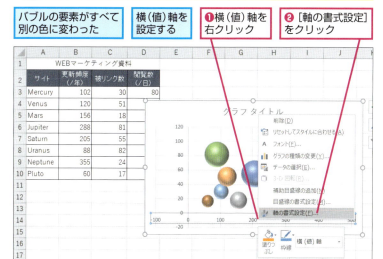

HINT! バブルのサイズを決めてから軸を設定する

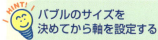

軸の最小値や最大値を設定した後にバブルのサイズを変更すると、バブルがプロットエリア内に収まらなくなることがあります。先にバブルのサイズを決定し、必要な軸のサイズを確認してから、軸の最小値や最大値を設定するようにしましょう。

❻ 軸の目盛りの範囲を設定する

| 横(値)軸の[最小値]を「0」、[最大値]を「400」に設定する | ❶[最小値]に「0」と入力 | ❷[最大値]に「400」と入力 |

| 続けて縦(値)軸を設定する |

| ❸縦(値)軸をクリック | ❹[最小値]に「0」と入力 | ❺[閉じる]をクリック |

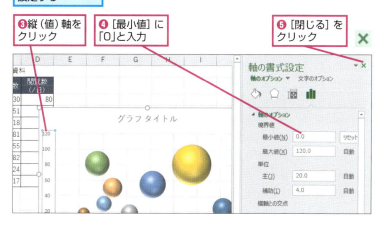

HINT! Excel 2010で軸の目盛りの範囲を調整するには

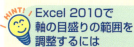

Excel 2010では、手順6の代わりに以下のように操作します。

| ❶[軸のオプション]をクリック | ❷[最小値]の[固定]をクリックして「0」と入力 |

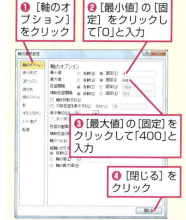

| ❸[最大値]の[固定]をクリックして「400」と入力 |
| ❹[閉じる]をクリック |
| ❺同様に縦(値)軸の[最小値]を「0」に設定 |

次のページに続く

68 バブルチャート

できる 285

7 バブルにデータの吹き出しを追加する

ここでは吹き出しのデータラベルを追加する

❶ グラフエリアをクリック
❷ [グラフ要素]をクリック
❸ [データラベル]のここをクリック

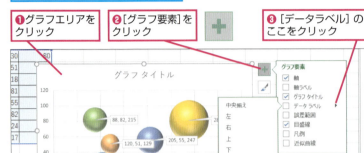

❹ [データの吹き出し]をクリック

8 データラベルに項目名を表示する

データの吹き出しが追加された

データの吹き出しに[サイト]列にある項目名を表示させる

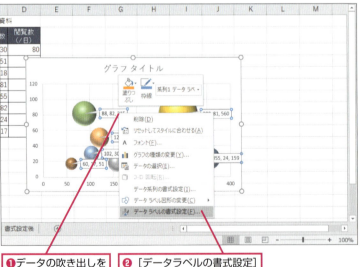

❶ データの吹き出しを右クリック
❷ [データラベルの書式設定]をクリック

HINT! Excel 2010でデータラベルを追加するには

Excel 2010では、吹き出しの形をしたデータラベルは追加できません。また、手順9のように吹き出しに表示するセルの値をまとめて指定する機能もありません。手順7～11の代わりに、以下のように操作しましょう。
なお、手順9の設定はExcel 2013以降で利用できる機能なので、この機能を使用したグラフをExcel 2010で開くと項目名が表示されません。

❶ いずれかのバブルをクリック
❷ [グラフツール]の[レイアウト]タブをクリック

❸ [データラベル]をクリック
❹ [中央]をクリック

❺ データラベルを2回クリック
❻ 数式バーに「=」と入力

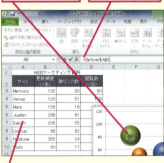

❼ データラベルが参照するセルをクリックして選択

データラベルに項目名が表示される

同様にそのほかのデータラベルにも項目名を表示しておく

データラベルにセルの値が表示されるようにする

データラベルが参照するセルを設定する

❶[セルの値]をクリックしてチェックマークを付ける

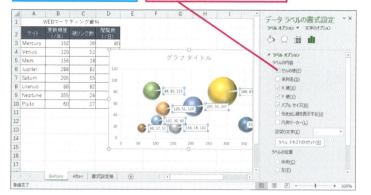

[データラベル範囲]ダイアログボックスが表示された

❷セルA3にマウスポインターを合わせる

マウスポインターの形が変わった

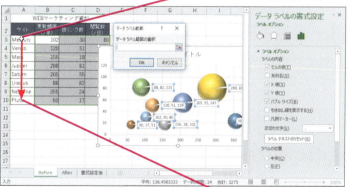

ここではセルA3～A10を参照する

❸セルA10までドラッグして選択

HINT! バブルに対応した項目をすぐに確認するには

グラフエリアを選択した状態でバブルにマウスポインターを合わせると、ポップアップヒントに系列の情報が表示されます。Excel 2010ではデータラベルに項目名を入れる操作が手作業になりますが、このポップヒントを手がかりに、バブルの項目名を判断するといいでしょう。

マウスポインターを合わせると、ポップアップヒントに系列の情報が表示される

HINT! バブルに透過性を設定できる

バブルが重なってしまうときは、透過性を設定すると、重なり合ったバブルの下の図形を透かして見せることができます。バブルを右クリックして、ショートカットメニューから[データ系列の書式設定]をクリックすると、設定画面が表示されます。Excel 2016/2013の場合はレッスン㊿の手順6の操作4～7、Excel 2010の場合は215ページで紹介したHINT!「Excel 2010で書式を変更するには」の手順4～7を参考に設定を行うと、バブルを半透明にできます。ただし、自動でバブルの色を塗り分けることはできなくなるので注意してください。

次のページに続く

⑩ データラベルに項目名が追加された

選択したセル範囲が表示されていることを確認しておく

[OK]をクリック

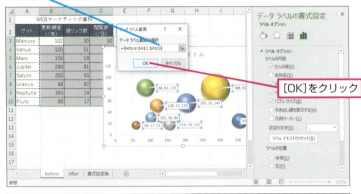

⑪ バブルチャートが完成した

データの吹き出しに項目名だけが表示されるように設定する

❶ [X値]をクリックしてチェックマークをはずす

❷ [Y値]をクリックしてチェックマークをはずす

❸ [バブルサイズ]をクリックしてチェックマークをはずす

❹ [閉じる]をクリック

データの吹き出しが追加された

HINT! データの吹き出しの位置を調整するには

データラベルをゆっくり2回クリックすると、クリックしたデータラベルが選択されます。その状態で枠線部分をドラッグすると、データラベルの位置を移動できます。見やすい位置に移動するといいでしょう。また、吹き出しの形のデータラベルの場合は、黄色いハンドルをドラッグすると、吹き出しの位置を変更できます。

[Neptune]のみを選択しておき、吹き出しの位置を調整する

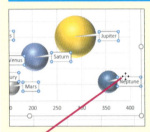

❶ データの吹き出しの枠線にマウスポインターを合わせる

マウスポインターの形が変わった

❷ ここまでドラッグ

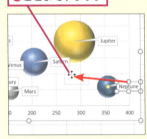

データの吹き出しの位置が調整された

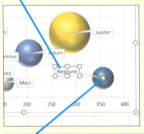

黄色の調整ハンドルをドラッグすると吹き出しの始点を調整できる

グラフをデータ分析やデータ管理に役立てよう　応用編 第9章

テクニック 系列が2つあるバブルチャートを作成するには

2系列あるバブルチャートを作成したいときは、まず、1系列分のデータだけを選択して、バブルチャートを作成します。次に、以下のように[データソースの選択]ダイアログボックスを表示して、2系列目を追加します。

❶グラフエリアを右クリック

❷[データの選択]をクリック

❹[系列名][系列Xの値][系列Yの値][系列のバブルサイズ]のセル範囲を設定

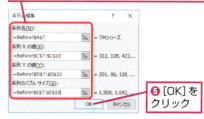

❺[OK]をクリック

❸[追加]をクリック

❻[データソースの選択]ダイアログボックスの[OK]をクリック

2系列目のデータが追加された

テクニック データの吹き出しの形を変更できる

Excel 2016/2013では吹き出しの形をしたデータラベルを作成できますが、作成後に吹き出しの形を変えることもできます。簡単な操作で変更できるので、いろいろ試して好みの形を選ぶといいでしょう。

❶データの吹き出しを右クリック

❷[データラベル図形の変更]にマウスポインターを合わせる

データの吹き出しの形が変わった

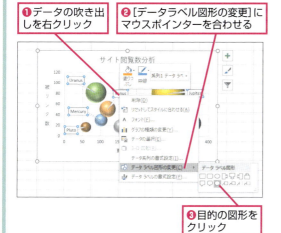

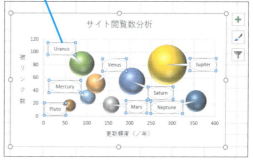

❸目的の図形をクリック

バブルチャート

できる | 289

レッスン 69

ポジショニングマップで商品の特徴を分類するには

散布図の軸の移動

対応バージョン: 2016 / 2013 / 2010

レッスンで使う練習用ファイル: 散布図の軸の移動.xlsx

ポジショニングマップでターゲットやラインナップなどの戦略を練ろう！

2つの基準項目で商品を評価し、その位置付けを示した図を「ポジショニングマップ」と呼びます。自社商品のラインナップを分かりやすく紹介したり、競合商品の特徴を比べて競争力を分析したいときに便利です。企画書やプレゼン資料でも非常に効果的なので、ぜひ身に付けておきましょう。

ポジショニングマップは、散布図かバブルチャートを使用して作成します。このレッスンでは下の［After］の図のように、ノートパソコンのラインナップの位置付けを散布図で表します。サイズと機能性の2つの観点でプロットエリアを4つのエリアに分け、商品を分類します。例えば、右上のエリアにある「NX Pro」や「NX High」は、多機能、据置型であることを示せます。散布図でこのようなグラフを作成するには、軸を中央で交差させ、プロットエリアを4つのエリアに分けることがポイントです。ここではさらに各エリアを異なる色で塗り分けるテクニックも紹介します。

関連レッスン

▶レッスン19
数値軸や項目軸に説明を表示するには p.84

▶レッスン36
2種類の単位の数値からグラフを作成するには p.138

▶レッスン68
3種類の数値データの関係を分析するには p.282

キーワード

系列	p.370
第2軸縦（値）軸	p.372
第2軸横（値）軸	p.372
縦（値）軸	p.372
プロットエリア	p.374
横（値）軸	p.375

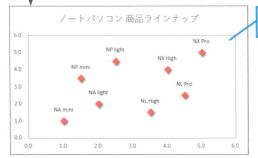

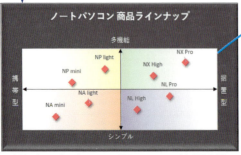

ノートパソコンの商品ラインナップを散布図で示したい

プロットエリアを4つのエリアに分けて、「多機能」「シンプル」「据置型」「携帯型」に商品を分類できる

※上記の［After］のグラフは、練習用ファイルの［書式設定後］シートに用意されています。

プロットエリアの中央で軸を交差する

1 横（値）軸をプロットエリアの中央に表示する

軸ラベルと、縦軸との交点の値を設定する

❶ 縦（値）軸を右クリック
❷ [軸の書式設定]をクリック

❸ [横軸との交点]の[軸の値]をクリック
❹ [軸の値]に「3」と入力し、Enterキーを押す

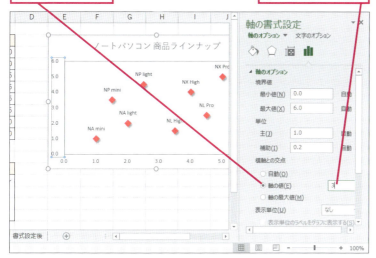

特徴やポイントを数値で入力しておく

前ページの［Before］のグラフは、元表のセルB3～C10から作成した散布図です。この表では、商品ごとにサイズと機能性を1～5点の点数で評価しています。サイズは1に近いほど携帯型、5に近いほど据置型とします。また機能性は1に近いほどシンプル、5に近いほど多機能とします。
［Before］のグラフでは、縦軸、横軸ともに、最小値を「0」、最大値を「6」に設定しています。また、目盛り線は非表示にしています。

軸の交点を「3」にすれば中央で交差する

練習用ファイルにある［Before］のグラフは、縦軸、横軸ともに数値の範囲が「0.0」～「6.0」です。したがって、縦軸の「3」の位置に横軸を表示し、横軸の「3」の位置に縦軸を表示すれば、2つの軸がプロットエリアの中央で交差します。

69 散布図の軸の移動

次のページに続く

② 縦（値）軸の軸ラベルを非表示にする

Excel 2010で横（値）軸を設定するには

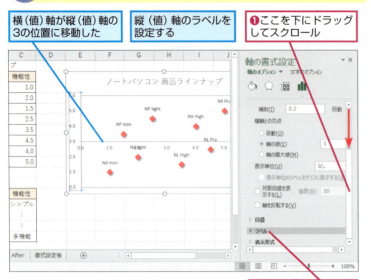

Excel 2010では、手順1の操作3〜手順2の代わりに、以下のように操作します。

❶ ［軸のオプション］をクリック
❷ ［軸ラベル］のここをクリックして［なし］を選択
❸ ［横軸との交点］の［軸の値］をクリックして「3」と入力
❹ ［閉じる］をクリック

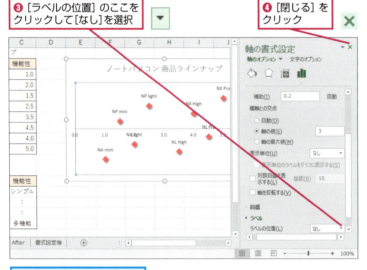

続けて縦軸との交点を設定できる

手順2で縦（値）軸の目盛りの数値を非表示にした後、作業ウィンドウを閉じずに横（項目）軸をクリックすると、作業ウィンドウが横（項目）軸の設定用に切り替わるので、続けて設定を行えます。

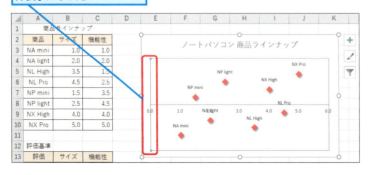

縦（値）軸の目盛りの数値が非表示になった

グラフをデータ分析やデータ管理に役立てよう

応用編 第9章

292 できる

3 縦（値）軸をプロットエリアの中央に移動する

手順2と同様に、横（値）軸の軸ラベルで[縦軸との交点]の[軸の値]を[3]、[ラベルの位置]を[なし]に設定

プロットエリアを4つの領域に分ける

4 縦軸の線を矢印に変更する

❶縦（値）軸をクリック

❷ [グラフツール] の [書式] タブをクリック

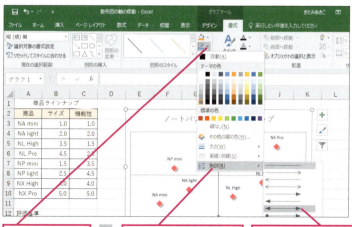

❸ [図形の枠線] のここをクリック
❹ [矢印] にマウスポインターを合わせる
❺ [矢印スタイル7] をクリック

❻同様に横（値）軸も[矢印スタイル7]に変更

横（値）軸が選択しづらい場合は、[グラフツール]の[書式]タブにある[グラフ要素]から選択する

HINT! 矢印を表示すれば評価の対極性を表せる

ポジショニングマップでは、通常軸の両端に「多機能−シンプル」「甘い−辛い」「カジュアル−フォーマル」のような対極の評価を意味する単語を配置します。手順4で軸の両端に矢印を表示することで、軸の対極性が伝わります。

矢印があると、軸の両端が正反対の意味を持つことが伝わりやすくなる

次のページに続く

69 散布図の軸の移動

できる | 293

❺ 作業用の4つのセルに数値を入力する

作業用のセルとしてセルF16～G17に「1」と入力する

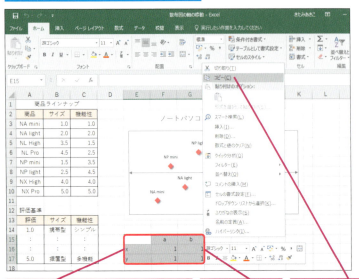

❶セルE16に「x」、セルE17に「y」、セルF15に「a」、セルG15に「b」、セルF16～G17に「1」をそれぞれ入力

❷ セルE15～G17を選択して右クリック

❸ [コピー] をクリック

❻ 系列として値を貼り付ける

❶グラフエリアをクリック　❷[ホーム]タブをクリック　❸[貼り付け]をクリック

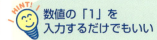

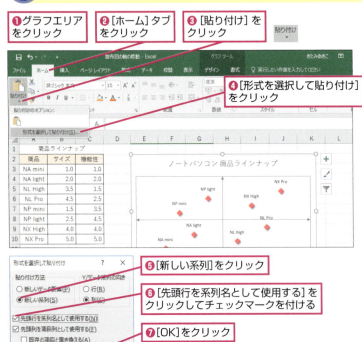

❹[形式を選択して貼り付け]をクリック

❺[新しい系列]をクリック

❻[先頭行を系列名として使用する]をクリックしてチェックマークを付ける

❼[OK]をクリック

HINT! 数値の「1」を入力するだけでもいい

手順5で列見出しに「a」「b」、行見出しに「x」「y」、それぞれのデータとして「1」を入力した表から積み上げ縦棒グラフを作成しています。「a」「b」や「x」「y」は、積み上げ縦棒グラフの系列や項目を見分けるためのデータで、最終的にグラフから非表示にします。したがって列見出しや行見出しを入力せずに、セルF16～G17の4つのセルに「1」を入力するだけでも構いません。その場合、セルF16～G17をコピーし、手順6の[形式を選択して貼り付け]ダイアログボックスで[先頭行を系列名として使用する]と[先頭列を項目列として使用する]のチェックマークをはずします。

HINT! 4つのエリアを塗り分ける仕組み

Excelでは軸を境にプロットエリアを塗り分けする機能はありません。そこで散布図に2項目、2系列の積み上げ縦棒グラフを追加します。積み上げ縦棒グラフを第2軸に割り当て、プロットエリアいっぱいに広げます。すると、2項目×2系列の積み上げ縦棒グラフが、ちょうど縦軸と横軸を境に表示されます。後は積み上げ縦棒グラフの要素ごとに異なる色を設定しましょう。

2項目×2系列の積み上げ縦棒グラフを追加する

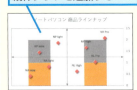

積み上げ縦棒グラフをプロットエリアいっぱいに広げると、4つの要素が軸を境にきれいに分かれる

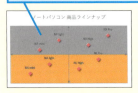

7 [グラフの種類の変更] ダイアログボックスを表示する

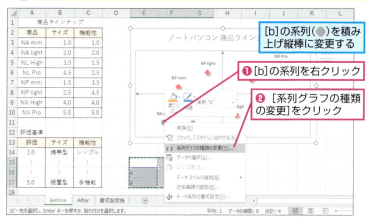

[b]の系列（●）を積み上げ縦棒に変更する

❶ [b]の系列を右クリック
❷ [系列グラフの種類の変更]をクリック

8 [b]の系列（●）を積み上げ縦棒に変更する

[a]の系列と[b]の系列を積み上げ縦棒グラフに変更する

❶ [a]の[第2軸]をクリックしてチェックマークを付ける
❷ [a]のここをクリックして[積み上げ縦棒]を選択
❸ [b]の[第2軸]をクリックしてチェックマークを付ける
❹ [b]のここをクリックして[積み上げ縦棒]を選択
❺ [OK]をクリック

HINT! Excel 2010でグラフの種類を変更するには

Excel 2010では、手順7～8の代わりに以下のように操作します。

[b]の系列を第2軸に設定する

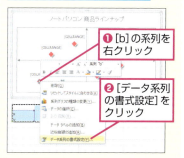

❶ [b]の系列を右クリック
❷ [データ系列の書式設定]をクリック

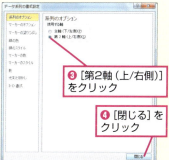

❸ [第2軸（上/右側）]をクリック
❹ [閉じる]をクリック

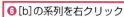

❺ 同様に[a]の系列も第2軸に設定

❻ [b]の系列を右クリック
❼ [系列グラフの種類の変更]をクリック

❽ [縦棒]をクリック

❾ [積み上げ縦棒]をクリック
❿ [OK]をクリック

⓫ 同様に[a]の系列も積み上げ縦棒に変更

次のページに続く

69 散布図の軸の移動

⑨ 第2軸縦（値）の最大値を変更する

第2軸縦（値）軸の最大値を変更してプロットエリアの上下いっぱいに積み上げ縦棒グラフが表示されるようにする

❶ 第2軸縦（値）軸を右クリック

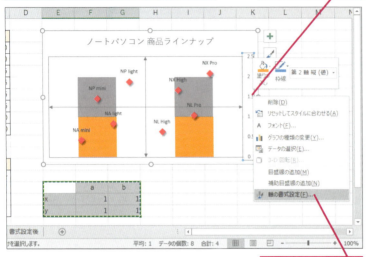

❷ ［軸の書式設定］をクリック

❸ ［最大値］に「2」と入力し、Enterキーを押す

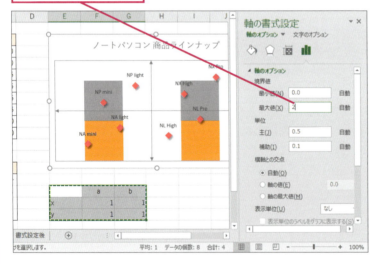

HINT! PPMグラフって何？

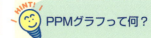

横軸に市場シェア、縦軸に市場成長率を配置したポジショニングマップを、PPM（Product Portfolio Management）グラフと呼びます。自社製品を4つの領域に分けて競争力を分析し、経営資源を各製品にどのように分配するかを検討するために使用します。

バブルチャートでPPMグラフを作成すると、市場シェアと市場成長率に加え、売り上げの大きさをバブルサイズで表せます。

PPMグラフで各製品の競争力を分析できる

HINT! 積み上げ縦棒をプロットエリアいっぱいに広げる仕組み

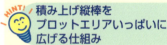

手順9で第2軸縦（値）軸の最大値を「2」にすることで、積み上げ縦棒グラフがプロットエリアの縦いっぱいに広がります。また、手順13で要素の間隔を「0」にすることで、積み上げ縦棒グラフがプロットエリアの横いっぱいに広がります。

［最大値］を「2」にすると縦いっぱいに広がる

［要素の間隔］を「0」にすると横いっぱいに広がる

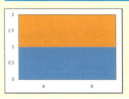

10 第2軸横（値）軸の目盛りと軸ラベルを設定する

[目盛]の設定項目を表示する

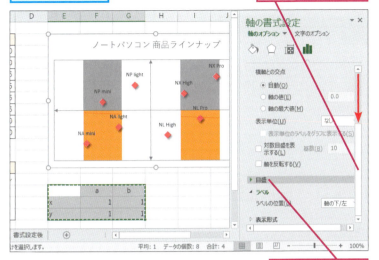

❶ここを下にドラッグしてスクロール

❷[目盛]をクリック

❸ここを下にドラッグしてスクロール

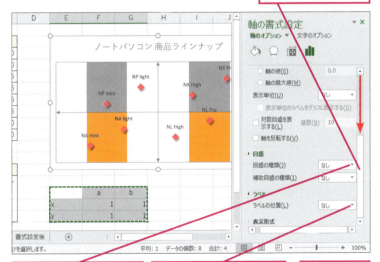

❹[目盛の種類]のここをクリックして[なし]を選択

❺[ラベルの位置]のここをクリックして[なし]を選択

❻[閉じる]をクリック

HINT! 目盛りの数値や線を非表示にできる

手順10では、[目盛の種類]とラベルの位置で[なし]を設定しています。こうすることで、目盛りを区切る線や数値が消え、グラフ上に第2縦軸が存在するにもかかわらず、非表示になったように見えます。

[目盛の種類]で[なし]を選択すると目盛りの線が消える

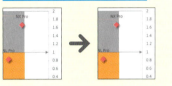

[ラベルの位置]で[なし]を選択すると目盛りの数値が消える

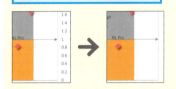

HINT! Excel 2010で第2縦軸を設定するには

Excel 2010では、手順9の操作3〜手順10の代わりに、以下のように操作します。

❶[軸のオプション]をクリック

❷[最大値]の[固定]をクリックして「2」と入力

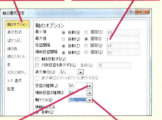

❸[目盛の種類]のここをクリックして[なし]を選択

❹[軸ラベル]のここをクリックして[なし]を選択

❺[閉じる]をクリック

次のページに続く

散布図の軸の移動

69

できる 297

11 第2軸横（項目）軸の表示方法を設定する

第2横軸を追加する
［グラフツール］の［デザイン］タブを表示しておく

❶［グラフ要素を追加］をクリック
❷［軸］にマウスポインターを合わせる
❸［第2横軸］をクリック

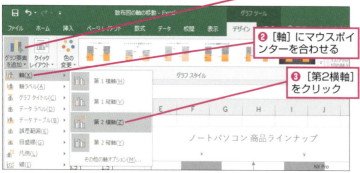

第2軸横（項目）が表示された
❹第2軸横（項目）軸を右クリック
❺［軸の書式設定］をクリック

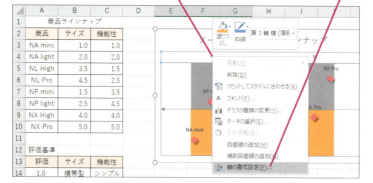

❻［目盛の種類］のここをクリックして［なし］を選択

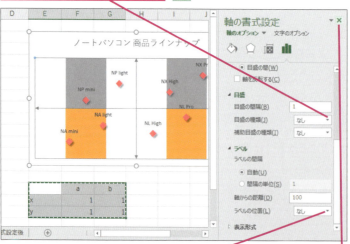

❼［ラベルの位置］のここをクリックして［なし］を選択
❽［閉じる］をクリック

HINT! どうしてラベルなしで軸を表示するの？

手順11では、第2横軸を表示した後、目盛りを区切る線と数値を非表示にしています。グラフの上端に第2横軸が存在することで、最後に軸ラベルをプロットエリアの上側に簡単に配置して、「多機能」という文字を表示できます。

第2横（値）軸を追加しないと第2軸ラベルが下に配置されてしまう

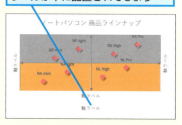

HINT! Excel 2010では第2横軸を設定する

Excel 2010では手順11の代わりに以下の手順で操作して、第2横軸の項目名と数値を非表示にします。

❶［グラフツール］の［レイアウト］タブをクリック
❷［軸］をクリック

❸［第2横軸］にマウスポインターを合わせる
❹［ラベルなしで軸を表示］をクリック

12 [データ系列の書式設定] ダイアログボックスを表示する

積み上げ縦棒の間隔を0にして、プロットエリアいっぱいに広げる

❶ 積み上げ縦棒を右クリック
❷ [データ系列の書式設定]をクリック

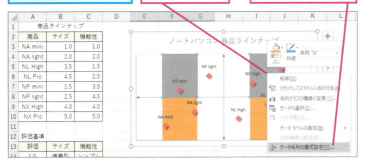

13 積み上げ縦棒の間隔を0にする

❶ [要素の間隔]に「0」と入力
❷ [閉じる]をクリック

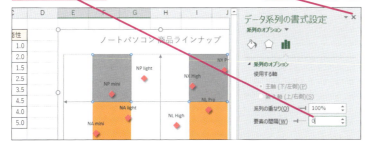

14 ポジショニングマップが完成した

各商品の特徴が4つの領域に区分された

レッスン⑲と同様に4つの軸に軸ラベルを表示し、それぞれに「多機能」「携帯型」「シンプル」「据置型」などの名称を入力

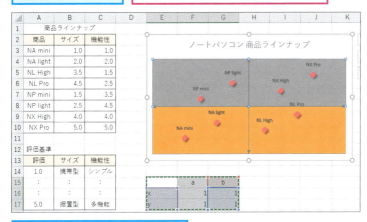

必要に応じてグラフの位置や書式を変更しておく

Excel 2010で棒の間隔を0にするには

Excel 2010では、手順13の代わりに以下のように操作します。

❶ [系列のオプション]をクリック

❷ [要素の間隔]に「0」と入力
❸ [閉じる]をクリック

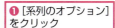

軸ラベルに評価項目を入力するには

手順14のグラフには、目盛りの数値を非表示にした軸が4本存在します。それぞれの軸に軸ラベルを表示すれば、「携帯型」「据置型」「多機能」「シンプル」などの評価項目を入力できます。

❶ グラフエリアをクリック
❷ [グラフ要素]をクリック

❸ [軸ラベル]をクリックしてチェックマークを付ける

すべての軸にラベルが表示される

レッスン 70

階段グラフで段階的な変化を表すには

積み上げ縦棒グラフの利用

対応バージョン 2016 2013 2010

レッスンで使う練習用ファイル
積み上げ縦棒グラフの利用.xlsx

背の低い縦棒の積み上げが階段グラフの決め手

「1月の金利は1.15%、2月の金利は1.23%……」というように、1カ月ごとに異なる値を維持するデータをグラフで表すと、下のグラフのように階段状の形になります。このような階段グラフは一見簡単に見えますが、作成はそう単純ではありません。

ここでは、積み上げ縦棒グラフを利用して、階段グラフを作成する方法を紹介します。下の［After］の表のように、金利の右隣の列に非常に小さい値を入力しておき、2段の積み上げ縦棒グラフを作成します。下の金利の棒を透明にすれば、上に重ねた背の低い棒だけがグラフ上に残り、階段グラフになるというわけです。住宅ローンや預金の金利などをグラフに表すときに役立つテクニックなので、ぜひ覚えておきましょう。

関連レッスン

▶レッスン 71
ヒストグラムで人数の
分布を表すには ………… p.304

▶レッスン 72
ピラミッドグラフで男女別に
人数の分布を表すには ……… p.310

キーワード

区分線	p.369
凡例	p.373
要素の間隔	p.375

※上記のグラフは、練習用ファイルの［書式設定後］シートに用意されています。

1 上乗せ分の金利を新しく入力する

各金利に0.01%分を上乗せして
グラフを作成する

C列に上乗せ分の
金利を入力する

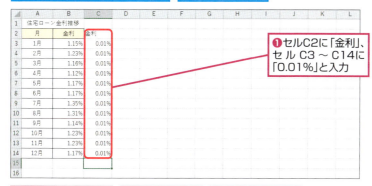

❶ セルC2に「金利」、セル C3～C14に「0.01%」と入力

❷ セルA2～C14をドラッグして選択
❸ [挿入] タブをクリック
❹ [縦棒グラフの挿入] をクリック
❺ [積み上げ縦棒] をクリック

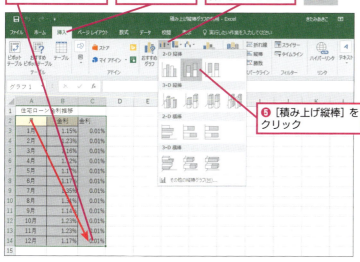

2 凡例を削除する

❶ 凡例をクリック
❷ Delete キーを押す

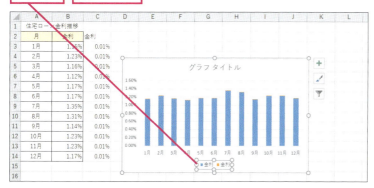

 階段グラフの仕組みを知ろう

ここでは以下のような手順で階段グラフを作成します。

1. 積み上げ縦棒を作成する

2. 要素の間隔を「0」にする

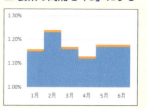

3. 下側の棒を透明にする

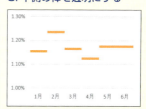

4. 区分線を表示する

 積み上げる数値は適宜変更する

ここでは積み上げる棒の数値として「0.01%」を入力しましたが、元の金利の大きさやグラフのサイズに応じて、適宜調整してください。

70 積み上げ縦棒グラフの利用

次のページに続く

できる 301

❸ 要素の間隔を設定する

要素が連続して表示されるように間隔を設定する

❶ 系列を右クリック

❷ [データ系列の書式設定]をクリック

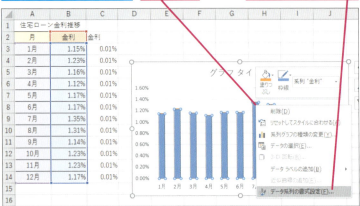

❸ [要素の間隔]に「0」と入力

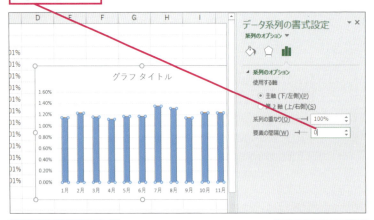

❹ [塗りつぶしと線]をクリック

❺ [塗りつぶし]をクリック

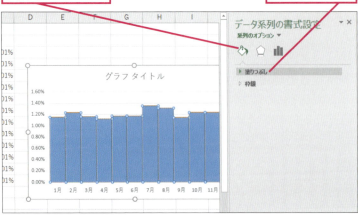

Excel 2010の場合は

Excel 2010では、手順3の操作3～手順5の代わりに、以下のように操作します。

❶ [系列のオプション]をクリック

❷ [要素の間隔]に「0」と入力

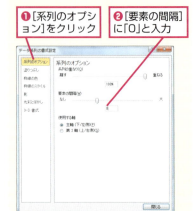

❸ [塗りつぶし]をクリック

❹ [塗りつぶしなし]をクリック

❺ [閉じる]をクリック

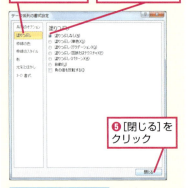

系列が透明になった

❻ [グラフツール]の[レイアウト]タブをクリック

❼ [線]をクリック

❽ [区分線]をクリック

グラフをデータ分析やデータ管理に役立てよう　応用編 第9章

塗りつぶしを設定する

❶[塗りつぶしなし]をクリック　❷[閉じる]をクリック

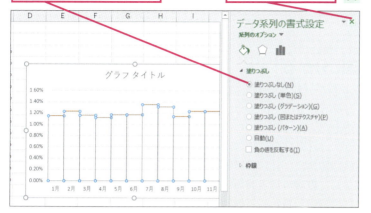

 下側の棒の輪郭が表示される

手順4の操作後、下側の棒を選択した状態では、棒の輪郭が表示されますが、グラフエリアをクリックして棒の選択を解除すれば、階段グラフだけが表示されます。

下側の棒の輪郭が表示されている　グラフエリアをクリック

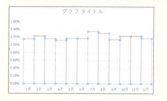

階段グラフだけが表示される

70 積み上げ縦棒グラフの利用

区分線を表示する

積み上げ縦棒同士を線で結ぶ
❶[グラフツール]の[デザイン]タブをクリック
❷[グラフ要素を追加]をクリック
❸[線]にマウスポインターを合わせる
❹[区分線]をクリック

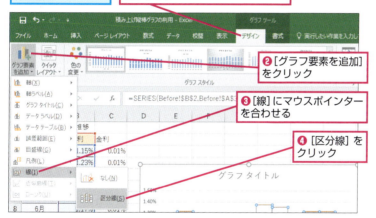

 垂直の区分線が表示される

区分線とは、レッスン㊺のテクニックで紹介した通り、積み上げ縦棒グラフの要素の境界線同士を結ぶ線です。ここでは棒の間隔が0なので、区分線が1本だけ垂直に表示されます。

要素の間隔があると垂直の区分線にならない

要素の間隔がないと区分線が垂直になる

階段グラフが完成した

区分線が表示され、階段グラフが完成した
必要に応じて書式を変更しておく

レッスン 71

ヒストグラムで人数の分布を表すには

FREQUENCY関数

対応バージョン 2016 / 2013 / 2010

レッスンで使う練習用ファイル
FREQUENCY関数.xlsx

データのばらつきや分布が即座に分かる！

数値データを10ごと、100ごと、というように一定の区間で区切って、区間ごとのデータ数を集計することがあります。そのような集計表を「度数分布表」と呼び、また、度数分布表から作成した棒グラフを「ヒストグラム」と呼びます。

このレッスンでは、社内英語検定の受験結果の表から、10点刻みの区間に何人の受験者が含まれるかを集計し、度数分布表を作成します。受験者数はFREQUENCY関数という関数を使用して集計するので、自分で数える必要はありません。度数分布表さえしっかり作成しておけば、ヒストグラム自体は単純な棒グラフなので簡単に作成できます。どの得点層にどれだけの人数が含まれているかが即座に分かり、得点ごとの人数の分布を把握するのに便利です。

関連レッスン

▶レッスン37
棒を太くするには……………………… p.146

▶レッスン72
ピラミッドグラフで男女別に
人数の分布を表すには…………… p.310

キーワード

FREQUENCY関数	p.368
データソースの選択	p.372
表示形式	p.373
要素の間隔	p.375

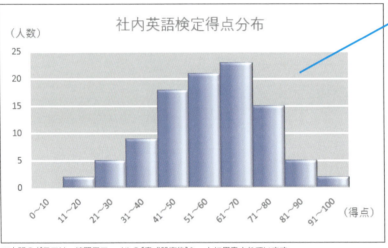

ヒストグラムを使えば、点数ごとの人数の分布がすぐに分かる

※上記のグラフは、練習用ファイルの[書式設定後]シートに用意されています。

グラフをデータ分析やデータ管理に役立てよう

応用編 第9章

Before **After**

10点刻みの区間となる値を表に入力して、人数を集計する

得点分布に区間の最大値を入力する

社内英語検定の点数分布をグラフで
表すために、得点分布表を作成する

どの得点層にどれだけ人数が
いるかを把握するために、区
間の最大値を入力する

セルG3～G11
に区間の最大値
を入力

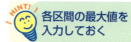 **各区間の最大値を
入力しておく**

このレッスンでは、FREQUENCY関数
を使用して度数分布表を作成します。
FREQUENCY関数は、各区間の最大値
を並べたセル範囲を引数にするので、
度数分布表には、「10」や「20」など
各区間の最大値を入力しておきます。
なお、FREQUENCY関数で求められる
人数の個数は、最大値の個数より1つ
多くなるので、セルG12に「100」を
入力する必要はありません。

 FREQUENCY関数って何？

FREQUENCY関数は、[データ配列]
の中から、[区間配列] ごとのデータ
数を求める関数です。引数 [データ範
囲] には数える対象のデータを入力し
たセル範囲を指定し、引数 [区間配列]
には各区間の最大値を入力したセル範
囲を指定します。

＝FREQUENCY(データ配列, 区間
配列)

この関数は、あらかじめ結果を入力す
るセル範囲を選択してから数式を入力
し、[Ctrl]+[Shift]+[Enter]キーを押して確定
する特殊な関数です。数式を確定する
と、あらかじめ選択したすべてのセル
に「{ }」で囲まれた数式が入力され
ます。このような数式を「配列数式」
と呼びます。

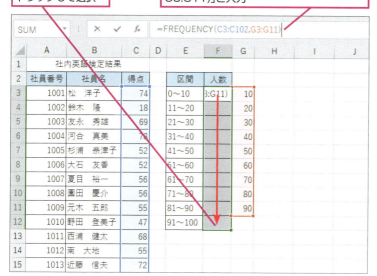 **分布表の人数欄を入力する**

FREQUENCY関数を入力して、セルC3～C102にある各得点
からセルE3～E12にある得点区間の人数を集計する

❶セルF3～F12を
ドラッグして選択

❷数式バーに「=FREQUENCY(C3:C102,
G3:G11)」と入力

❸ [Shift]+[Ctrl]+[Enter]
キーを押す

 **配列数式を修正したり
削除したりするには**

配列数式は、セル単位では編集や削除
を行えません。配列数式を修正するに
は、配列数式を入力したすべてのセル
を選択してから、数式バーで修正し、
最後に[Ctrl]+[Shift]+[Enter]キーを押して
確定します。また、配列数式を削除す
るには、配列数式を入力したすべての
セルを選択して[Delete]キーを押します。

次のページに続く

3 得点の区間人数が表示された

セルF3～F12に得点の区間人数が求められ、ヒストグラムの元データが完成した

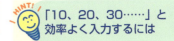

「10、20、30……」と効率よく入力するには

手順1で最大値を入力するとき、以下の操作のように先頭2つの数値を入力してオートフィルを使用すると効率よく入力できます。

❶セルG3に「10」、セルG4に「20」とそれぞれ入力

❷セルG3～G4をドラッグして選択

❸セルG4のフィルハンドルにマウスポインターを合わせる

❹ここまでドラッグ

オートフィルで数値が入力された

4 ヒストグラムでグラフ化するセル範囲を選択する

グラフの横（項目）軸に点数の区間、縦（値）軸に各区間の人数を表示させる

セルE2～F12をドラッグして選択

グラフをデータ分析やデータ管理に役立てよう

応用編 第9章

⑤ 選択したセル範囲から集合縦棒グラフを作成する

❶ [挿入] タブをクリック
❷ [縦棒/横棒グラフの挿入] をクリック
Excel 2013では [縦棒グラフの挿入] をクリックする
❸ [集合縦棒] をクリック

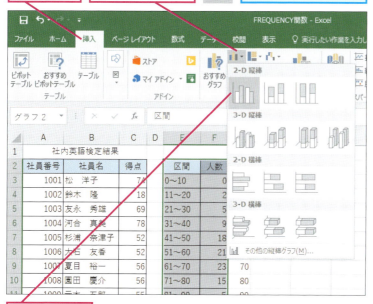

⑥ データ系列の書式を設定する

得点区間ごとの分布が縦棒グラフで表示された
書式を変更し、ヒストグラムを作成する

❶ データ系列を右クリック
❷ [データ系列の書式設定] をクリック

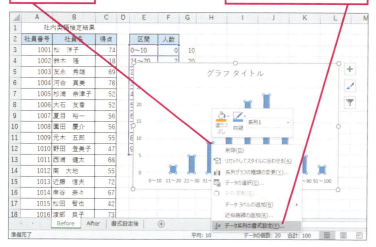

G列を非表示にするには

度数分布表やグラフを作成したら、G列に入力した「10、20、30……」を列ごと非表示にして、見栄えを整えましょう。その際、G列の上にグラフが配置されているとグラフのサイズが変わってしまうので、グラフを移動してからG列を非表示にするといいでしょう。

❶ レッスン❽を参考にグラフを表の右に移動

❷ G列を右クリック
❸ [非表示] をクリック

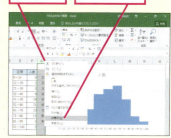

G列が非表示になった

71 FREQUENCY関数

次のページに続く

7 要素の間隔を設定する

[データ系列の書式設定] 作業ウィンドウが表示された

❶ [要素の間隔] に「0」と入力

❷ [閉じる] をクリック

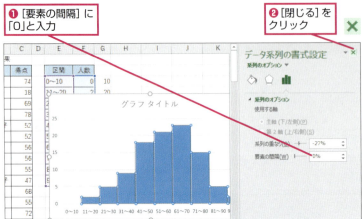

各得点層の人数の分布がひと目で把握できるようになった

必要に応じてグラフの位置や書式を変更しておく

HINT! 要素の間隔を設定して棒をすき間なく並べる

一般的にヒストグラムは隣同士の棒をぴったりくっつけて、全体の山の形でデータの散らばり具合や偏りなどを読み取ります。手順7のように [要素の間隔] を「0」にすると、棒同士がすき間なく並びます。

テクニック Excel 2016ではヒストグラムも選べる

Excel 2016では [ヒストグラム] を使用すると、棒がすき間なく並んだヒストグラムを素早く作成できます。度数分布表から作成する場合は、[軸の書式設定] 作業ウィンドウで [ビン] の設定を [分類項目別] にします。通常の縦棒グラフに比べて設定できる書式は少ないですが、簡単に作成できる点がメリットです。

セルE2～F12をドラッグして選択しておく

❶ [挿入] タブをクリック

❷ [統計グラフの挿入] をクリック

❸ [ヒストグラム] をクリック

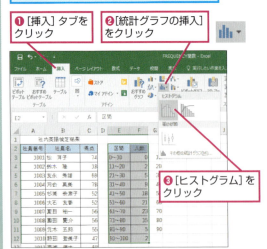

元表の [区間] ごとに分布が表示されるよう変更する

❹ 横(項目)軸を右クリック

❺ [軸の書式設定] をクリック

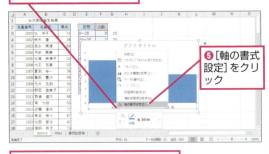

❻ [ビン] の [分類項目別] をクリック

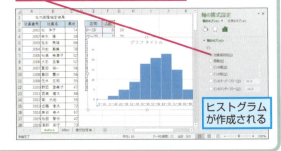

ヒストグラムが作成される

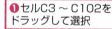

テクニック Excel 2016のヒストグラムは度数分布表が不要

Excel 2016の[ヒストグラム]では、得点が並んだセル範囲から直接ヒストグラムを作成できます。以下の手順では、[ビンの幅]に「10」、[ビンのアンダーフロー]に「20」と指定して、ヒストグラムに10刻みの分布を表示しました。「ビン」とは、ヒストグラムの棒のことです。度数分布表を用意する必要がないので便利ですが、[ヒストグラム]では詳細な設定ができません。横(項目)軸の区間名を「11〜20」のように分かりやすく表示したり、棒に凝った書式を設定したい場合は、このレッスンで紹介した手順でヒストグラムを作成しましょう。

❶セルC3〜C102をドラッグして選択
❷[挿入]タブをクリック

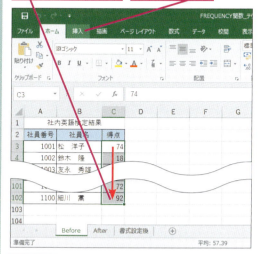

❸[統計グラフの挿入]をクリック

❹[ヒストグラム]をクリック

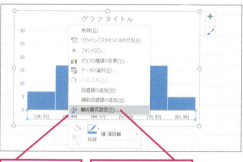

❺横(項目)軸を右クリック
❻[軸の書式設定]をクリック

[軸の書式設定]作業ウィンドウが表示された

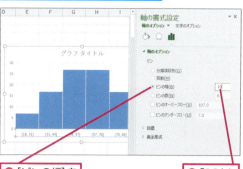

❼[ビンの幅]をクリック
❽「10」と入力

❾[ビンのアンダーフロー]をクリックしてチェックマークを付ける
❿「20」と入力

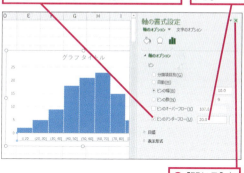

⓫[閉じる]をクリック

ヒストグラムが作成された

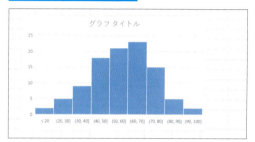

レッスン 72

ピラミッドグラフで男女別に人数の分布を表すには

積み上げ横棒グラフの利用

対応バージョン 2016 2013 2010
レッスンで使う練習用ファイル
積み上げ横棒グラフの利用.xlsx

横棒グラフがピラミッドグラフに変身！

男女別、年齢別の人口分布を表す「ピラミッドグラフ」は、統計データやアンケートの集計結果を分析するときによく使用されます。左右に棒を伸ばした単純な横棒グラフに見えますが、Excelで作成するにはちょっとした工夫が必要です。

ここでは［元データ］シートの表からピラミッドグラフを作成します。［元データ］シートの表からそのままグラフを作成するのは難しいので、グラフ作成用の［Before］シートに［元データ］シートのセルを参照した表を用意します。また、男性の棒と女性の棒の間に年齢を表示するために、積み上げ横棒グラフを使用するというアイデアを使います。ピラミッドグラフの作成にはたくさんの設定が必要ですが、1つ1つ丁寧に作業すれば、必ず完成にこぎ着けます。

関連レッスン

▶レッスン71
ヒストグラムで人数の
分布を表すには……………p.304

キーワード

縦（値）軸	p.372
縦（項目）軸	p.372
データラベル	p.373
横（値）軸	p.375

アンケート回収結果　年齢別回答数

男性	年齢	女性
81	15 以下	86
152	16～20	205
243	21～25	223
335	26～30	381
479	31～35	549
518	36～40	573
443	31～45	514
462	46～50	482
379	51～55	418
320	56～60	327
251	61～65	315
264	66 以上	291

→ アンケート結果の男女別の分布がピラミッドグラフで表現された
→ 年齢を表示するために積み上げ横棒グラフを利用する

※上記のグラフは、練習用ファイルの［書式設定後］シートに用意されています。

Before

	年齢	男性	女性
3	15 以下	81	86
4	16～20	152	205
5	21～25	243	223
6	26～30	335	381
7	31～35	479	549
8	36～40	518	573
9	31～45	443	514
10	46～50	462	482
11	51～55	379	418
12	56～60	320	327
13	61～65	251	315
14	66 以上	264	291

→ ［元データ］シートに男女別のアンケート結果が入力されている

After

	年齢	男性	ラベル幅	女性
3	15 以下	-81	200	86
4	16～20	-152	200	205
5	21～25	-243	200	223
6	26～30	-335	200	381
7	31～35	-479	200	549
8	36～40	-518	200	573
9	31～45	-443	200	514
10	46～50	-462	200	482
11	51～55	-379	200	418
12	56～60	-320	200	327
13	61～65	-251	200	315
14	66 以上	-264	200	291

→ アンケート結果の男女比を表すために、男性のデータをマイナス表示にする
→ 年齢を表示するための横棒データを入力する

[男性] 列に入力されているデータの表示形式を変更する

1 男女別の人数の分布表を確認する

ピラミッドグラフの元になる男女別の人数分布表が作成されている

男性の棒を左側に表示するために、男性のデータはマイナスで表示する

[Before] シートを選択して、[元データ] シートのセルが参照されていることを確認する

[男性] 列には「=-元データ!B○（セル番号）」と入力されていることを確認する

	A	B	C	D	E	F
1	アンケート回収結果　年齢別回答数					
2	年齢	男性	ラベル幅	女性		
3	15 以下	-81	200	86		
4	16 ～ 20	-152	200	205		
5	21 ～ 25	-243	200	223		
6	26 ～ 30	-335	200	381		
7	31 ～ 35	-479	200	549		
8	36 ～ 40	-518	200	573		
9	31 ～ 45	-443	200	514		
10	46 ～ 50	-462	200	482		
11	51 ～ 55	-379	200	418		
12	56 ～ 60	-320	200	327		
13	61 ～ 65	-251	200	315		
14	66 以上	-264	200	291		

[ラベル幅] 列には「200」と入力されていることを確認する

[女性] 列には「=元データ!C○（セル番号）」と入力されていることを確認する

2 [セルの書式設定] ダイアログボックスを表示する

マイナスを非表示にするために表示形式を「0;0;0」に設定する

❶ セルB3 ～ B14をドラッグして右クリック

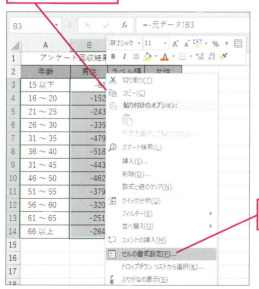

❷ [セルの書式設定] をクリック

HINT! 新しいワークシートに表の枠組みを用意しておく

このレッスンでは、ピラミッドグラフを作成するために、[元データ] シートのセルを参照して [Before] シートに数式を入力します。[Before] シートの表からピラミッドグラフを作成します。

HINT! [ラベル幅] 列の「200」は何？

手順1で、C列の [ラベル幅] 列に「200」が入力されています。この表から積み上げ横棒グラフを作成すると、男性の棒と女性の棒の間に長さ200の棒が表示されます。この棒は、「16 ～ 20」などの年齢を表示するスペースに使用します。「男性」欄や「女性」欄の値によって「200」の幅は相対的に変わるので、「ラベル幅」にはデータに応じた適切な数値を入力してください。

HINT! 「=-元データ!B3」を簡単に入力するには

男性の棒を左側に伸ばすので、[Before] シートの「男性」欄には、[元データ] シートの「男性」欄の数値を正負反転させています。[元データ] シートのセルB3の値を正負反転させるには、[Before] シートのセルB3に「=-元データ!B3」と入力します。「=-」まで入力した後、[元データ] シートのシート見出しをクリックし、セルB3をクリックして Enter キーで確定すれば、簡単に数式を入力できます。
なお、[男性] 列のセルB3 ～ B14にマイナス記号が表示されないように、手順3でマイナス記号を非表示に設定します。

次のページに続く

できる | 311

3 表示形式を追加する

[セルの書式設定] ダイアログボックスが表示された

❶ [ユーザー定義] をクリック

❷ [種類] に「0;0;0」と入力

❸ [OK] をクリック

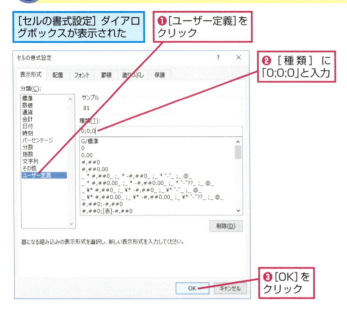

横（値）軸の負数はマイナス記号が非表示になる

手順3で男性の数値のマイナス記号が非表示になるように設定しました。横（値）軸の目盛りに振られる数値は、元データの表示形式が受け継がれるため、手順5のように、グラフ上でもマイナス記号が非表示になります。

負数の棒は縦（項目）軸の左側に積み上げられる

このレッスンで作成するグラフの元になる表には、男性の数値が負数で入力されています。男性の数値を正数で入力すると、縦（項目）軸の右側に男性と女性のデータが一緒に積み上げられてしまいます。男性だけ負数にすることで、男性を縦（項目）軸の左側、女性を縦（項目）軸の右側に表示できます。

男性の数値が正数だと、軸の右側に女性と一緒に積み上げられる

男女別の分布表を元にピラミッドグラフを作成する

4 積み上げ横棒グラフを作成する

❶ セルA2～D14をドラッグして選択

❷ [挿入] タブをクリック

❸ [縦棒/横棒グラフの挿入] をクリック

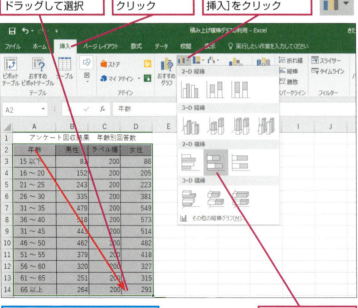

Excel 2013では [横棒グラフの挿入] をクリックする

❹ [積み上げ横棒] をクリック

上下逆さまのグラフが作成される

作成直後のグラフでは、下から上に向かって、年齢が「15以下、16～20、21～25、……、66以上」と並びます。この順序を逆にするために、手順8で軸を反転する設定を行います。

年齢が下から上に向かって並んでいる

⑤ 凡例を削除する

❶ 凡例をクリック
❷ Delete キーを押す
凡例を削除すると上下にプロットエリアが広がる

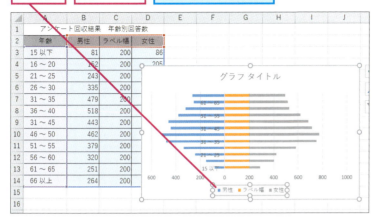

横（値）軸の最小値と最大値はどうやって決めるの？

男性と女性のデータがそれぞれ600に収まる場合、最小値は負数の「-600」を設定します。また、最大値は600にラベル幅の200を加えて「800」を設定します。

最大値は「ラベル幅」を加算した値を設定する

⑥ 横（値）軸の数値を設定する

横（値）軸の最小値と最大値を設定する
❶ 横（値）軸を右クリック
❷ [軸の書式設定] をクリック

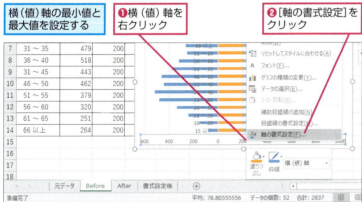

最小値に [-600]、最大値に [800] と入力する
❸ [最小値] に「-600」と入力
❹ [最大値] に「800」と入力

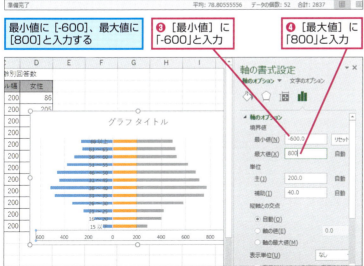

Excel 2010で数値軸を設定するには

Excel 2010では、手順6～7の代わりに以下のように操作します。

❶ [軸のオプション] をクリック
❷ [最小値] の [固定] をクリックして「-600」と入力
❸ [最大値] の [固定] をクリックして「800」と入力
❹ [目盛の種類] のここをクリックして [なし] を選択
❺ [軸ラベル] のここをクリックして [なし] を選択
❻ [閉じる] をクリック

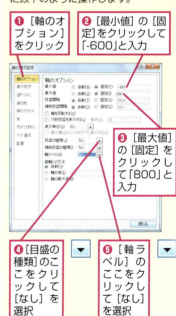

次のページに続く

❼ 横（値）軸の軸ラベルを非表示にする

[ラベル]の設定項目を表示する

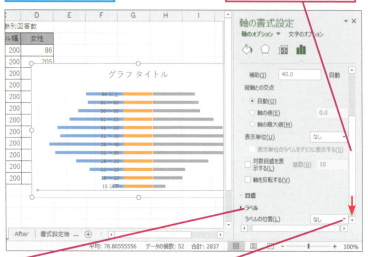

❶ ここを下にドラッグしてスクロール

❷ [ラベル]をクリック

❸ [ラベルの位置]のここをクリックして[なし]を選択

縦（項目）軸の軸ラベルが表示される

手順8のグラフでは、縦（項目）軸の左に項目名の「15以下」「16～20」などが表示されています。手順9の操作を行うと、この項目名が非表示になります。

目盛りの「0」の位置にある縦線が縦（項目）軸になる

「15以下」「16～20」と表示されている文字が手順9で設定したラベル位置になる

Excel 2010で項目軸を設定するには

Excel 2010では、手順8～9の代わりに以下のように操作します。

❶ 縦（項目）軸を右クリック
❷ [軸の書式設定]をクリック

❸ [軸のオプション]をクリック
❹ [軸を反転する]をクリックしてチェックマークを付ける

❺ [目盛の種類]のここをクリックして[なし]を選択

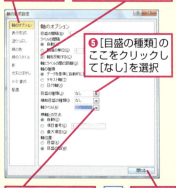

❻ [軸ラベル]のここをクリックして[なし]を選択
❼ [閉じる]をクリック

❽ 縦（項目）軸を設定する

縦（項目）軸を反転させて、上から「66以上」「61～55」～と並んでいる項目を「15以下」「16～20」～で並べて軸ラベルを非表示にする

続けて縦（項目）軸を設定する

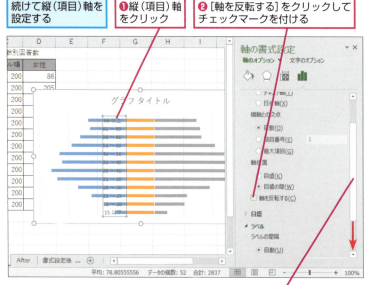

❶ 縦（項目）軸をクリック

❷ [軸を反転する]をクリックしてチェックマークを付ける

❸ ここを下にドラッグしてスクロール

314

⑨ 縦（項目）軸の軸ラベルを非表示にする

［ラベル］の設定項目が表示された

［ラベルの位置］のここをクリックして［なし］を選択

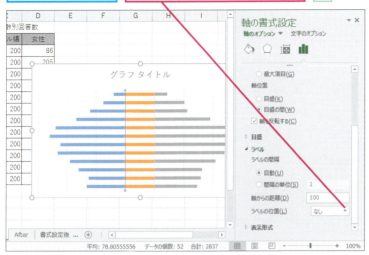

Excel 2010で棒の間隔を0にするには

Excel 2010では、手順10の代わりに以下のように操作します。

❶［ラベル幅］のいずれかの系列を右クリック

❷［データ系列の書式設定］をクリック

❸［系列のオプション］をクリック

❹［要素の間隔］に「0」と入力

❺［閉じる］をクリック

データラベルを設定して年齢を表示する

 ⑩ 棒の間隔を0に設定する

縦（項目）軸が反転し、軸ラベルが非表示になった

棒の間隔を0に設定する

続けて棒の間隔を設定する

❶［ラベル幅］の系列をクリック

❷［要素の間隔］に「0」と入力

❸［閉じる］をクリック

次のページに続く

315

⓫ [ラベル幅]の系列にデータラベルを追加する

[ラベル幅]の系列に数値を表示する

❶ [ラベル幅]の系列を右クリック

❷ [データラベルの追加]をクリック

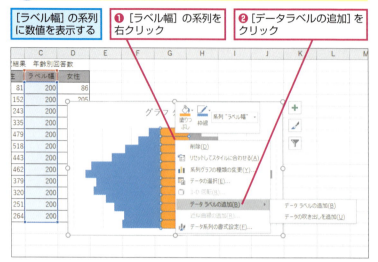

HINT! 最初はデータラベルに元データの数値が表示される

データラベルを挿入すると、元データの値である「200」がすべてのデータラベルに表示されます。手順12～手順13のように操作すると、元データの値が非表示になり、分類名（元の表の[年齢]列のデータ）が表示されます。

データラベルを追加すると[ラベル幅]列に入力された数値が表示される

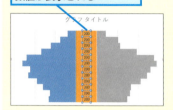

⓬ [データラベルの書式設定]作業ウィンドウを表示する

[ラベル幅]の系列にデータラベルが追加された

[ラベル幅]の系列のデータラベルを変更して、「15以下」「16～20」などの分類名を表示する

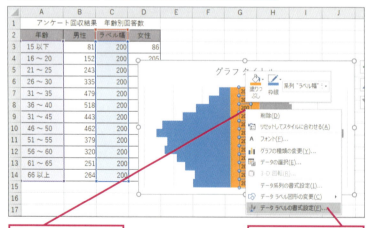

❶ [ラベル幅]のデータラベルを右クリック

❷ [データラベルの書式設定]をクリック

HINT! 作業ウィンドウを簡単に表示するには

手順12では、データラベルを右クリックして表示されるメニューから設定画面を表示していますが、ダブルクリックする方法もあります。データラベルをダブルクリックすると、Excel 2016/2013では[データラベルの書式設定]作業ウィンドウが、Excel 2010では[データラベルの書式設定]ダイアログボックスが即座に表示されます。

13 データラベルに系列の分類名を表示する

❶ [分類名] をクリックして
チェックマークを付ける

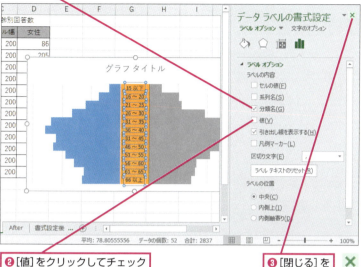

❷ [値] をクリックしてチェック
マークをはずす

❸ [閉じる] を
クリック

Excel 2010で「ラベル幅」のデータラベルを表示するには

Excel 2010では、手順13の代わりに以下のように操作します。

❶ [ラベルオプション] を
クリック

❷ [分類名] をクリックしてチェックマークを付ける

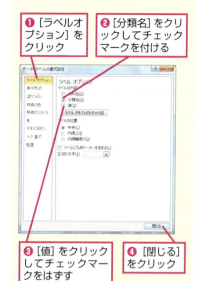

❸ [値] をクリックしてチェックマークをはずす

❹ [閉じる] をクリック

年齢を表示する部分を透明にする

14 [ラベル幅] を選択する

ラベル幅の系列を透明にする

[ラベル幅] の系列をクリック

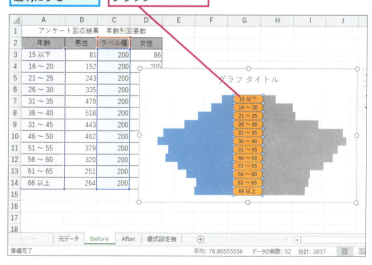

次のページに続く

⑮ [ラベル幅] の系列を透明にする

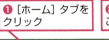

❶ [ホーム] タブをクリック
❷ [塗りつぶしの色] のここをクリック
❸ [塗りつぶしなし] をクリック

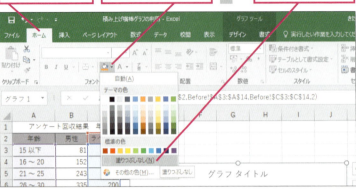

⑯ [男性] の系列にデータラベルを追加する

❶ [男性] の系列をクリック
❷ [グラフツール] の [デザイン] タブをクリック

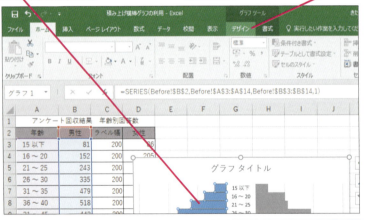

❸ [グラフ要素を追加] をクリック
❹ [データラベル] にマウスポインターを合わせる
❺ [内側軸寄り] をクリック

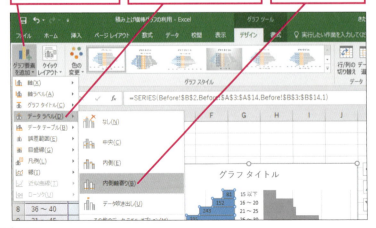

💡HINT! どうして [ラベル幅] の系列を透明にするの？

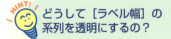

手順15で [ラベル幅] の系列を透明にすることで、左に [男性] の横棒グラフ、右に [女性] の横棒グラフというように、2つの別個のグラフが並んでいるように見せられます。

[ラベル幅] の系列を透明にすることで、グラフが2つあるように見える

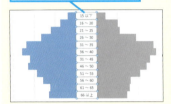

💡HINT! Excel 2010でラベルの位置を設定するには

Excel 2010では、手順16の代わりに以下のように操作します。

❶ [男性] の系列をクリック

❷ [グラフツール] の [レイアウト] タブをクリック

❸ [データラベル] をクリック
❹ [内側軸寄り] をクリック

同様に [女性] の系列を選択してデータラベルを [内側] で追加しておく

グラフをデータ分析やデータ管理に役立てよう　応用編　第9章

318 できる

[女性]の系列にデータラベルを追加する

❶[女性]の系列をクリック
❷[グラフツール]の[デザイン]タブをクリック

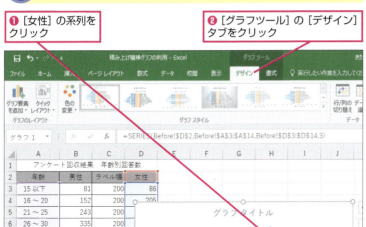

❸[グラフ要素を追加]をクリック
❹[データラベル]にマウスポインターを合わせる
❺[内側]をクリック

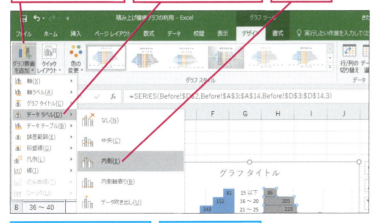

男女別のアンケート結果からピラミッドグラフが完成した
必要に応じて書式を設定しておく

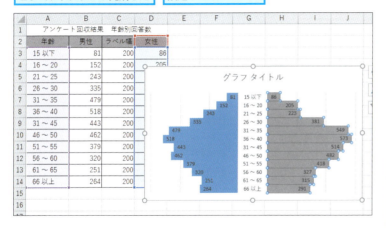

 C列を非表示にしたいときは

「ラベル幅」を入力したC列を非表示にすると、グラフから[ラベル幅]系列が消えてしまいます。その場合、レッスン㉛を参考に、非表示のデータをグラフに表示する設定を行いましょう。

ここでは、C列を非表示にする

❶C列を右クリック

❷[非表示]をクリック

C列を非表示にすると、中央の系列がなくなってしまう

できる | 319

レッスン 73

箱ひげ図でデータの分布を表すには

箱ひげ図

対応バージョン： 2016　2013　2010

レッスンで使う練習用ファイル
箱ひげ図_2016.xlsx
箱ひげ図_2013-2010.xlsx

データの中心とばらつきがすぐ分かる！

「年齢の分布」や「得点の分布」など、データのばらつきを視覚的に表現したいことがあります。「箱ひげ図」を使用すると、複数の種類のデータのばらつき具合を互いに比較できます。

下のグラフは、4科目の得点の分布を表した箱ひげ図です。箱の中に引かれた横棒が中央値、×印が平均値を表し、箱の上下に伸びるひげの先端が最高点と最低点を表します。中国語とスペイン語は平均点がほぼ同じながら、中国語のほうが得点のばらつきが大きいことがひと目で分かります。また、フランス語は上のひげに比べて下のひげが短く、点数の低い方にデータが固まっている様子がうかがえます。

Excel 2016では、グラフの種類として箱ひげ図が用意されており、簡単に作成できます。Excel 2013/2010では、株価チャートを利用すると箱ひげ図を作成できます。なお、Excel 2016の箱ひげ図では、縦（値）軸ラベルを縦書きにできないなど、設定できる書式に制限があるので注意してください。

関連レッスン

▶レッスン6
グラフの位置やサイズを
変更するには ……………………… p.36

▶レッスン28
ほかのワークシートにある
データ範囲を変更するには ……… p.114

キーワード

データ範囲	p.373
フィルハンドル	p.373

ショートカットキー

Ctrl + C ……… コピー
Ctrl + Shift + ↓
……………… データ範囲の下端まで選択
Ctrl + V ……… 貼り付け

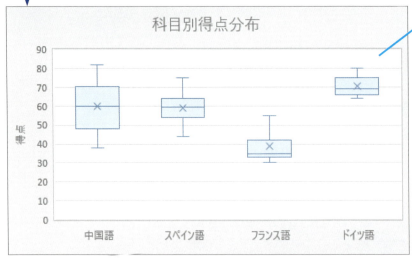

データの中央値と最大値、最小値などの分布が分かりやすくなる

※上記の[After]のグラフは練習用ファイルの[書式設定後]シートに用意されています。

Excel 2016の場合

1 グラフのデータ範囲を選択する

❶[箱ひげ図_2016.xlsx]を開いておく

箱ひげ図を作成するデータ範囲を選択する

❷セルB2〜C102をドラッグして選択

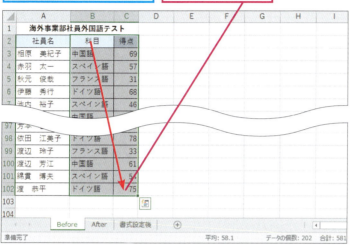

2 箱ひげ図を作成する

❶[挿入]タブをクリック

❷[統計グラフの挿入]をクリック

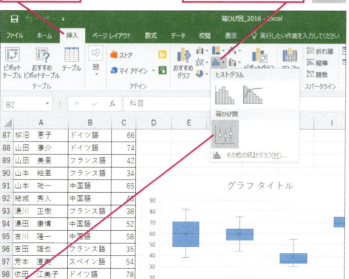

❸[箱ひげ図]をクリック

HINT! データ範囲を素早く選択するには

手順1で約100行ものセル範囲をドラッグで選択するのは大変です。下図のように操作すると、セルB2〜C102を素早く選択できます。

❶セルB2〜C2をドラッグして選択

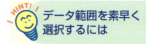

❷[Ctrl]+[Shift]+[↓]キーを押す

データが入力されている最後のセルまで選択された

HINT! 自動で科目別に集計される

手順2の表には、各受験者の選択科目と得点が入力されています。Excel 2016の[箱ひげ図]では、このような表から自動で科目別に最大値、第1四分位数(しぶんいすう)、中央値、第3四分位数、最小値、平均値を計算してグラフを作成できます。あらかじめ計算をしなくてもいいので便利です。なお、四分位数と中央値の意味は324ページのHINT!を参照してください。また、それぞれの値と箱ひげ図の対応は、327ページのHINT!を参照してください。

次のページに続く

❸ 箱ひげ図が作成された

必要に応じてグラフタイトルや軸ラベルを追加しておく

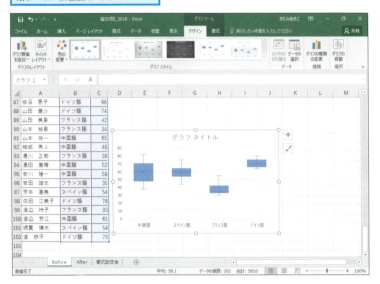

HINT! 1つだけ離れたデータがあるときは

グラフの元データの中に、ほかの数値とはかけ離れたデータが存在する場合、Excel 2016の［箱ひげ図］ではそのデータを最大値や最小値と見なさずに、特異点として点で表示します。

ほかの数値とかけ離れた数値は、［特異点］として表示される

テクニック　集計結果の数値を表示できる

Excel 2016の［箱ひげ図］では最大値や四分位数などが自動集計されますが、箱ひげ図にデータラベルを表示すると集計結果の数値を確認できます。平均値と中央値が重なって見づらい場合は、［平均マーカーを表示する］をオフにすると、平均値を非表示にできます。

❶グラフエリアをクリック　❷［グラフ要素を追加］をクリック

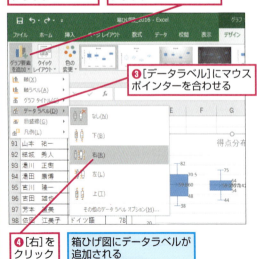

❸［データラベル］にマウスポインターを合わせる

❹［右］をクリック　　箱ひげ図にデータラベルが追加される

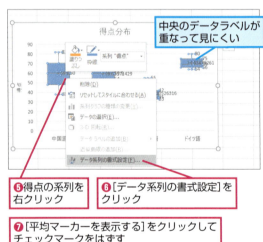

中央のデータラベルが重なって見にくい

❺得点の系列を右クリック　❻［データ系列の書式設定］をクリック

❼［平均マーカーを表示する］をクリックしてチェックマークをはずす

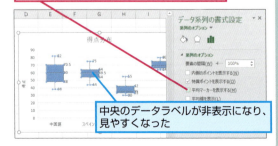

中央のデータラベルが非表示になり、見やすくなった

Excel 2013/2010の場合

① [得点] の列から中国語の得点を取り出す

❶[箱ひげ図_2013-2010.xlsx] を開いておく

「科目」が「中国語」の場合に[得点]の列に入力された数値を表示する

❷セルD3に「=IF($B3=D$2,$C3,"")」と入力

❸[Enter]キーを押す

数式の計算結果が表示された

② 数式をコピーする

手順1で入力した数式をセルD102までコピーする

❶セルD3をクリック

❷セルD3のフィルハンドルにマウスポインターを合わせる

マウスポインターの形が変わった

❸そのままダブルクリック

IF関数をなぜ入力するの？

Excel 2013/2010で箱ひげ図を作成するには、あらかじめ科目ごとに最大値や四分位数（しぶんいすう）などの数値を求めておく必要があります。得点表（手順1のA～C列）にはすべての科目の得点が同じ列に入力されており、科目別の計算が困難です。そこで、手順1～手順3では、IF関数を使用して、D列に中国語、E列にスペイン語……、という具合に科目ごとに別々の列に得点を転記します。

「$」を入力する位置に注意しよう

セルD3には以下のように入力します。
=IF($B3=D$2,$C3,"")
「$B3」は、数式をコピーしたときに、列番号の「B」を固定したまま行番号だけが自動で変わる参照形式です。また、「D$2」は、行番号の「2」を固定したまま列番号だけが自動で変わる参照形式です。この数式は、「B列の科目名が2行目の科目名と等しい場合にC列の点数を表示し、等しくない場合は何も表示しない」という意味になります。

ダブルクリックで数式をコピーできる

数式を入力したセルを選択してフィルハンドルをダブルクリックすると、隣の列のデータと同じ行数分だけ数式をコピーできます。広いセル範囲に一瞬でコピーできるので便利です。

セルD3のフィルハンドルをダブルクリック

セルD3に入力された数式がセルD102までコピーされる

次のページに続く

③ D列の数式をまとめてコピーする

❶ ここを下にドラッグしてスクロール

セルD102まで数式がコピーされた

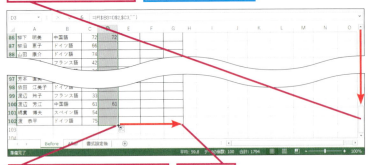

❷ セルD102のフィルハンドルにマウスポインターを合わせる

❸ ここまでドラッグ

D列に入力された数式がG列までコピーされた

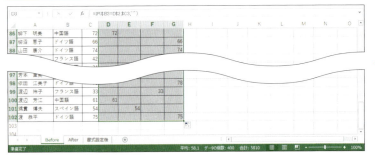

④ 第3四分位数を求める数式を入力する

❶ スクロールバーを上にドラッグして、1行目を表示

QUARTILE.EXC関数を使って、四分位数を求める

❷ セルJ3に「=QUARTILE.EXC(D3:D102,3)」を入力

❸ Enter キーを押す

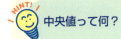 中央値って何？

「中央値」とは、数値を小さい順に並べたときに真ん中（2分の1の位置）にある値のことです。例えば、数値が5つある場合、小さい順の3番目の値が中央値となります。最小値、中央値、最大値を調べると、数値データのおおよそのばらつき具合が分かります。例えば、最小値が「1」、最大値が「10」の得点データにおいて、中央値が「7」であれば高得点の人が多いと予想でき、中央値が「3」であれば低得点の人が多いと予想できます。

数値の並び	中央値
1、3、7、8、10	7
1、3、3、8、10	3

 四分位数（しぶんいすう）って何？

数値を小さい順に並べたときに、4分の1の位置にある値を「第1四分位数」、4分の2（真ん中）の位置にある値を「第2四分位数」または「中央値」、4分の3の位置にある値を「第3四分位数」と言い、これらをまとめて「四分位数」と言います。最小値、最大値と四分位数を調べることで、数値データのばらつき具合をより深く考察できます。

 間違った場合は？

手順4で入力した関数の計算結果が合わない場合は、QUARTILE.EXC関数を正しく入力しているかどうかを確認しましょう。四分位数を求める考え方は複数あり、Excelには四分位数計算のためにQUARTILE.INC関数やQUARTILE関数も用意されています。使う関数を間違えた場合は、数式を修正しましょう。

5 得点の最大値と最小値を求める数式を入力する

手順4で入力した数式の計算結果が表示された

❶ セルJ4に「=MAX(D3:D102)」と入力

❷ セルJ5に「=MIN(D3:D102)」と入力

6 第1四分位数を求める数式を入力する

手順5で入力した数式の計算結果が表示された

セルJ6に「=QUARTILE.EXC(D3:D102,1)」と入力

7 中央値を求める数式を入力する

手順6で入力した数式の計算結果が表示された

セルJ7に「=QUARTILE.EXC(D3:D102,2)」と入力

QUARTILE.EXC関数って何？

QUARTILE.EXC関数は、四分位数を求める関数です。

=QUARTILE.EXC(配列,戻り値)

書式は上のようになり、引数［配列］に数値データのセル範囲を指定し、引数［戻り値］にどの四分位数を求めるかを数値で指定します。「1」を指定すると第1四分位数、「2」を指定すると第2四分位数、「3」を指定すると第3四分位数が求められます。

=QUARTILE.EXC(D3:D102,3)

上の数式を入力すると、セルD3～D102に入力されている数値の第3四分位数が求められます。

MAX関数って何？

MAX関数は、最大値を求める関数です。

=MAX(D3:D102)

上の数式を入力すると、セルD3～D102に入力されている数値の最大値が求められます。

MIN関数って何？

MIN関数は、最小値を求める関数です。

=MIN(D3:D102)

上の数式を入力すると、セルD3～D102に入力されている数値の最小値が求められます。

次のページに続く

8 J列の数式をまとめてコピーする

手順7で入力した数式の計算結果が表示された

❶ セルJ3～J7をドラッグして選択

❷ セルJ7のフィルハンドルにマウスポインターを合わせる

❸ ここまでドラッグ

HINT! 元データの入力順に注意しよう

Excel 2013/2010には箱ひげ図を直接作成する機能がないので、[株価チャート（始値-高値-安値-終値）]を利用して箱ひげ図を作成します。始値が第3四分位数、高値が最大値、安値が最小値、終値が第1四分位数に該当します。株価チャートでは元データを始値、高値、安値、終値の順に入力する必要があるので、ここではグラフの元データとなる表の上から順に第3四分位数、最大値、最小値、第1四分位数を入力しました。

9 グラフのデータ範囲を選択する

J列に入力された数式がM列までコピーされた

❶ セルI2～M6をドラッグして選択

❷ [挿入]タブをクリック

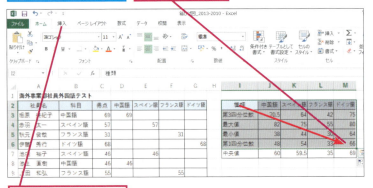

HINT! 中央値を含まずにグラフを作成する

[株価チャート（始値-高値-安値-終値）]は、4種類の数値から作成するグラフです。手順10でグラフを作成するときは、中央値を含めずに、第3四分位数、最大値、最小値、第1四分位数の4種類のデータを選択してください。いったん4種類のデータでグラフを作成してから、手順11でグラフに中央値を追加します。

10 株価チャートを作成する

❶ [株価チャート、等高線グラフ、またはレーダーチャートの挿入]をクリック

❷ [株価チャート（始値-高値-安値-終値）]をクリック

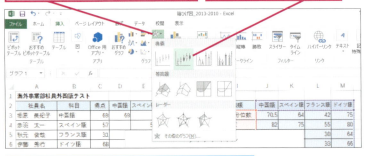

Excel 2010では[その他のグラフ] - [株価チャート（始値-高値-安値-終値）]をクリック

間違った場合は？

手順11とは異なるグラフが作成される場合は、グラフを作成するときに中央値のセルを含めて選択している可能性があります。クイックアクセスツールバーの[元に戻す]ボタン（）をクリックしてグラフの作成を取り消し、手順9で正しいセル範囲を選択して操作し直しましょう。

11 中央値の系列をグラフに追加する

株価チャートが作成された

❶ グラフを表の下に移動
❷ セルI7～M7をドラッグして選択
❸ Ctrl + C キーを押す

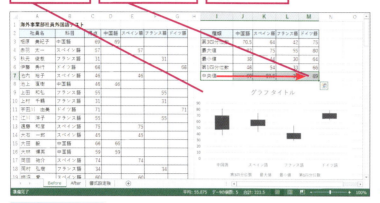

セル範囲がコピーされた

❹ グラフエリアを右クリック
❺ [貼り付け]をクリック

12 中央値のデータ系列の書式設定を表示する

中央値のデータ系列が追加された

❶ [書式]タブをクリック

❷ [グラフ要素]のここをクリックして[系列"中央値"]を選択

❸ [選択対象の書式設定]をクリック

HINT! エラーメッセージが表示されてグラフを作成できないときは

ここでは［株価チャート（始値-高値-安値-終値）］を裏技的に使用するので、元表のデータ数によってはうまくいかないことがあります。例えば、手順9でセルI2～L6を選択してグラフを作成しようとすると、シートのデータ配置とラベルについてのメッセージが表示された［情報］のダイアログボックスが表示され、グラフが作成されません。その場合は、いったんセルJ2～L2に日付を入力してから株価チャートを作成し、作成後にセルJ2～L2に「中国語」などのデータを入力し直します。

HINT! ショートカットキーでも貼り付けられる

手順11のコピー／貼り付けの操作は、ショートカットメニューとショートカットキーのどちらを使用しても構いません。操作5ではショートカットメニューから［貼り付け］をクリックしていますが、グラフエリアを右クリックして、 Ctrl + V キーを押しても貼り付けられます。

HINT! 箱ひげ図と各数値の対応を確認しておこう

箱ひげ図と四分位数などの数値の対応は、下図の通りです。

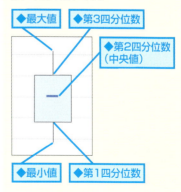

次のページに続く

13 中央値を第2軸に変更する

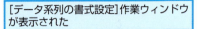

❶ [第2軸] を
クリック

[データ系列の書式設定] 作業ウィンドウ
が表示された

❷ [塗りつぶしと線] を
クリック

HINT! 横棒のマーカーを使用して正確な位置を表示する

手順14の操作4の［種類］欄ではさまざまな形のマーカーを選べますが、四角形やひし形を選ぶと中央値の位置を明確にできません。中央値を明確に表示するには、横棒や×印のようなマーカーを選ぶといいでしょう。ここでは横棒のマーカーを選び、サイズを大きくすることで横長になるように調整します。

14 中央値の系列のマーカーを設定する

マーカーの設定項目が
表示された

❶ [マーカー] を
クリック

❸ [組み込み] を
クリック

❷ [マーカーのオプション] を
クリック

❹ [種類] のここをクリックして
─ を選択

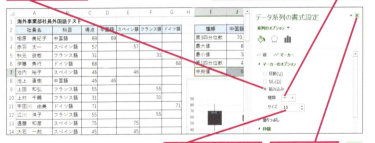

❺ [サイズ] に「10」
と入力

❻ [閉じる] を
クリック

HINT! Excel 2010で中央値の系列を設定するには

Excel 2010では、手順13〜14の代わりに以下のように操作します。

❶ [系列のオプション] をクリック　❷ [第2軸] をクリック

❸ [マーカーのオプション] をクリック　❹ [組み込み] をクリック

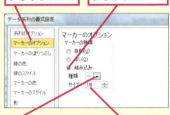

❺ ここをクリックして ─ を選択　❻ [サイズ] に「10」と入力

❼ [閉じる] をクリック

グラフをデータ分析やデータ管理に役立てよう　応用編　第9章

328　できる

⑮ 第2軸の書式設定を表示する

第2軸縦(値)軸とマーカーが表示された

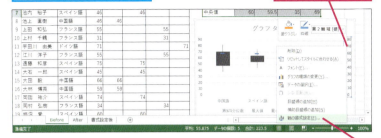

❶ 第2軸縦(値)軸を右クリック

❷ [軸の書式設定]をクリック

HINT! Excel 2010で第2軸を設定するには

Excel 2010で第2軸の最大値を設定するには、[軸の書式設定]ダイアログボックスで[最大値]の[固定]をクリックしてから「90」と入力します。

❶ [軸のオプション]をクリック　❷ [固定]をクリック

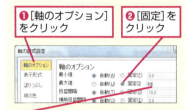

❸ 「90」と入力　❹ [閉じる]をクリック

⑯ 第2軸の最大値を変更する

[軸の書式設定]作業ウィンドウが表示された

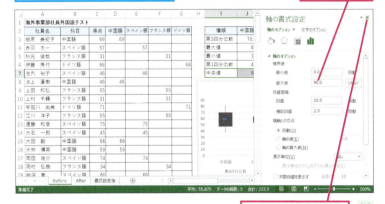

❺ [最大値]に「90」と入力

❻ [閉じる]をクリック

HINT! 第2軸の最大値をそろえるのが重要

箱ひげの図形（主軸）と中央値のマーカー（第2軸）の位置をそろえるために、必ず左右の縦（値）軸の範囲をそろえておきましょう。ここでは手順⑯で第2軸の最大値を「90」に変えて、主軸にそろえました。なお、グラフのサイズを変更したり、Excel 2016/2013で作成したグラフをExcel 2010で開いたりした場合、主軸の最大値が変化してしまうことがあります。そのようなときは、主軸の最大値も「90」に固定してください。

テクニック　箱の色を変えるとグラフが見やすくなる

作成直後の株価チャートの箱（[陰線1]）は、濃い灰色で塗りつぶされています。いずれかの箱をクリックして[陰線1]を選択し、[書式]タブの[図形の塗りつぶし]から薄い色を選ぶと、中に表示される中央値のマーカーが見やすくなります。

❶ グラフエリアをクリック　❷ [グラフツール]の[書式]タブをクリック

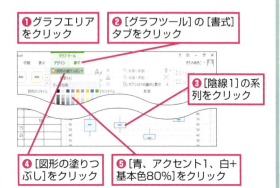

❸ [陰線1]の系列をクリック

❹ [図形の塗りつぶし]をクリック　❺ [青、アクセント1、白+基本色80%]をクリック

レッスン 74

ガントチャートで日程を管理するには

シリアル値の数値軸

対応バージョン 2016 / 2013 / 2010

レッスンで使う練習用ファイル
シリアル値の数値軸.xlsx

プロジェクトの日程管理をExcelで！

作業工程ごとの開始日と終了日を横棒で表すスケジュール表を「ガントチャート」と呼びます。各工程の日程がひと目で分かるため、それぞれの工程の担当者がお互いのスケジュールを把握しながら作業を進めることができ、プロジェクト全体の日程管理に役立ちます。Excelでガントチャートを作成するには、積み上げ横棒グラフを使用します。ここでは下の［Before］の元表の「工程」「開始日」「日数」の3種類のデータから［After］のようなガントチャートを作成する手順を紹介します。プロットエリアの左端から各工程の開始日の間に透明の棒を積み上げ、その右に作業日数分の色付きの棒を積み上げます。この色付きの棒が、各工程の日程を表す棒となります。数値軸は一般のグラフと異なり、日付を並べます。数値軸に思い通りの範囲の日付を表示することが、ガントチャート作成のポイントです。

関連レッスン

▶レッスン 41
横棒グラフの項目の順序を
表と一致させるには ……………… p.160

キーワード

シリアル値	p.371
凡例	p.373
補助目盛線	p.374

Before

	A	B	C	D	E	F	G
			販促用膝かけ	製作・納品スケジュール			
	工程	開始日	日数	終了日	発注先	備考	
	プリント	11/10(木)	6	11/15(火)	明城染織有限公司	ロゴプリント、色調整	
	裁断	11/16(水)	7	11/22(火)	中国上海有限公司	日本人スタッフを現地に派遣	
	縫製	11/17(木)	15	12/1(木)	中国上海有限公司	日本人スタッフを現地に派遣	
	輸送・通関	12/1(木)	4	12/4(日)	株式会社港湾運輸		
	検品・検針	12/5(月)	2	12/6(火)	大阪検品場		
	パッキング	12/6(火)	2	12/7(水)	大阪物流センター	パッキング内容：商品、チラシ2枚	
	梱包・出荷	12/8(木)	2	12/9(金)	大阪物流センター	初日：関東方面、2日目関西方面	

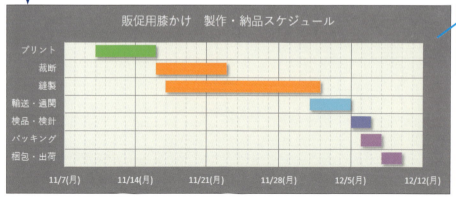

After

プロジェクトの工程や開始日、日数など、どのくらいの期間が必要かグラフで把握できる

※上記の［After］のグラフは、練習用ファイルの［書式設定後］シートに用意されています。

① 各工程の開始日を元に積み上げ横棒グラフを作成する

元表の工程と開始日から積み上げ横棒グラフを作成する

❶セルA2〜B9をドラッグして選択
❷[挿入]タブをクリック
❸[縦棒/横棒グラフの挿入]をクリック

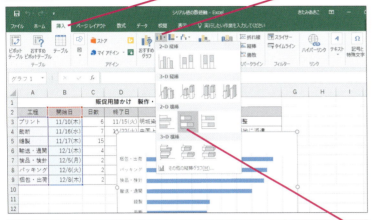

Excel 2013では[横棒グラフの挿入]をクリックする
Excel 2010では[横棒]をクリックする
❹[積み上げ横棒]をクリック

HINT! どうして日数を含めずにグラフを作成するの？

元表の[開始日]列には日付データ、[日数]列には数値データというように、種類の異なるデータが入力されています。そのため最初から「開始日」と「日数」の積み上げ横棒グラフを作成すると、「開始日」の日付が項目名と判断され、横棒として正しく表示できません。このような事態を避けるために、最初は「日数」を含めずにグラフを作成します。

「日数」を含めて積み上げ横棒グラフを作成すると、開始日が項目名と見なされる

② 各工程の日数をグラフに追加する

❶セルC2〜C9を選択してコピーを実行
❷グラフエリアを右クリック
❸[貼り付け]をクリック

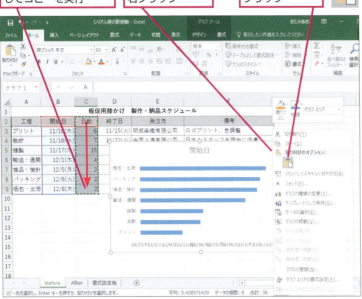

次のページに続く

74 シリアル値の数値軸

できる 331

❸ 補助目盛り線を追加する

Excel 2010では凡例を削除する

Excel 2010では、グラフを作成すると凡例が表示されます。ガントチャートでは凡例は不要なので、クリックして選択し、Deleteキーを押して削除しましょう。

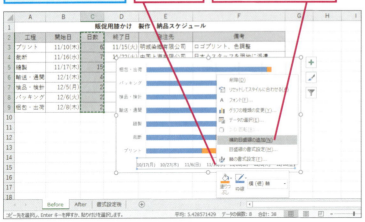

- グラフに[日数]の系列が追加された
- ❶横(値)軸を右クリック
- ❷[補助目盛線の追加]をクリック

テクニック Excel 2010ではシリアル値を使って設定する

このレッスンでは、ガントチャートの横(値)軸に11月7日から12月12日までの日付を並べますが、Excel 2010では軸の最小値と最大値に数値しか設定できません。そこで、Excel 2010では、手順4の代わりに以下の手順で作業用のセルに11月7日と12月12日のシリアル値を求め、最小値と最大値として設定しましょう。シリアル値とは、「1900/1/1」を「1」として数えた日付の通し番号のことです。なお、設定を終了したら、セルH2～H3のシリアル値は不要となるので、削除して構いません。

- セルH2～H13の日付を「42681」と「42716」のシリアル値に変更できた
- 日付のシリアル値を参考に横(値)軸の最小値と最大値を変更する

- ❶セルH2に「2016/11/7」、セルH3に「2016/12/12」と入力
- ❷セルH2～H3をドラッグして選択
- ❻横(値)軸を右クリック
- ❼[軸の書式設定]をクリック

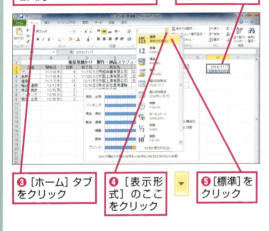

- ❸[ホーム]タブをクリック
- ❹[表示形式]のここをクリック
- ❺[標準]をクリック
- ❽[軸のオプション]をクリック
- ❾[最小値]の[固定]をクリックして「42681」と入力
- ❿[最大値]の[固定]をクリックして「42716」と入力
- ⓫[目盛間隔]の[固定]をクリックして「7」と入力
- ⓬[補助目盛間隔]の[固定]をクリックして「1」と入力
- ⓭[閉じる]をクリック

④ 横（値）軸を設定する

補助目盛り線が表示された　｜　作業開始から終了までに日付を最大値と最小値に設定する

❶横（値）軸を右クリック
❷［軸の書式設定］をクリック

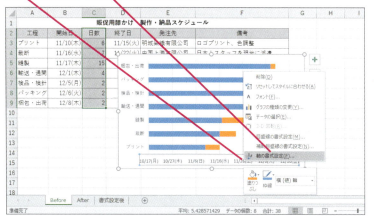

横（値）軸の最小値を「2016/11/7」、最大値を「2016/12/12」に変更する

❸［最小値］に「2016/11/7」と入力
❹［最大値］に「2016/12/12」と入力

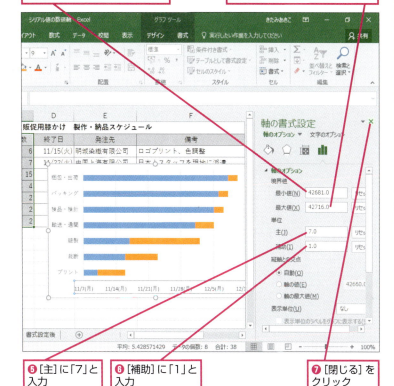

❺［主］に「7」と入力
❻［補助］に「1」と入力
❼［閉じる］をクリック

HINT! 手順4の［単位］には何を設定するの？

330ページの［After］のグラフは、7日ごとに実線の目盛り線、1日ごとに点線の補助目盛り線を引いています。このように目盛り線と補助目盛り線を引くために、手順4で［主］に「7」、［補助］に「1」（Excel 2013では［目盛］と［補助目盛］）を設定しています。

HINT! 日付を入力すると自動的にシリアル値に変わる

Excel 2016/2013では、［軸の書式設定］作業ウィンドウの［最小値］と［最大値］に日付を入力すると、自動的に入力した日付に対応するシリアル値が設定されます。

日付を入力
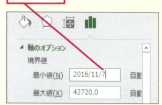

入力した日付がシリアル値に変更された

［最大値］に入力した日付も、自動でシリアル値に変わる

次のページに続く

5 [軸の書式設定] 作業ウィンドウを表示する

元表の工程の開始日に合わせて縦（項目）軸を反転する

❶ 縦（項目）軸を右クリック
❷ [軸の書式設定] をクリック

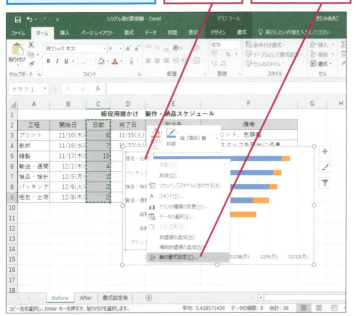

6 項目の順序を表と同じにする

❶ [最大項目] をクリック

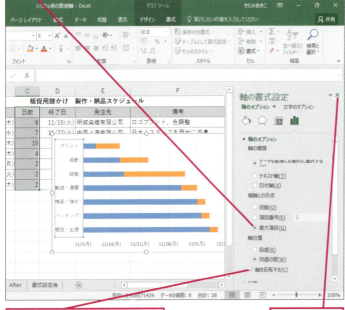

❷ [軸を反転する] をクリックしてチェックマークを付ける
❸ [閉じる] をクリック

HINT! 軸を反転して数値軸を下端に戻す

積み上げ横棒グラフを作成すると、元表の「工程」の順序とグラフの「工程」の順序が上下反対になります。これでは日程が逆になってしまいます。正しい日程を表示するために、手順6で [軸を反転する] をクリックしてチェックマークを付けます。
なお、軸を反転すると、自動的に横（値）軸がプロットエリアの上端に移動してしまいます。そこで [横軸との交点] で [最大項目] を指定して、横（値）軸をプロットエリアの下端に配置されるように設定します。

HINT! Excel 2010で軸を反転するには

Excel 2010では、手順6の代わりに以下のように操作します。

❶ [軸のオプション] をクリック
❷ [軸を反転する] をクリックしてチェックマークを付ける

❸ [横軸との交点] の [最大項目] をクリック
❹ [閉じる] をクリック

7 [開始日] の系列の色を透明にする

❶ [開始日]の系列をクリック
❷ [グラフツール]の[書式]タブをクリック
❸ [図形の塗りつぶし]のここをクリック
❹ [塗りつぶしなし]をクリック

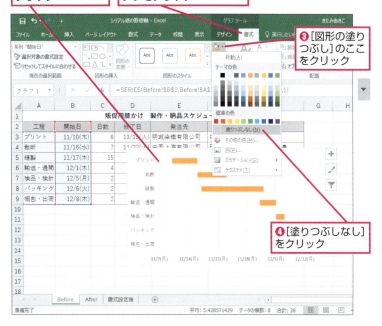

HINT! 縦（項目）軸の目盛りを表示するとグラフが読み取りやすくなる

横棒グラフを作成すると縦線の目盛り線だけが表示されますが、ガントチャートでは横線の目盛り線も表示すると読み取りやすくなります。横線の目盛り線を追加するには、縦（項目）軸を右クリックして、表示されるメニューから [目盛線の追加] を選択します。

縦（項目）軸に目盛り線を追加すると作業工程が区別しやすくなる

8 ガントチャートが作成された

セルをクリックして系列の選択を解除する
セルA1をクリック

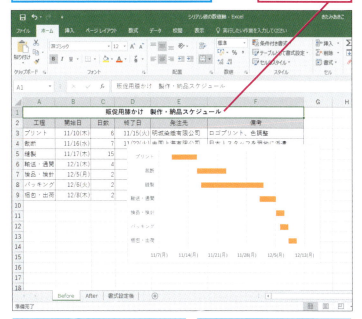

各工程のスケジュールを管理できるガントチャートが作成された

必要に応じてグラフの大きさや書式を変更しておく

74 シリアル値の数値軸

できる 335

レッスン 75

Zチャートで12カ月の業績を分析するには

累計と移動和の計算

対応バージョン: 2016 / 2013 / 2010

レッスンで使う練習用ファイル
累計と移動和の計算.xlsx

「Zチャート」で長期的な売り上げの傾向を把握できる

Zチャートは、月別の売り上げ、売上累計、移動和の3つの折れ線を1つのプロットエリアに表示したグラフです。売上累計とは、グラフの開始月から当月までの売上合計です。移動和とは、当月を含め過去12カ月分の売上合計です。月別の売り上げだけだと、グラフに変動があってもそれが季節的な要因によるものなのか、長期的な傾向なのか、判断が困難です。Zチャートには月別の売り上げのほかに、売上累計と移動和が表示されるので、長期的な売り上げの傾向を把握できます。

Zチャートを作成するには、2年分の売り上げデータが必要です。2年分の売り上げデータを準備すれば、後は売上累計と移動和を計算し、グラフ化できます。このレッスンでは売上累計と移動和の計算方法、およびZチャートを作成する方法を紹介します。

関連レッスン

▶レッスン76
パレート図でABC分析するには p.340

キーワード

SUM関数	p.368
オートフィル	p.369
絶対参照	p.372
相対参照	p.372

After

Zチャートの移動和が右上がりになっており、売り上げが上昇傾向であることが分かる

4月から翌年3月までの12カ月の売上合計の傾向が分かる

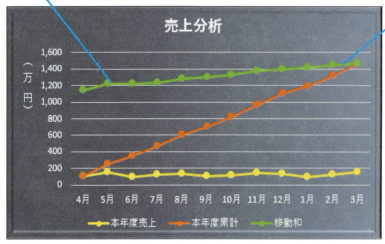

※上記の[After]のグラフは、練習用ファイルの[書式設定後]シートに用意されています。

1 本年度累計を求める数式を入力する

Zチャートに必要な「本年度累計」を求める　｜　セル範囲のセルC3を絶対参照して累計データを計算する

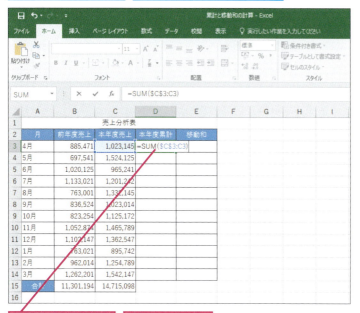

❶ セルD3に「=SUM($C$3:C3)」と入力
❷ Enterキーを押す

💡 HINT! 累計計算の考え方

手順1の操作1では、セルD3に「=SUM($C$3:C3)」という数式を入力しました。「$C$3」は絶対参照、「C3」は相対参照なので、この数式を1つ下のセルにコピーすると、「=SUM($C$3:C4)」となり、セルC3とセルC4の合計がセルD4に表示されます。つまり、この数式を下方向にコピーすることで、常にセルC3から現在行までの売り上げの合計を求められます。

2 本年度累計を求める数式をコピーする

手順1で入力した数式をオートフィルでコピーする

❶ セルD3をクリック

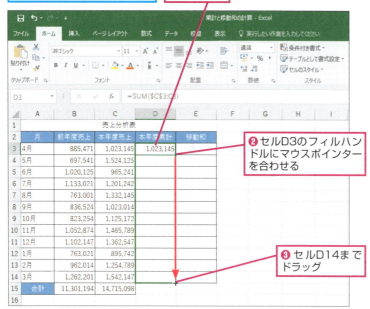

❷ セルD3のフィルハンドルにマウスポインターを合わせる

❸ セルD14までドラッグ

次のページに続く

できる｜337

75 累計と移動和の計算

③ 移動和（移動合計）を求める数式を入力する

11カ月前から当月までの12カ月をずらしながら合計する「移動和」を求める

移動和は「＝前年度売上の合計−前期の該当月までの累計＋今期累計分」という数式で求める

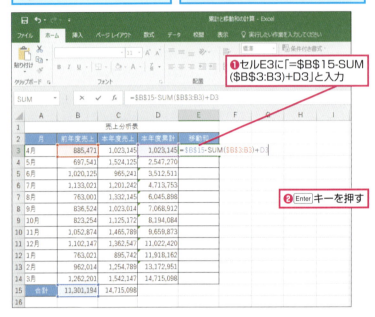

❶セルE3に「=$B$15-SUM($B$3:B3)+D3」と入力

❷[Enter]キーを押す

④ 移動和を求める数式をコピーする

手順3で入力した数式をオートフィルでコピーする

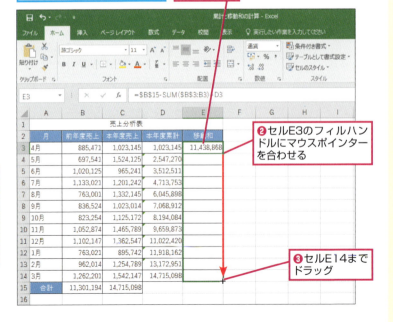

❶セルE3をクリック

❷セルE3のフィルハンドルにマウスポインターを合わせる

❸セルE14までドラッグ

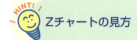 Zチャートの見方

移動和の折れ線（緑の折れ線）は、過去12カ月分の売上合計の変化を表します。したがって、移動和のグラフは季節の影響を受けることがなく、長期的な売り上げの傾向を表します。移動和が右肩上がりなら売り上げは上昇傾向にあり、右肩下がりなら売り上げは下降傾向にあると判断できます。

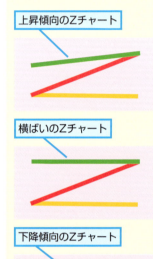

上昇傾向のZチャート

横ばいのZチャート

下降傾向のZチャート

グラフをデータ分析やデータ管理に役立てよう

応用編 第9章

⑤ Zチャートを作成する

「本年度売上」「本年度累計」「移動和」からZチャートを作成する

❶ セルA2～A14、[Ctrl]キーを押しながらセルC2～E14をドラッグして選択

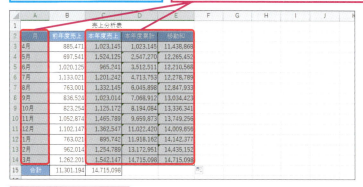

❷ [挿入]タブをクリック

❸ [折れ線/面グラフの挿入]をクリック

❹ [マーカー付き折れ線]をクリック

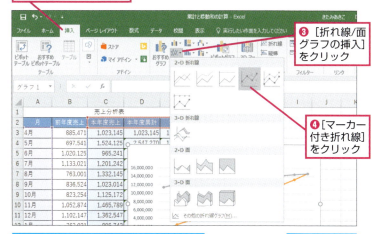

Excel 2013では[折れ線グラフの挿入]をクリックする

Zチャートが作成された

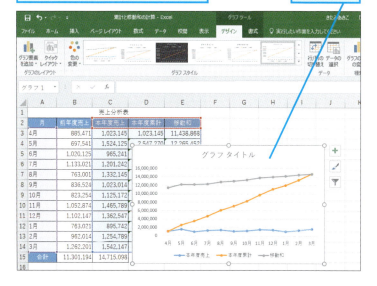

Excel 2010の場合は

Excel 2010では、手順5の代わりに以下のように操作してください。

❶ セルA2～A14、[Ctrl]キーを押しながらセルC2～E14をドラッグして選択

❷ [挿入]タブをクリック

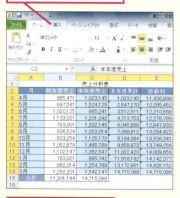

❸ [折れ線]をクリック

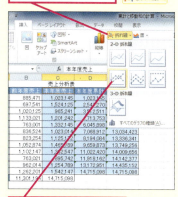

❹ [マーカー付き折れ線]をクリック

Zチャートが作成される

累計と移動和の計算

レッスン 76

パレート図で ABC分析するには

累積構成比の計算

対応バージョン 2016 / 2013 / 2010

レッスンで使う練習用ファイル
累積構成比の計算.xlsx

ABCの3段階に分けて重点商品を見極めよう

パレート図は、項目を値の順に並べた縦棒グラフと、その累積構成比の折れ線グラフを組み合わせた複合グラフです。またABC分析とは、累積構成比の値で項目をA、B、Cの3ランクに分類して、重点項目を絞り込む分析手法です。パレート図とABC分析は、売り上げデータから自社に貢献している重点商品を絞ったり、不良品数のデータから効果的な改善活動を見い出したりするために使用されます。

このレッスンでは、ソフトドリンクの売り上げデータからパレート図を作成し、ABC分析を行います。累積構成比が80%までをAランク、90%までをBランク、残りをCランクに分けることにします。ランク分けすることで、今後の営業戦略や管理計画を立てられます。下のパレート図は、商品の棒をランクごとに色分けしています。このレッスンでは、このような見やすいパレート図を作成する方法を説明します。

関連レッスン

▶レッスン75
Zチャートで12カ月の業績を
分析するには ………………… p.336

キーワード

IF関数	p.368
第2軸横（項目）軸	p.372
縦（値）軸	p.372
データ範囲	p.373
パーセントスタイル	p.373

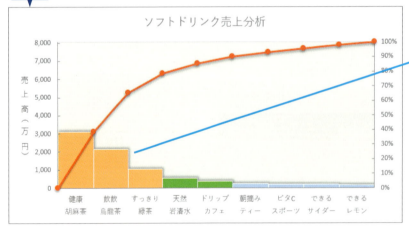

After

各商品の売り上げ構成率によってABCランクに分けられている

「健康胡麻茶」や「飲飲烏龍茶」「すっきり緑茶」が主力商品であることがひと目で分かる

※上記の[After]のグラフは、練習用ファイルの[書式設定後]シートに用意されています。

ABC分析の元データになる表を作成する

1 構成比と累積構成比を求める

セルC5に「売上高÷売上高の合計」の数式を入力し、構成比を求める

セルD5に累積の構成比を求める

❶セルC5に「=B5/$B$14」と入力して、セルC14までドラッグ

❷セルD5に「=SUM($C$5:C5)」と入力して、セルD13までドラッグ

2 累積構成比からABCランクの計算式を求める

累積構成比が「80%までをAランク」「90%までをBランク」「それ以外をCランク」に設定する計算式を求める

セルE5に「=IF(D5<=$E$1,"A",IF(D5<=$E$2,"B","C"))」と入力して、セルE13までドラッグ

3 ランク分けを計算するフォームを作成する

セルF4〜I13に格子罫線を引いておく

セルF4〜I4に「A」「B」「C」「累計構成比」と入力しておく

セルF5〜H13に[桁区切りスタイル]を設定しておく

どんなデータを準備するの？

パレート図の元表にはいろいろな数値を使用しますが、最初に準備が必要なのは、各商品の売り上げデータだけです。そのほかの数値は、売り上げデータを元に計算で求められます。
なお、表に売り上げデータを入力するときは、売り上げの高い商品から順に入力しましょう。

セルC5〜D5にはパーセントスタイルが設定してある

[Before]シートのセルC5〜D5には、あらかじめパーセントスタイルと小数点以下の表示けた数を設定しています。

ランク分けで利用するパーセンテージの決め方

ここではランク分けのパーセンテージとして、セルE1に「80%」、セルE2に「90%」と入力しました。これは、全売り上げの80%を占める商品群がAランク、90%を占める商品群がBランクという意味です。パーセンテージの数値は、ケースバイケースです。経験的な判断により決定してください。

IF関数とは

IF関数は、[論理式]が成り立つときに[真の場合]、成り立たないときに[偽の場合]を返す関数です。手順2では、IF関数を2つ組み合わせて、累積構成比の値に応じて、「A」「B」「C」の3ランクに分けました。

=IF(論理式, 真の場合, 偽の場合)

次のページに続く

❹ ランク分けする計算式を入力する

❶セルF5に「=IF($E5=F$4, $B5,0)」と入力
❷セルF13までドラッグ
❸セルH13までドラッグ

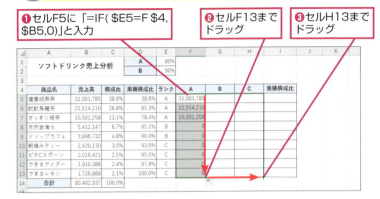

💡HINT! 棒グラフの色分けのためにABCの系列を用意する

手順4では、売上高の棒グラフをABCで色分けするために、A系列、B系列、C系列用のデータを準備しています。棒の間隔を0%にして、系列の重なりを100%にすれば、系列が異なっても違和感がありません。

ABCの3系列から棒グラフを作成する

要素の間隔を0%、系列の重なりを100%にする

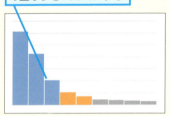

❺ 累積構成比を計算する

❶セルI5に「=D5」と入力
❷セルI13までドラッグ

💡HINT! どうして累積構成比を二重に求めるの？

手順5では、D列にある累積構成比をI列にも表示します。これは、グラフの系列を、A系列、B系列、C系列、累積構成比という順序にするためです。

売上高を表す縦棒の体裁を整える

❻ 複合グラフを作成する

❶セルA4～A13、Ctrlキーを押しながらセルF4～I13までドラッグして選択
❷[挿入]タブをクリック
❸[複合グラフの挿入]をクリック
❹[ユーザー設定の複合グラフを作成する]をクリック

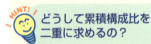

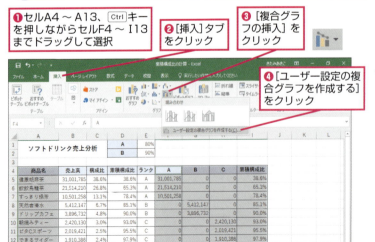

💡HINT! マーカー付き折れ線専用の軸を用意する

手順7では、[累積構成比]の[第2軸]にチェックマークを付けています。[A][B][C]系列と[累積構成比]系列では数値のけたが大きく異なりますが、[累積構成比]専用の第2軸を表示することにより、同じプロットエリアに縦棒と折れ線をバランスよく表示できます。

❼ 複合グラフを設定する

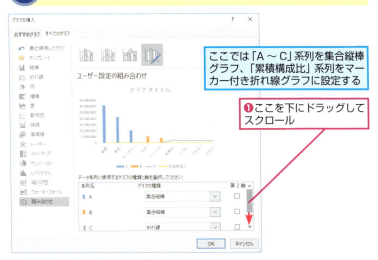

ここでは「A〜C」系列を集合縦棒グラフ、「累積構成比」系列をマーカー付き折れ線グラフに設定する

❶ここを下にドラッグしてスクロール

❷[C]のここをクリックして[集合縦棒]を選択

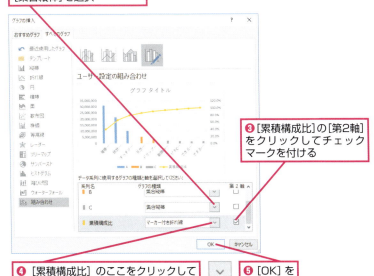

❸[累積構成比]の[第2軸]をクリックしてチェックマークを付ける

❹[累積構成比]のここをクリックして[マーカー付き折れ線]を選択

❺[OK]をクリック

複合グラフが完成した

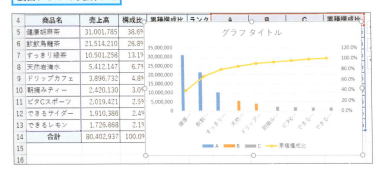

HINT! Excel 2016なら簡単にパレート図を作成できる

Excel 2016にはグラフの種類として[パレート図]が用意されており、累積構成比を計算しなくても、商品名と売上高を並べた表からパレート図を作成できます。売上高が高い順に入力されていなくても、グラフでは自動的に売上高の高い順に棒が表示されます。ただし、自動でABCのランク分けをすることはできないので、そのようなグラフを作りたい場合はこのレッスンの手順でグラフを作成しましょう。

❶グラフにするデータ範囲をドラッグして選択

❷[挿入]タブをクリック

❸[統計グラフの挿入]をクリック

❹[パレート図]をクリック

パレート図が作成された

次のページに続く

76 累積構成比の計算

できる 343

テクニック Excel 2010で累積構成比を表す折れ線を表示する

Excel 2010では、[A][B][C][累積構成比]の4系列をすべて縦棒グラフで作成してから、[累積構成比]の系列を第2軸に設定し、折れ線グラフに変更します。第2軸に設定するのは、縦(値)軸が[A][B][C]系列と共通だと、値が非常に小さい[累積構成比]系列のグラフが見えなくなるからです。その際、[累積構成比]系列を選択するには、[グラフツール]の[レイアウト]タブにある[グラフの要素]を使用します。

❶セルA4～A13、Ctrlキーを押しながらセルF4～I13までドラッグして選択

❷[挿入]タブをクリック

❸[縦棒]をクリック

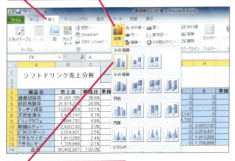

❹[集合縦棒]をクリック

❺[グラフツール]の[レイアウト]タブをクリック

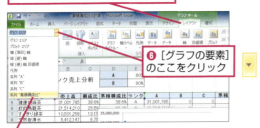

❻[グラフの要素]のここをクリック

❼[系列"累計構成比"]をクリック

[累積構成比]の系列を第2軸に設定する

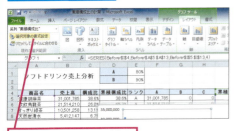

❽[選択対象の書式設定]をクリック

❾[系列のオプション]をクリック

❿[第2軸(上/右側)]をクリック

⓫[閉じる]をクリック

[累積構成比]の系列のグラフの種類をマーカー付き折れ線に変更する

⓬[累積構成比]の系列を右クリック

⓭[系列グラフの種類の変更]をクリック

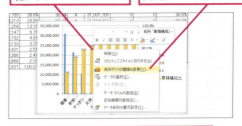

⓮[折れ線]をクリック

⓯[マーカー付き折れ線]をクリック

⓰[OK]をクリック

8 棒の重なりと間隔を設定する

凡例を削除する

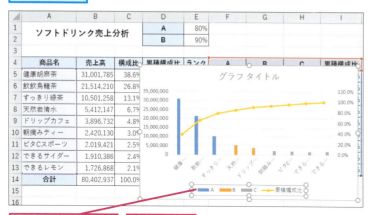

❶凡例をクリックして選択　　❷Deleteキーを押す

凡例が削除された　❸縦棒を右クリック　❹[データ系列の書式設定]をクリック

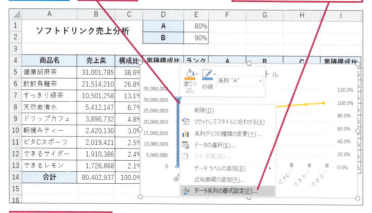

❺[系列の重なり]に「100」と入力

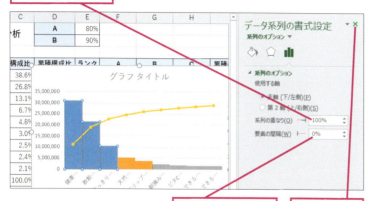

❻[要素の間隔]に「0」と入力　❼[閉じる]をクリック

HINT! Excel 2010で棒の重なりと間隔を設定するには

Excel 2010では、手順8の操作5〜6の代わりに以下のように操作します。

❶[系列のオプション]をクリック　❷[100%]までドラッグ

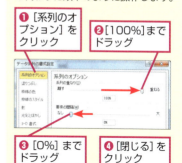

❸[0%]までドラッグ　❹[閉じる]をクリック

HINT! Excel 2016では集計しながらパレート図を作成できる

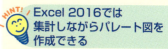

このレッスンでは、商品ごとに売上高を集計した表からパレート図を作成しましたが、Excel 2016の[パレート図]を使用すると集計も自動で行えます。日々の売り上げを記録した表の「商品名」と「売上高」のデータから、自動的に商品ごとの売上高を集計して、売上高の高い順に商品を並べたパレート図を作成できます。

❶[商品名]と[売上高]の列をドラッグして選択

❷[挿入]タブをクリック　❸[統計グラフの挿入]をクリック　❹[パレート図]をクリック

商品ごとの売上高が自動集計されたパレート図が作成された

次のページに続く

❾ ［累積構成比］の系列のデータ範囲を変更する

表が見えるようにグラフの位置を変更しておく

［累積構成比］の系列のデータ範囲をセルI4〜I13に変更して、折れ線の始点を「0」にする

> **HINT!** どうして［累積構成比］の系列のデータ範囲を変更するの？
>
> 手順7で［累積構成比］の系列を折れ線グラフに変更しました。［累積構成比］の系列の1番目の値は、先頭の商品の構成比なので、折れ線グラフは0から始まりません。手順9で［累積構成比］の系列のデータ範囲の先頭に文字の入ったセルI4を含めることにより、文字が0と見なされ、折れ線グラフが0から始まります。

❶［累積構成比］の系列をクリック

❷ここにマウスポインターを合わせる

折れ線グラフが0から始まらない

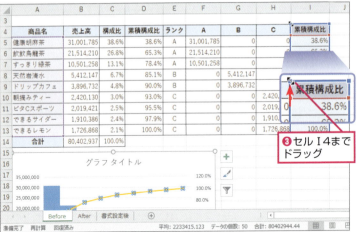

❸セルI4までドラッグ

折れ線グラフが0から始まった

グラフをデータ分析やデータ管理に役立てよう

応用編 第9章

軸の書式を整える

⑩ 第2軸横（項目）軸を追加する

折れ線の始点が0からスタートした

❶ ［グラフツール］の［デザイン］タブをクリック

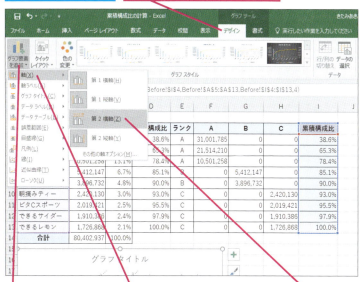

❷ ［グラフ要素を追加］をクリック

❸ ［軸］にマウスポインターを合わせる

❹ ［第2横軸］をクリック

⑪ 第2軸横（項目）軸の［軸の書式設定］作業ウィンドウを表示する

第2軸横（項目）軸を設定する

❶ 第2軸横（項目）軸を右クリック

❷ ［軸の書式設定］をクリック

HINT! Excel 2010で第2軸横（項目）を追加するには

Excel 2010では、手順10の代わりに以下のように操作してください。

❶ ［グラフツール］の［レイアウト］タブをクリック

❷ ［軸］をクリック

❸ ［第2軸横軸］にマウスポインターを合わせる

❹ ［左から右方向で軸を表示］をクリック

HINT! セルF4～I13は最終的に非表示にする

セルF4～I13の内容は、グラフの元データ用として使用するもので、データ分析には不要なデータです。グラフが完成したら、F列～I列を非表示にして隠しましょう。列を非表示にするには、列番号をドラッグして列を選択し、右クリックして［非表示］をクリックします。

なお、非表示にする際は、39ページのテクニックを参考に、前もってグラフのサイズが変わらないように設定しておきましょう。また、レッスン㉛を参考に、非表示にしたセルのデータがグラフに表示されるように設定しましょう。

次のページに続く

12 第2軸横（項目）軸を設定する

第2軸横（項目）軸のラベルを非表示にする

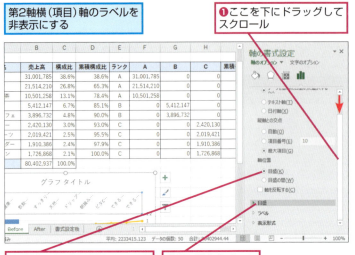

❶ここを下にドラッグしてスクロール
❷[軸位置]の[目盛]をクリック
❸[目盛]をクリック
❹[目盛の種類]のここをクリックして[なし]を選択

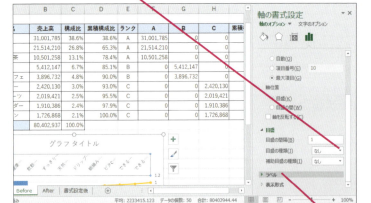

❺[ラベル]をクリック

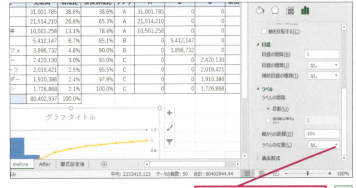

❻[ラベルの位置]のここをクリックして[なし]を選択

HINT! Excel 2010で第2横縦を設定するには

Excel 2010では、手順12の代わりに以下のように操作します。

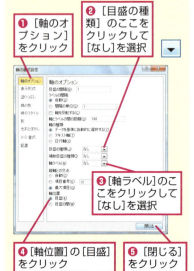

❶[軸のオプション]をクリック
❷[目盛の種類]のここをクリックして[なし]を選択
❸[軸ラベル]のここをクリックして[なし]を選択
❹[軸位置]の[目盛]をクリック
❺[閉じる]をクリック

HINT! Excel 2010で第2軸縦（値）軸を設定する

Excel 2010では、手順13の代わりに以下のように操作してください。

❶第2軸縦(値)軸を右クリックして[軸の書式設定]をクリック

❷[軸のオプション]をクリック
❸[最小値]の[固定]をクリックして「0」と入力

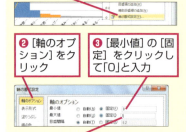

❹[最大値]の[固定]をクリックして「1」と入力
❺[表示形式]をクリック
❻[パーセンテージ]をクリック

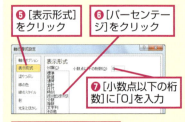

❼[小数点以下の桁数]に「0」を入力
❽[閉じる]をクリック

13 縦(値)軸を設定する

続けて縦(値)軸を設定する

❶縦(値)軸をクリック
❷[最小値]に「0」と入力
❸[最大値]に「80402937」と入力

ここでは売上高の合計値として、セルB14に入力されている数値を最大値に設定する

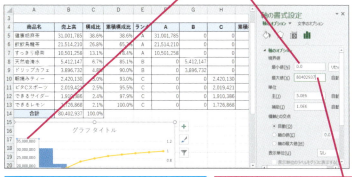

続けて第2軸縦(値)軸を設定する

❹第2軸縦(値)軸をクリック
❺[最小値]に「0」と入力
❻[最大値]に「1」と入力

❼ここを下にドラッグしてスクロール

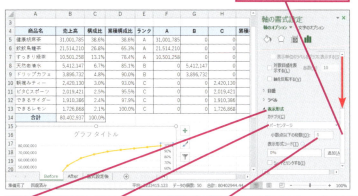

❽[表示形式]をクリック
❾[カテゴリ]のここをクリックして[パーセンテージ]を選択
❿[小数点以下の桁数]に「0」と入力
⓫[閉じる]をクリック

パレート図が完成した

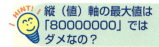

縦(値)軸の最大値は「80000000」ではダメなの？

縦(値)軸の最大値には、セルB14で算出されている売上合計の値を設定します。売上合計は累計構成比の100%に相当するため、縦(値)軸の最大値に売上合計を設定し、第2軸縦(値)軸の最大値に1(100%)を設定することで、両方の軸が一致します。その結果、先頭の棒の右上隅が折れ線のマーカーと重なります。

2つの縦軸の最大値を一致させると縦棒と折れ線の要所が重なる

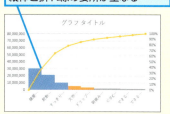

元データの数値を変えればグラフの棒のランクも変わる

元表で各商品の売り上げや各ランクのパーセンテージの数値を変更すると、各商品のランクが変わります。それに連動して、グラフの棒もランクに応じた色に変わります。

セルE1のAランクとセルE2のBランクの値を変えると、自動的にグラフの色も変わる

間違った場合は？

手順13の操作3で[最大値]を入力したときに[最小値]がマイナスの数値に変わってしまう場合は、操作2で[最小値]を正しく設定していません。[最小値]に「0」を設定しましょう。

レッスン 77

株価の動きを分析するには

株価チャート

対応バージョン: 2016 / 2013 / 2010

レッスンで使う練習用ファイル
株価チャート.xlsx

株価データがあれば実は簡単！
株価チャートで株価の動きを分析しよう

株価の動きをグラフで表すには、株価チャートを使用します。Excelには4種類の株価チャートが用意されており、その中から目的の種類を選択して作成します。作成自体は簡単ですが、むしろ準備段階で株価チャート用のデータをワークシートに入力するのが大変です。株価のデータはWebページから入手できるので、Webページのデータを上手に利用するといいでしょう。
このレッスンでは6カ月分のウィークリーの株価データから「株価チャート（出来高-始値-高値-安値-終値）」を作成します。それには、ワークシートの左の列から「日付」「出来高」「始値」「高値」「安値」「終値」の順にデータを入力しておく必要があります。ここでは、大量のデータを広々と表示するために、グラフシートを使用します。

関連レッスン

▶レッスン**64**
性能や特徴のバランスを
分析するには……………………… p.266

キーワード

グラフシート	p.370
テキスト軸	p.373
ワークシート	p.375

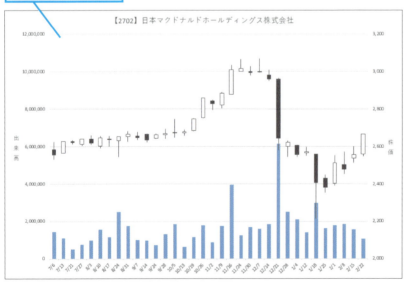

After
株価の動きを把握できる

※上記の[After]のグラフは、練習用ファイルの[書式設定後]シートに用意されています。

① 「出来高」データを移動する

[出来高]列を[日付]列と[始値]列の間に移動する

❶ F列をクリック
❷ ここにマウスポインターを合わせる

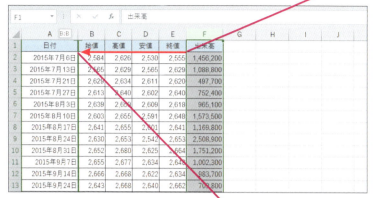

マウスポインターの形が変わった

❸ Shift キーを押しながらここまでドラッグ

② 株価チャートを作成する

[出来高]列がB列に移動した

❶ セルA1〜F35までドラッグして選択
❷ [挿入]タブをクリック
❸ [ウォーターフォール図または株価チャートの挿入]をクリック

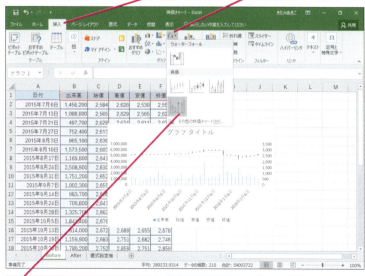

❹ [株価チャート(出来高-始値-高値-安値-終値)]をクリック

Excel 2013では[株価チャート、等高線グラフ、またはレーダーチャートの挿入]をクリックする

HINT! Webページから株価データを入手するには

Webページから株価データを入手すると、入力の手間が省けて便利です。例えばYahoo!ファイナンス（http://finance.yahoo.co.jp/）の場合、銘柄で検索を行い、時系列データを選択すると、日付の新しい順に株価データの表が一覧表示されます。これをワークシートにコピーして、日付の順序で並べ替えれば、手早くデータの準備が整います。

HINT! 出来高、始値、高値、安値、終値の順に配置しておく

株価チャートを作成するときは、あらかじめ決められた順番で項目を並べておく必要があります。一般に出来高は右端に表示されることが多いので、Webページからダウンロードしたデータの場合は、順番をきちんと確認しましょう。順番が違っていた場合は、手順1の要領で列を移動します。

HINT! Excel 2010で株価チャートを作成するには

Excel 2010の場合は、[挿入]タブの[その他のグラフ]-[株価チャート(出来高-始値-高値-安値-終値)]をクリックして株価チャートを作成します。

次のページに続く

③ 株価チャートを移動する

| 株価チャートが作成された | 株価チャートをグラフ専用のシートに配置する |

❶ [グラフツール] の [デザイン] タブをクリック
❷ [グラフの移動] をクリック

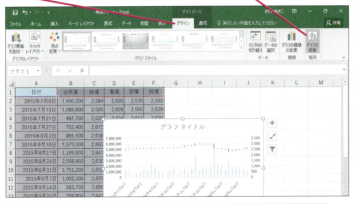

❸ [新しいシート] をクリック
❹ [OK] をクリック

④ [軸の書式設定] 作業ウィンドウを表示する

| 新しく作成された [Graph1] シートに株価チャートが移動した | 横（項目）軸をテキスト軸に変更する |

❶ 横（項目）軸を右クリック
❷ [軸の書式設定] をクリック

株価チャートの種類

株価チャートには、次の4種類があります。いずれもあらかじめグラフ名のかっこ内の順序で、元データの項目を並べておく必要があります。

1. **株価チャート（高値-安値-終値）**
   高値と安値の間に高低線を引き、終値を点で表したグラフ

2. **株価チャート（始値-高値-安値-終値）**
   4つの値をローソク足で表したグラフ

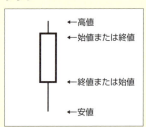

3. **株価チャート（出来高-高値-安値-終値）**
   1.に出来高の棒を加えたグラフ

4. **株価チャート（出来高-始値-高値-安値-終値）**
   2.に出来高の棒を加えたグラフ

株価データのない日付が補われる

元の表にはウィークリー（毎週月曜日）の株価データが入力されていますが、グラフの横軸には月曜日以外の日付も表示されます。元の表にある月曜日の日付だけが表示されるようにするには、手順5のように軸の種類を日付軸からテキスト軸に変更します。

❺ 横（項目）軸の種類をテキスト軸に変更する

❶ [テキスト軸] をクリック

❷ [閉じる] をクリック

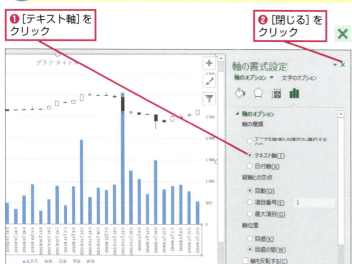

❻ 元の表にない日付が非表示になった

必要に応じて書式を整えておく

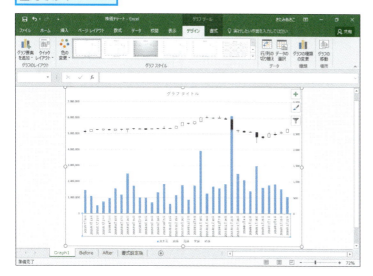

HINT! ローソク足の書式を設定するには

始値より終値が高いローソク足を陽線、反対に始値より終値が低いローソク足を陰線と呼びます。Excelの株価チャートでは、陽線は白、陰線は黒の四角形で区別されます。この色を変えたいときは、リボンの [グラフツール] の [書式] タブにある [グラフの要素] から [陽線] または [陰線] を選択して、[図形の塗りつぶし] ボタンで色を設定しましょう。

HINT! Excel 2010でテキスト軸に変更するには

Excel 2010では、手順5の代わりに以下のように操作します。

❶ [軸のオプション] をクリック

❷ [テキスト軸] をクリック

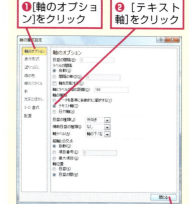

❸ [閉じる] をクリック

77 株価チャート

レッスン 78

財務データの正負の累計を棒グラフで表すには

ウォーターフォール図

対応バージョン: 2016 / 2013 / 2010

レッスンで使う練習用ファイル
ウォーターフォール図.xlsx

数値データの累計の様子を分かりやすく視覚化できる

Excel 2016では、「ウォーターフォール図」を使用すると、正負の数値の累計計算の過程を分かりやすくグラフ化できます。下のグラフは、財務データを表したウォーターフォール図です。期首残高に、営業や投資などによる損益を順に加算していき、期末残高を求める様子を表現しています。プラスの数値は青、マイナスの数値はオレンジというように棒を色分けしているので、各項目がプラスなのかマイナスなのかがひと目で分かります。また、最終的な計算結果である期末残高は、正負とは別の色の棒で表示して区別しています。項目名と数値を並べた表から簡単に作成できるので、累計の様子を視覚化したいときにぜひ活用してください。

関連レッスン

▶レッスン24
項目名を負の目盛りの下端位置に表示するには ……… p.100

▶レッスン49
上下対称グラフを作成するには ……… p.192

キーワード

系列	p.370
作業ウィンドウ	p.371
データ範囲	p.373

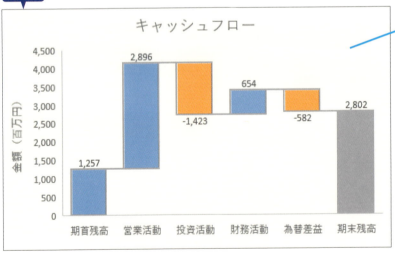

キャッシュフローなど、値の増減によって最終的に残る数値を分かりやすく表現できる

※上記の[After]のグラフは練習用ファイルの[書式設定後]シートに用意されています。

このレッスンは動画で見られます　操作を動画でチェック！ ※詳しくは2ページへ

 HINT! 表示形式の設定の有無はグラフ作成に影響しない

手順1の表のセルB3～B8には数値の正負で色の異なる表示形式を設定してありますが、必ずしも数値に表示形式を設定しておく必要はありません。表示形式を設定していない表からもウォーターフォール図を作成できます。ちなみに、数値をセルB3～B8のように表示するには、セルを選択して、[ホーム]タブの[数値]グループにある[桁区切りスタイル]ボタン（ , ）をクリックします。

1 グラフのデータ範囲を選択する

ここではキャッシュフローの期末残高をグラフ化する

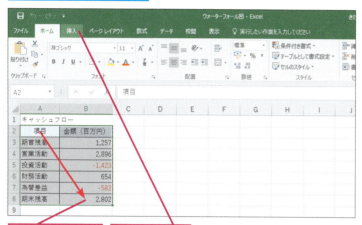

❶セルA2～B8をドラッグして選択
❷[挿入]タブをクリック

 HINT! さまざまなデータから作成できる

ウォーターフォール図は、正数だけ、または負数だけのデータからでも作成できます。次の図は、四半期ごとの売上高の累計を表示したグラフです。第3四半期の売上高（[第3Q]の棒）が全体の売上高（[合計]の棒）に最も貢献していることがすぐに分かります。

ウォーターフォール図にすることで、第3Qの売上高が最も高いことがすぐに伝わる

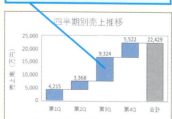

2 ウォーターフォール図を作成する

❶[統計グラフの挿入]をクリック

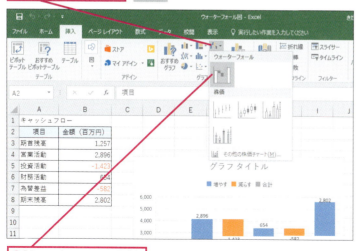

❷[ウォーターフォール図]をクリック

78 ウォーターフォール図

次のページに続く

できる 355

❸ 期末残高のデータ要素を選択する

> ウォーターフォール図が作成された

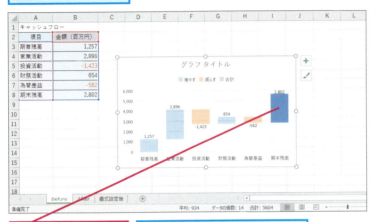

[期末残高]のデータ要素を2回クリックして選択

データ要素が選択されると、ほかのデータ要素が半透明で表示される

❹ [データ要素の書式設定]作業ウィンドウを表示する

> [期末残高]のデータ要素の表示形式を変更する

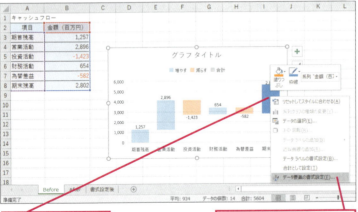

❶[期末残高]のデータ要素を右クリック

❷[データ要素の書式設定]をクリック

 正数と負数が異なる色で表示される

ウォーターフォール図では、正の数値と負の数値が異なる色で表示されます。また、正の数値は1つ前の累計の位置を基準に上方向に表示され、負の数値は1つ前の累計の位置を基準に下方向に表示されます。

 累計の位置に注目しよう

正数の棒の場合、上端の位置がそれまでの数値の累計を表します。また、負数の棒の場合、下端の位置がそれまでの数値の累計を表します。なお、下図のグラフは、累計の位置を見やすくするためにデータラベルを削除してあります。

[期首残高]と[営業活動]の累計は[営業活動]の棒の上端になる

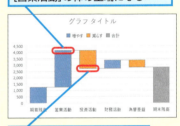

[期首残高]と[営業活動]、[投資活動]の累計が[投資活動]の下端になる

 間違った場合は?

手順3では[期末残高]の棒を2回クリックしますが、1回目のクリックですべての棒(データ系列)が選択され、2回目のクリックで[期末残高]の棒(データ要素)が選択されます。クリックの間隔が短いとダブルクリックになり、[データ系列の書式設定]作業ウィンドウが表示されてしまいます。その場合は、もう一度[期末残高]の棒をクリックすると、[データ要素の書式設定]作業ウィンドウが表示されます。

⑤ 系列の表示を変更する

> **HINT!** 合計として設定すると「0」の位置から表示される

[データ要素の書式設定] 作業ウィンドウが表示された

❶ [合計として設定] をクリックしてチェックマークを付ける

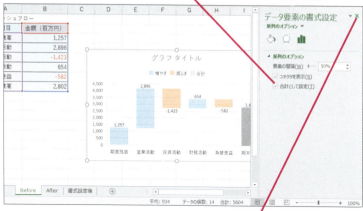

通常、ウォーターフォール図では、1つ前の棒の累計の位置を始点として次の棒が表示されます。今回のように、グラフの元データの最終セルに合計値が計算されている場合、全体の累計に合計値が上乗せされて、グラフがおかしくなります。その場合、合計を表す棒を選択して、手順5のように [合計として設定] を設定すると、合計の棒を「0」の位置から開始できます。また、棒の色も変わり、ほかのデータと区別しやすくなります。

❷ [閉じる] をクリック

[期末残高] を合計として設定すると、[期首残高] から [為替差益] までの累計と位置がそろう

❸ セルをクリックして選択

グラフエリアの選択が解除され、[期末残高] の系列の表示形式が変更された

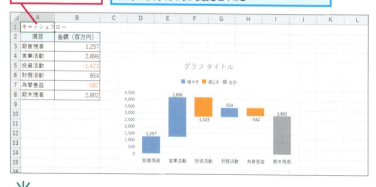

テクニック じょうごグラフでデータの絞り込みを表現できる

Excel 2016の最新版では、「じょうごグラフ」という新グラフを利用できます。その名の通りじょうごの形をしており、データの数値が徐々に絞り込まれていく様子を図解するのにぴったりです。元データの表には、数値を大きい順に並べておきます。ここでは、サイトを閲覧した人の中から実際に成約に至るまでの人数の変化をグラフにしました。サイト閲覧→来店→成約という一連の流れの中で、人数が絞り込まれていく様子がうかがえます。

❶ グラフのデータ範囲をドラッグして選択

❷ [統計グラフの挿入] をクリック

❸ [じょうごグラフ] をクリック

じょうごグラフが作成された

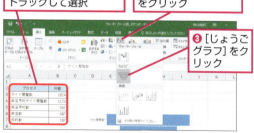
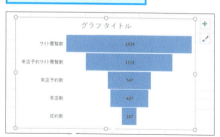

レッスン 79

セルの中にグラフを表示するには

スパークライン

対応バージョン 2016 2013 2010

レッスンで使う練習用ファイル スパークライン.xlsx

セルの中にグラフを表示できる

「表のデータを視覚的に分かりやすく表現したい……」。そんなときはグラフを利用するほかに、「スパークライン」という選択肢があります。スパークラインとは、セルの中に表示できる小さなグラフです。

下の［After］の表を見てください。1行につき、1つの支店の12カ月分の契約数が入力されています。そして、表の右端の列には、縦棒のスパークラインが表示されています。通常のグラフでは表との照らし合わせが面倒ですが、スパークラインならグラフ上で気になるデータが見つかったときに、すぐに表と照らし合わせることができます。また、通常のグラフだとすべての系列が同じプロットエリアに表示されるので、支店ごとの契約数の推移を追うのが大変ですが、スパークラインなら支店ごとにグラフが作成されるので、契約数の推移がよく分かります。もちろん、通常のグラフには「細かい設定が行える」「大きいサイズで見やすく表示できる」など、多くのメリットがあります。グラフとスパークラインのメリットを理解し、上手に使い分けてください。

関連レッスン

▶レッスン**16**
グラフの中に図形を
描画するには ……………………… p.74

▶レッスン**42**
絵グラフを作成するには
……………………………………… p.162

キーワード

スパークライン	p.371
プロットエリア	p.374
マーカー	p.374

After

数値からセル内にグラフを表示できる

支店ごとの契約数の変化がよく分かる

	支店名	4月	5月	6月	7月	8月	9月	10月	11月	12月	1月	2月	3月	推移
	新規契約数実績表													
3	東京店	45	42	44	40	44	44	47	45	40	38	41	42	
4	新橋店	22	25	29	32	29	34	36	34	33	37	44	43	
5	渋谷店	30	38	34	42	29	28	40	43	44	31	43	41	
6	新宿店	39	39	43	44	43	38	42	39	37	37	39	40	
7	池袋店	25	26	33	25	26	25	32	27	30	31	30	27	
8	上野店	35	32	31	32	31	31	30	28	27	26	24	25	

グラフをデータ分析やデータ管理に役立てよう

応用編 第9章

358 できる

① スパークラインを作成する

❶ セルN3～N8を ドラッグして選択
❷ [挿入]タブを クリック
❸ [縦棒]を クリック

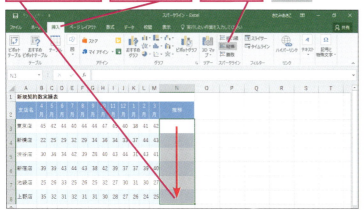

スパークラインの種類

スパークラインには、「折れ線」「縦棒」「勝敗」の3種類があります。

◆折れ線
データの推移や傾向を視覚的に表す

◆縦棒
数値の大きさの違いを視覚的に表す

◆勝敗
正数、0、負数を視覚的に表す

② スパークラインのデータ範囲を指定する

[スパークラインの作成]ダイアログボックスが表示された

❶ セルB3～M8を ドラッグして選択

[データ範囲]に選択したセル範囲が表示された

❷ [OK]を クリック

③ スパークラインが表示された

セルB3～M8までの数値がグラフで表示された

ほかのセルを クリック

次のページに続く

④ スパークラインの最大値に書式を設定する

❶ スパークラインがある任意のセルを選択
❷ [スパークラインツール]の[デザイン]タブをクリック
❸ [頂点（山）]をクリックしてチェックマークを付ける

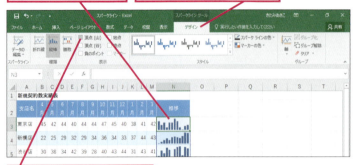

⑤ スパークラインのスタイルを変更する

スパークラインの最大値に書式が設定された
スパークラインのスタイルを設定する

❶ [スパークラインツール]の[デザイン]タブをクリック
❷ [スタイル]の[その他]をクリック

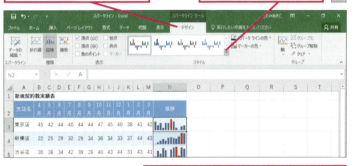

❸ [スパークラインスタイル アクセント4]をクリック

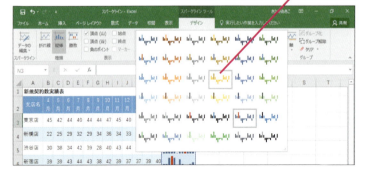

 スパークラインの頂点

手順4のように[頂点（山）]にチェックマークを付けると、最大値の色が変わります。また、[頂点（谷）]にチェックマークを付けると、最小値の色が変わります。

[頂点（山）]にチェックを付けると、最大値の棒の色が変わる

[頂点（谷）]にチェックを付けると、最小値の棒の色が変わる

 折れ線のマーカーを表示するには

折れ線のスパークラインを作成すると、線だけのグラフが表示されます。各頂点にマーカーを表示するには、[表示]にある[マーカー]にチェックマークを付けます。

作成直後は折れ線だけが表示される

[マーカー]をクリックしてチェックマークを付ける

各頂点にマーカーが表示された

⑥ スパークラインの軸の設定を変更する

スパークラインのスタイルが設定された

スパークラインの縦軸の最小値のオプションを設定する

❶ [スパークラインツール] の [デザイン]タブをクリック

❷ [軸] をクリック

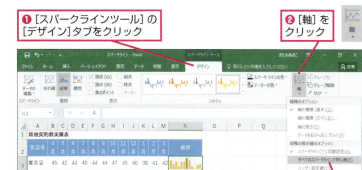

❸ [縦軸の最小値のオプション] の [すべてのスパークラインで同じ値]をクリック

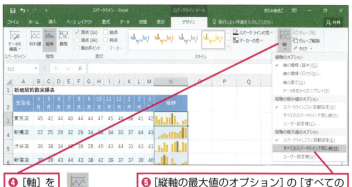

❹ [軸] をクリック

❺ [縦軸の最大値のオプション] の [すべてのスパークラインで同じ値]をクリック

⑦ スパークラインの書式が設定できた

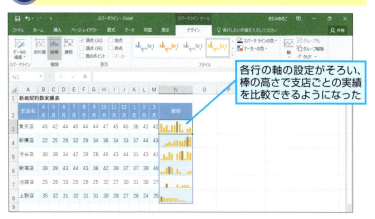

各行の軸の設定がそろい、棒の高さで支店ごとの実績を比較できるようになった

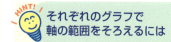

それぞれのグラフで軸の範囲をそろえるには

作成直後のスパークラインは、縦軸の範囲がセルごとに自動設定されるため、各セルのグラフを見比べても大小を比較できません。手順⑥のように操作して軸の最小値と最大値をそろえると、各セルのグラフが同じ尺度で表示され、比較しやすくなります。

軸をそろえない場合、「40,30,35,30」の棒と「20,10,15,10」の棒が同じ大きさで表示される

4月	5月	6月	7月	契約数推移
40	30	35	30	
20	10	15	10	

軸をそろえると、数値の大きさに合わせて棒の高さが変わる

4月	5月	6月	7月	契約数推移
40	30	35	30	
20	10	15	10	

この章のまとめ

●応用グラフが作れれば、あなたもグラフマスター！

この章では、データ分析に役立つさまざまな応用グラフを紹介しました。グラフは、作成したらおしまいではなく、使用することが本来の目的です。データ分析の目的に合わせて、最適なグラフを使用しましょう。

例えば、評価のバランスを分析したいときはレーダーチャート、データの分布を分析したいときは散布図やバブルチャートを使用します。また、Excel 2016では新グラフの箱ひげ図やウォーターフォール図を使用すると、複数のデータの分布を比較したり、財務データの増減を図解したりといったことをとても簡単に行えます。

ときには、単純な手順では目的のグラフを作成できないこともあります。ピラミッドグラフやABC分析用のパレート図は、業務でよく使用される定番のグラフですが、Excelで作成するには何工程かの操作が必要です。しかし、これまでの章で培った経験を元に丁寧に操作すれば、目的のグラフが完成し、業務に生かせるはずです。

グラフを実務に生かしてこそ、グラフ作成の醍醐味を味わえます。応用グラフを自在に使いこなして、「グラフマスター」の称号を思いのままにしてください！

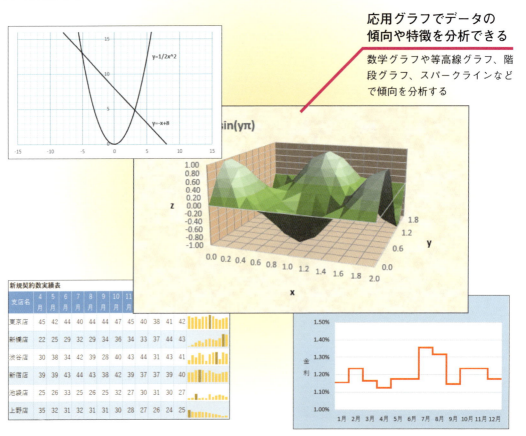

応用グラフでデータの傾向や特徴を分析できる

数学グラフや等高線グラフ、階段グラフ、スパークラインなどで傾向を分析する

付録1　Excelのファイルをブラウザーで表示するには

Excelのファイルを「OneDrive」に保存すると、ブラウザーでファイルを表示したり編集したりできます。OneDriveとは、マイクロソフトが提供するクラウドサービスの1つで、インターネット上で提供される無料の保存場所のことです。取得済みのMicrosoftアカウントでWindowsやOfficeにサインインしている状態なら、パソコンにファイルを保存するのと同じ要領でOneDriveにファイルを保存できます。

OneDriveにファイルを保存する

 [名前を付けて保存]の画面を表示する

OneDriveに保存するファイルを表示しておく　　[ファイル]タブをクリック

 保存先をOneDriveにする

❶ [名前を付けて保存]をクリック
❷ [OneDrive - 個人用]をクリック

ここでは、[名前を付けて保存]ダイアログボックスを表示する
❸ [その他のオプション]をクリック

HINT! エクスプローラーからのアップロードも可能

タスクバーにあるエクスプローラーのアイコンをクリックし、表示されたフォルダーウィンドウからOneDriveにファイルをアップロードすることもできます。フォルダーウィンドウの左側に表示された[OneDrive]をクリックすると、手順3で表示された2つのフォルダーが表示されます。サインインの画面が表示されたときは、Microsoftアカウントとパスワードを入力してください。

 ファイルをOneDriveに保存する

OneDriveの保存先が[名前を付けて保存]ダイアログボックスに表示された
OneDriveにあらかじめ用意されている2つのフォルダーが表示された

ここでは[ドキュメント]フォルダーを選択する
❶ [ドキュメント]をダブルクリック

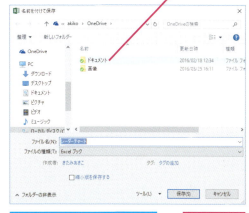

[ドキュメント]フォルダーが表示された
❷ [保存]をクリック

ファイルがOneDriveにアップロードされる

次のページに続く

できる　363

保存したファイルを表示する

OneDriveをブラウザーで表示する

▼OneDriveのWebページ
http://onedrive.com

Microsoft Edgeを起動しておく

❶上のURLを参考にOneDriveのURLを入力

❷[Enter]キーを押す

HINT! OneDriveのフォルダーが表示されないときは

WebブラウザーでOneDriveのURLを入力したときにOneDriveに保存したファイルやフォルダーが表示されない場合は、サインインを実行しましょう。以下のように[サインイン]をクリックしてMicrosoftアカウントのメールアドレスを入力し、次の画面でパスワードを入力するとサインインできます。Microsoftアカウントを持っていない場合は、操作2の画面の下部にある[今すぐ新規登録]から無料で取得できます。

サインインしていないと、OneDriveの解説ページが表示される

❶[サインイン]をクリック

❷Microsoftアカウントのメールアドレスを入力

❸[次へ]をクリック

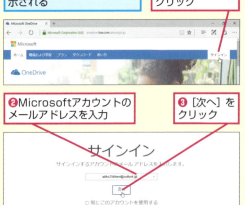

2 保存したフォルダーを表示する

OneDriveのWebページが表示された

OneDriveに関する説明が表示されたときは、右上の[閉じる]をクリックする

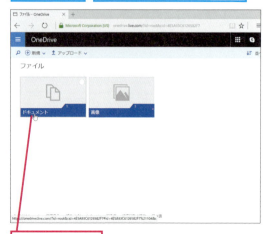

[ドキュメント]をクリック

HINT! ブラウザー上でグラフの編集ができる

手順4では、Webブラウザー上にExcelのような画面が表示されていますが、これは「Excel Online」というWebブラウザー上で動作するExcelです。Excelがインストールされていないパソコンやタブレット、スマートフォンでも、Webブラウザーがあれば、OneDriveに保存したExcelのファイルをExcel Onlineで編集できます。出先でデータやグラフを手直ししたいときなどに便利です。ただし、通常のExcelに比べて、使用できる機能に制限があります。

グラフエリアをクリック

[グラフツール]が表示された

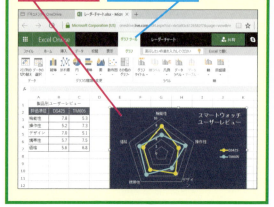

3 保存したファイルを表示する

[ドキュメント] フォルダーが表示された
保存されたファイルをクリック

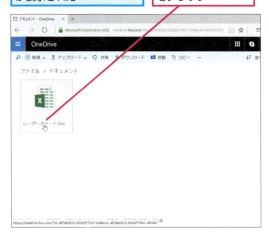

4 保存したファイルが表示された

新しいタブにExcel Onlineの画面が表示された
数値やグラフを編集できる

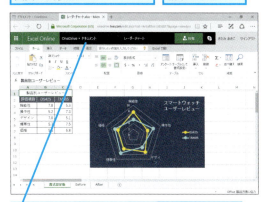

[ドキュメント]をクリックすると、ファイルが保存され、[ドキュメント]フォルダーが表示される

WebブラウザーでOneDriveのファイルを共有するには

OneDriveに保存したファイルは、ファイルにアクセスするためのURLを相手に知らせることで、ほかの人と共有できます。共有の方法は2種類あり、URLを自分で直接相手にメール送信したい場合は[リンクの取得]を使用してURLを取得します。URLを自動のメール送信で相手に知らせたい場合は[メール]を選びます。メールを受け取った相手がURLをクリックすると、Webブラウザーが起動してファイルが表示されます

前ページの手順2を参考にOneDriveのWebページで[ドキュメント]フォルダーを表示しておく
❶共有するファイルをクリックしてチェックマークを付ける

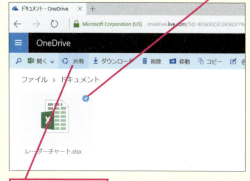

❷[共有]をクリック

ファイルの共有画面が表示された
ここではファイルを共有するためのURLを表示する

❸[リンクの取得]をクリック

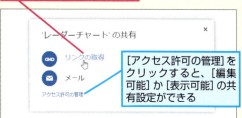

[アクセス許可の管理]をクリックすると、[編集可能]か[表示可能]の共有設定ができる

ファイルのURLが表示された
[コピー]をクリックするとURLがコピーされる

付録

365

付録2　作成したグラフの種類を保存するには

グラフのデザインを「テンプレート」として登録しておくと、いろいろなデータから同じデザインのグラフを簡単に作成できます。手間をかけたグラフの設定を、ほかのグラフにも使い回せるので効率的です。登録される内容は、グラフの種類、およびグラフ要素の表示・非表示、位置、書式です。月次報告書に掲載する売り上げのグラフなど、よく作成するグラフをテンプレートにしておくといいでしょう。

テンプレートの保存

1 [グラフテンプレートの保存] ダイアログボックスを表示する

テンプレートとして保存するグラフのワークシートを表示しておく

❶グラフエリアを右クリック

❷[テンプレートとして保存]をクリック

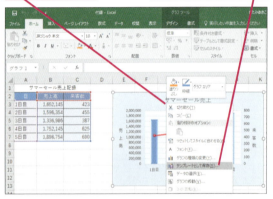

2 グラフのテンプレートを保存する

[グラフテンプレートの保存] ダイアログボックスが表示された

❶保存先が [Charts] となっていることを確認

保存先のフォルダーを変更せずに操作を進める

❷テンプレートの名前を入力

❸[保存]をクリック

Excel 2010でテンプレートを保存するには

Excel 2010では、[デザイン] タブにある [テンプレートの保存] ボタンをクリックすると保存画面が表示され、テンプレートを保存できます。

❶グラフエリアをクリック

❷[グラフツール]の[デザイン]タブをクリック

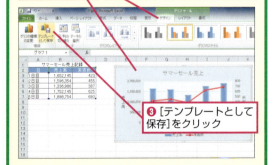

❸[テンプレートとして保存]をクリック

ほかのパソコンでテンプレートを利用するには

同じテンプレートを複数のパソコンで使用したいときは、テンプレートとして登録するグラフを含むブックを使い、各パソコンで手順1～2の操作を行います。

タイトルや軸ラベルはその都度入力する

テンプレートから作成したグラフのグラフタイトルや軸ラベルに「タイトル」と表示されるので、適宜入力し直してください。

テンプレートの使用

1 テンプレートを使ってグラフを作成する

保存したテンプレートから
グラフを作成する

❶グラフにするセル範囲を
ドラッグして選択

❷[挿入]タブを
クリック

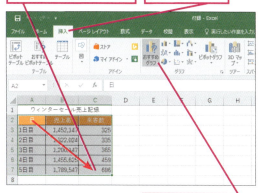

❸[おすすめグラフ]を
クリック

2 テンプレートを選択する

[グラフの挿入]ダイアログ
ボックスが表示された

保存したテンプレートを
選択する

❶[すべてのグラフ]タブを
クリック

❷[テンプレート]を
クリック

❸保存されたテンプレートを
クリック

❹[OK]を
クリック

3 テンプレートを元にグラフが作成された

保存されたテンプレートを
元にグラフが作成された

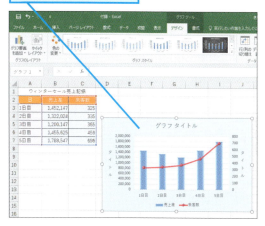

Excel 2010でテンプレートを使うには

Excel 2010では、以下のように操作すると[グラフの挿入]ダイアログボックスが表示されるので、テンプレートを選択してグラフを作成します。

❶グラフにするセル範囲を
ドラッグして選択

❷[挿入]タブを
クリック

❸[その他のグラフ]
をクリック

❹[すべてのグラフの
種類]をクリック

❺[テンプレート]をクリック

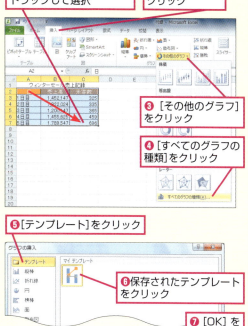

❻保存されたテンプレート
をクリック

❼[OK]を
クリック

付録

できる | 367

用語集

2軸グラフ
通常、複数の系列を持つグラフはプロットエリアの左端と下端にある軸を共通に使うが、一部の系列に「第2軸」と呼ばれる別の軸を割り当てられる。そのようなグラフを「2軸グラフ」と呼ぶ。第2軸はプロットエリアの右端と上端に表示される。
→グラフ、系列、プロットエリア

Excel Online（エクセルオンライン）
WebブラウザーでExcelのブックを作成・編集できる無料のオンラインアプリ。パソコンにExcelがインストールされていなくても、インターネットに接続できる環境にあれば利用できる。「Word Online」「PowerPoint Online」などを含めた総称を「Office Online」と言う。
→ブック

FREQUENCY関数（フリークエンシーカンスウ）
大量の数値データを「1〜10」「11〜20」「21〜30」など一定の区間に分け、それぞれの区間に含まれるデータ数をカウントする関数。結果を表示するすべてのセルを選択して「=FREQUENCY(データ配列, 区間配列)」の形式で入力する。[Ctrl]+[Shift]+[Enter]キーを押すと、選択したすべてのセルにまとめて結果が表示される。
→セル

IFERROR関数（イフエラーカンスウ）
セルにエラーが表示されるのを回避する関数。「=IFERROR(値, エラーの場合の値)」の形式で入力する。引数の［値］に指定した数式がエラーになる場合に、［エラーの場合の値］が表示され、エラーが回避される。エラーにならない場合は、数式の結果が表示される。
→セル

IF関数（イフカンスウ）
条件に応じて表示する値を切り替える関数。「=IF(論理式, 真の場合, 偽の場合)」の形式で入力する。引数［論理式］の条件が成り立つ場合は［真の場合］、成り立たない場合は［偽の場合］に指定した値が表示される。

Microsoftアカウント（マイクロソフトアカウント）
OneDriveやExcel Onlineなど、マイクロソフトが提供するさまざまなオンラインサービスを利用するときに必要な認証ID。マイクロソフトのWebサイトで手続きして無料で取得できる。
→OneDrive、Excel Online

N/A関数（エヌエーカンスウ）
データが未定であることを示すエラー値「#N/A」を表示する関数。セルに「=NA()」と入力すると、「#N/A」と表示される。
→セル

OneDrive（ワンドライブ）
マイクロソフトが提供するオンラインストレージサービス。標準で5GBの容量を無料で使える。OneDriveにアップロードしたブックは、Excel Onlineで編集したり、ほかの人と共有したりすることができる。
→Excel Online、ブック

People Graph（ピープルグラフ）
Excel 2016/2013で使用できる絵グラフ作成用のOfficeアドイン（Excel 2013ではOffice用アプリ）。簡単な操作で見栄えのする絵グラフを作成できる。Excel 2016では［挿入］タブにPeople Graphのボタンが用意されているが、Excel 2013では初回使用時にOfficeストアから導入する必要がある。
→グラフ

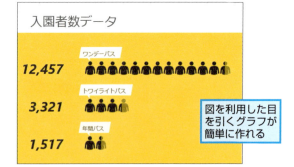

SERIES関数（シリーズカンスウ）
グラフの系列を定義する関数。グラフ上で系列を選択すると、数式バーにSERIES関数の数式が「=SERIES(系列名,項目名,系列値,順序)」の形式で表示される。この数式は、グラフを作成すると自動的に定義される特殊な関数で、セルには直接入力できない。
→グラフ、系列、数式バー、セル

SQRT関数（スクエアルートカンスウ）
平方根を求める関数。例えば「=SQRT(9)」と入力すると、「9」の正の平方根である「3」が求められる。

SUM関数（サムカンスウ）
引数に指定したセル範囲に含まれる数値の合計を求める関数。例えば「=SUM(C2:C10)」では、セルC2からC10の数値の合計を求める。
→セル

印刷プレビュー
印刷結果の用紙イメージを画面上に表示する機能。[ファイル]タブをクリックして[印刷]を選択すると、印刷前に仕上がりを確認できる。

エラー値
エラーの種類を示す記号。セルに入力した数式がエラーになる場合に表示され、エラーの原因を探る手がかりとなる。「#DIV/0!」(0による除算が行われている)、「#REF!」(数式で参照しているセルが存在しない)など、エラー値の先頭には「#」の記号が付く。
→セル

オートフィル
データや数式を素早く入力できるようにした入力支援機能。基にするセルを選択し、セルの右下隅に表示されるフィルハンドルをドラッグして、連続データの入力や数式のコピーなどを実行できる。
→セル、フィルハンドル

おすすめグラフ
選択したデータに適したグラフを提案してくれるExcel 2013から追加された新機能。表示される選択肢から選ぶだけで、すぐにグラフを作成できる。
→グラフ

カラーリファレンス
グラフを選択すると、データ範囲のセルが色の付いた枠で囲まれる。その枠のことを「カラーリファレンス」と呼ぶ。カラーリファレンスを移動したりサイズを変更したりすることで、グラフのデータ範囲を簡単に変更できる。
→グラフ、データ範囲

クイックアクセスツールバー
タイトルバーの左部に表示される帯状のボタン群。通常、[上書き保存][元に戻す][やり直し]の3つのボタンが表示される。常に画面に表示されているので、素早くボタンを使用できる。

クイックスタイル
手早く簡単に書式を設定できる装飾機能の総称。Excelにはグラフやワードアート、図形などに設定できるクイックスタイルが登録されており、選択するだけで色や枠線、立体効果などの書式をまとめて適用できる。
→グラフ、図形、ワードアート

クイック分析ツール
データを素早く分析できる、Excel 2013から追加された新機能。データが入力されたセル範囲を選択すると、[クイック分析]ボタンが表示され、グラフやスパークラインなどのデータの分析機能を簡単に利用できる。
→グラフ、スパークライン

クイックレイアウト
グラフのレイアウトを手早く設定できる機能。「タイトルと軸ラベルと凡例」「タイトルとデータテーブル」というように、グラフ要素の組み合わせが複数登録されており、選ぶだけでグラフ要素を簡単に表示できる。
→グラフ、グラフ要素、軸ラベル、データテーブル、凡例

区切り文字
データラベルに複数の内容を並べる際に、データ間に挿入する文字のこと。[,(カンマ)][;(セミコロン)][(改行)]などの設定項目がある。
→データラベル

区分線
積み上げ縦棒グラフや積み上げ横棒グラフで隣り合う棒の系列同士を結ぶ線。グラフに区分線を入れることで、データの増減が分かりやすくなる。
→グラフ、系列

グラフ
数値を棒や折れ線などの図形で表して、大小関係や割合、傾向などを視覚的に表現したもの。棒グラフや折れ線グラフ、円グラフなどがある。
→図形

グラフエリア
グラフ全体の領域。プロットエリアやグラフタイトルなどのグラフ要素はすべてグラフエリアに配置される。
→グラフ、グラフタイトル、グラフ要素、プロットエリア

グラフシート
グラフを表示するためのグラフ専用のシート。元のデータとは別に、グラフだけを表示したいときに使う。
→グラフ

グラフスタイル
グラフ全体のデザインを設定するための機能。Excelにはグラフ用の見栄えのする書式が複数登録されており、選ぶだけで簡単に書式を適用できる。Excel 2016/2013のグラフスタイルには、グラフタイトルや軸ラベルなどのグラフ要素をグラフに追加する機能も含まれる。
→グラフ、グラフ要素、軸ラベル

グラフタイトル
グラフのタイトルを入力するためのグラフ要素。通常、ほかのグラフ要素より大きな文字で、グラフの上部に配置される。
→グラフ、グラフ要素

グラフツール
グラフを選択したときにリボンに表示されるコンテキストタブ。Excel 2016/2013ではグラフツールに[デザイン]と[書式]、Excel 2010では[デザイン][レイアウト][書式]の3つのタブが含まれる。
→グラフ、コンテキストタブ、リボン

グラフフィルター
Excel 2016/2013でグラフを選択したときにグラフの右上に表示されるグラフボタンの1つ。グラフに表示する系列の絞り込みやグラフのデータ範囲の編集ができる。
→グラフ、グラフボタン、系列、データ範囲

グラフボタン
Excel 2016/2013でグラフを選択したときにグラフの右上に表示されるボタン。[グラフ要素][グラフスタイル][グラフフィルター]の3つのボタンがある。
→グラフ、グラフスタイル、グラフフィルター、グラフ要素

グラフ要素
グラフを構成する個々の部品のこと。グラフエリア、グラフタイトル、凡例、系列などがある。
→グラフ、グラフエリア、グラフタイトル、系列、凡例

系列
グラフに表示されるデータの集合。既定の書式の棒グラフや折れ線グラフの場合、同じ色で表されるデータ要素の集合が1つの系列となる。また、円グラフの場合は、円全体が1つの系列となる。
→グラフ、データ要素

系列の重なり
複数の系列がある棒グラフで、隣り合う系列の棒の重なり方を指定する機能。「0」を指定するとぴったりくっつき、正数を指定すると重なり、負数を指定すると離れる。
→グラフ、系列

系列名
系列を区別するための名称。通常、元表の見出しが系列名になる。系列名はグラフの凡例に表示される。
→グラフ、系列、凡例

コンテキストタブ
ワークシート上の選択対象に応じて自動でリボンに表示されるタブのこと。例えばグラフを選択すると、[グラフツール]コンテキストタブが表示される。
→グラフ、グラフツール、リボン、ワークシート

作業ウィンドウ
特定の操作や設定を行うときに、画面の左や右に表示される設定画面。Excel 2013以降では、グラフの詳細な設定項目が作業ウィンドウに表示される。
→グラフ

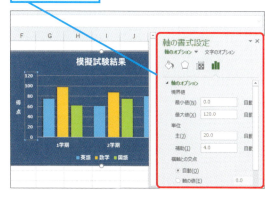

軸の種類
横（項目）軸や縦（項目）軸などの項目軸の種類を指定する機能。項目軸の種類にはテキスト軸と日付軸の2種類がある。
→縦（項目）軸、テキスト軸、日付軸、横（項目）軸

軸ラベル
軸の説明を入力するためのグラフ要素。通常は縦軸の左、横軸の下に配置されるが、第2軸を表示しているグラフでは第2縦軸の右、第2横軸の上に配置される。
→グラフ、グラフ要素

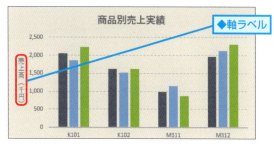

主要プロット
補助円グラフ付き円グラフや補助縦棒付き円グラフにはメーンの円グラフと補助グラフの2つのグラフが表示される。データ要素をメーンの円グラフに配置することを「主要プロット」と言う。
→グラフ、データ要素、補助縦棒

ショートカットキー
Excelで行う操作を簡単に実行できるようにするために、機能を割り当てたキーの組み合わせのこと。通常は英数字のキーと[Ctrl]キー、[Shift]キー、[Alt]キーなどを組み合わせて利用する。

シリアル値
Excelで日付と時刻に割り当てられる数値のこと。日付のシリアル値は、「1900/1/1」を「1」として、「1」から始まる整数の通し番号で表す。また、時刻のシリアル値は、24時間を「1」と見なした小数で表す。

白黒印刷
カラーで作成した表やグラフをモノクロで印刷する機能。カラーのグラフをモノクロプリンターで印刷すると色が灰色に置き換えられるため区別しにくくなるが、白黒印刷の設定を行うとデータ要素の色が黒と白と網かけ模様に置き換えられ、区別しやすくなる。
→グラフ、データ要素

数式バー
セルの内容を表示したり、編集したりする場所。グラフタイトルや軸ラベルにセルの内容を表示するときにも使用する。
→グラフタイトル、軸ラベル、セル

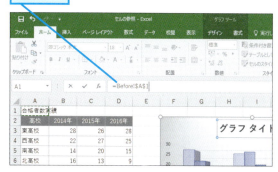

図形
円、四角形、直線など、Excelで描画できる図形の種類やその描画機能を「図形」と呼ぶ。

図形の効果
図形に設定できる視覚効果のこと。影や面取り、3-D回転などの種類がある。グラフエリアやデータ要素などのグラフ要素にも設定できる。
→グラフ、グラフエリア、グラフ要素、図形、データ要素

図形のスタイル
図形のデザインを設定するための機能。図形のスタイルには、枠線や塗りつぶし、図形内の文字などの書式が登録されている。
→図形

スパークライン
セル内に表示できるグラフのこと。[折れ線][縦棒][勝敗]の3種類がある。
→グラフ、セル

絶対参照
数式をコピーしても、その数式が参照するセル番号が変わらないセル参照の方法。列番号と行番号に「$」を付けて、「=$A$1」のように指定する。
→セル

セル
ワークシートを構成する小さな四角いマスをセルと呼ぶ。セルには、文字や数値、数式などを入力できる。
→ワークシート

相対参照
数式をコピーしたとき、コピーした数式が参照するセル番号が自動的に変化するセル参照の方法。「=A1」のように単にセル番号を指定すれば相対参照になる。「=A1」と入力されたセルを真下のセルにコピーすると、コピー先のセルは「=A2」となる。
→セル

第2軸縦（値）軸
2軸グラフで第2軸に割り当てた系列が使用する縦（値）軸のこと。プロットエリアの右端に表示される。
→2軸グラフ、系列、縦（値）軸、プロットエリア

第2軸横（値）軸
2軸グラフで第2軸に割り当てた系列が使用する横（値）軸のこと。プロットエリアの上端に表示される。
→2軸グラフ、系列、プロットエリア、横（値）軸

ダイアログボックス
特定の操作や設定をするときに表示する設定画面。Excel 2010では、グラフの詳細な設定項目がダイアログボックスにまとめられている。
→グラフ

縦（値）軸
縦棒グラフや折れ線グラフなどでプロットエリアの左端に表示される数値の大きさを示す軸。軸は位置を基準に縦軸と横軸、用途を基準に数値軸と項目軸に分けられるが、縦軸の数値軸を「縦（値）軸」と呼ぶ。
→グラフ、プロットエリア

縦（項目）軸
横棒グラフでプロットエリアの左端に表示される項目名を配置した軸。軸は位置を基準に縦軸と横軸、用途を基準に数値軸と項目軸に分けられるが、縦軸の項目軸を「縦（項目）軸」と呼ぶ。
→グラフ、プロットエリア

データソースの選択
グラフのデータ範囲を指定する機能。グラフの作成後に、データ範囲を変更するときに利用する。
→グラフ、データ範囲

データテーブル
元データを表形式で表示するグラフ要素。すべてのデータの正確な数値を整理して表示できる。
→グラフ、グラフ要素

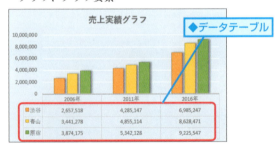

データの吹き出し
吹き出しの形をしたデータラベル。Excel 2013から追加された新機能。
→データラベル

データ範囲
グラフの元データのセル範囲のこと。グラフを作成するときに元データとなるセルを選択するが、そのとき選択したセルがデータ範囲となる。
→グラフ、セル

データ要素
系列を構成する1つ1つの要素のこと。棒グラフの場合は1本の棒、折れ線グラフの場合は山や谷から次の山や谷までの線分、円グラフの場合は1つの扇形がデータ要素となる。
→グラフ、系列

データラベル
データ要素の数値や系列名などを表示するグラフ要素。特定の系列や特定のデータ要素だけに表示することも可能。
→グラフ、グラフ要素、系列、系列名、データ要素

テキスト軸
項目軸の種類の1つ。テキスト軸では、軸に並ぶ項目名を文字列として扱う。

テンプレート
ひな型のこと。グラフ要素や書式を設定したグラフをテンプレートとして保存すると、元データを指定するだけで同じ種類のグラフを素早く作成できる。
→グラフ、グラフ要素

パーセントスタイル
数値をパーセントの形式で表示する表示形式の機能。例えば、「0.25」にパーセントスタイルを適用すると、「25%」と表示される。
→表示形式

ハンドル
セルやグラフ、図形を選択したときに周囲に表示される小さなつまみのこと。セルの右下に表示されるハンドルをフィルハンドル、グラフや図形の八方に表示されるハンドルをサイズ変更ハンドルと言う。
→グラフ、図形、セル、フィルハンドル

凡例
系列の色と系列名の対応を示すグラフ要素。系列の色は「凡例マーカー」と呼ばれる小さい四角形で表される。
→グラフ、グラフ要素、系列、系列名、マーカー

凡例項目
凡例には凡例マーカーと系列名の組み合わせが系列の数だけ表示される。その1組1組を凡例項目と言う。
→系列、系列名、凡例、マーカー

日付軸
項目軸の種類の1つ。日付軸では、軸に並ぶ項目名を日付として扱う。元表の日付は自動的に時系列に並べられるので、元表にない日付が補われることもある。

表示形式
データの表示方法。同じ「1234」という数値データでも、表示形式の設定により、「1,234」「1,234.00」「¥1,234」など、さまざまな形で表示できる。通常、軸やデータラベルの表示形式は元データの表示形式を継承するが、グラフ側でも変更できる。
→グラフ、データラベル

表示形式コード
表示形式を定義する機能。「書式記号」と呼ばれる記号を使用して表示形式コードを設定すると、数値軸やデータラベルの数値の表示形式を定義できる。
→データラベル、表示形式

表示単位
縦(値)軸や横(値)軸などの数値軸では、目盛りの数値を千単位や万単位で表示する機能がある。「千」や「万」などの単位を「表示単位」と呼ぶ。例えば表示単位を千にした場合、「100,000」は「100」と表示される。
→縦(値)軸、横(値)軸

フィルハンドル
セルやセル範囲を選択したときに、右下隅に表示される小さな四角形のこと。フィルハンドルをドラッグすると、数式をコピーしたり、連続データを作成したりすることができる。
→セル

フォント
文字の書体のこと。フォントを変更することで、文字の見ためや雰囲気を変更できる。

複合グラフ
1つのプロットエリアに複数の種類のグラフを表示したグラフのこと。縦棒グラフと折れ線グラフを組み合わせた複合グラフなどがある。
→グラフ、プロットエリア

ブック
Excelのファイルのこと。ブックは、ワークシートを束ねたもので、1つのブックは1枚以上のワークシートで構成されている。
→ワークシート

プロットエリア
縦棒グラフの棒や折れ線グラフの折れ線など、グラフ本体が表示される領域。
→グラフ

分岐点
グラデーションの色の設定位置のこと。パーセンテージで表す。例えば、0%の位置の分岐点に白、100%の位置の分岐点に赤を設定すると、白から赤に変わるグラデーションになる。

分類名
横（項目）軸や縦（項目）軸などの項目軸に並ぶ項目名。表からグラフを作成する際に、表の行見出しと列見出しの一方が系列名、もう一方が分類名になる。
→グラフ、系列名、縦（項目）軸、分類名、
　横（項目）軸

補助縦棒
補助縦棒付き円グラフに表示される縦棒グラフのこと。通常、メーンの円グラフのうち、下位数項目が「その他」としてまとめられて補助縦棒グラフに表示される。
→グラフ

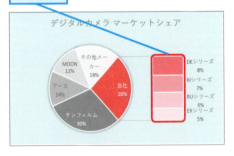

補助プロット
補助円グラフ付き円グラフや補助縦棒付き円グラフにはメーンの円グラフと補助グラフの2つのグラフが表示される。データ要素を補助グラフに配置することを「補助プロット」と言う。
→グラフ、データ要素、補助縦棒

補助目盛
目盛りと目盛りの間を区切る短い線のこと。通常、目盛りより短い線で表示される。

補助目盛線
目盛線と目盛線の間に表示する補助的な線のこと。通常、目盛線より目立たない書式で表示される。例えば、目盛線の間隔を「100」、補助目盛線の間隔を「10」とすると、目盛線と目盛線の間に9本の補助目盛線が引かれる。
→目盛線

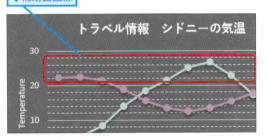

補助目盛の種類
補助目盛の表示方法を設定する設定項目。［なし］［内向き］［外向き］［交差］の4つから選択する。
→補助目盛

マーカー
数値の大きさを示す図形のこと。折れ線グラフでは、元データの数値の位置に円や四角形などのマーカーが表示され、隣り合うマーカー同志が線で結ばれる。
→グラフ

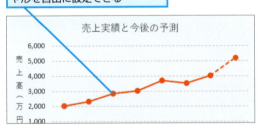

目盛
数値軸や項目軸を等間隔に区切る短い線のこと。例えば、目盛りの間隔を「100」と設定した縦（値）軸で目盛を表示すると、100間隔で区切り線が表示される。
→縦（値）軸

目盛線
軸からプロットエリアに伸ばす線のこと。目盛線を表示すると、数値軸の数値や項目軸の項目名とグラフとの対応が分かりやすくなる。例えば、縦（値）軸の目盛線の間隔を「100」とすると、縦（値）軸に数値が「0、100、200……」と振られ、各数値に対応する目盛線が引かれる。
→グラフ、縦（値）軸、プロットエリア

目盛の種類
目盛りの表示方法を設定する設定項目。［なし］［内向き］［外向き］［交差］の4つから選択する。

面グラフ
数値データの変化を面で表したグラフ。折れ線グラフの下を塗りつぶしたような体裁をしている。
→グラフ

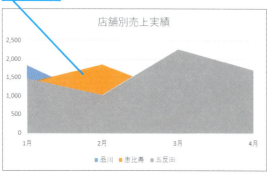

要素の間隔
棒グラフの棒同士の距離を指定する機能。要素の間隔を狭くすると、棒が太くなる。また、要素の間隔を「0」にすると棒同士がぴったりくっつく。
→グラフ

横（値）軸
横棒グラフや散布図などでプロットエリアの下端に表示される数値の大きさを示す軸。軸は位置を基準に縦軸と横軸、用途を基準に数値軸と項目軸に分けられるが、横軸の数値軸を「横（値）軸」と呼ぶ。
→グラフ、プロットエリア

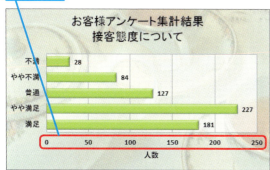

横（値）軸の位置や最小値、最大値は設定で変更できる

横（項目）軸
縦棒グラフや折れ線グラフなどでプロットエリアの下端に表示される項目名を配置した軸。軸は位置を基準に縦軸と横軸、用途を基準に数値軸と項目軸に分けられるが、横軸の項目軸を「横（項目）軸」と呼ぶ。
→グラフ、プロットエリア

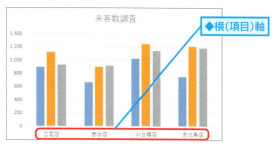

ラベル
文字を表示するグラフ要素の総称。データラベルや軸ラベルなどがある。また、軸に表示される数値や項目名をラベルと呼ぶこともある。
→グラフ要素、軸ラベル、データラベル

ラベルの間隔
横（項目）軸や縦（項目）軸などの項目軸で、項目名を表示する間隔のこと。例えば、ラベルの間隔の単位として「2」を指定すると、項目名が1つ置きに表示される。
→縦（項目）軸、横（項目）軸、ラベル

リボン
Excelの機能を実行するためのボタンが並んでいる、画面上部に表示される帯状の領域のこと。ボタンは機能別に「タブ」に分類されており、タブはさらに「グループ」別に分類されている。タブの構成は、選択状況や作業状況に応じて変わる。

リンク貼り付け
コピーしたデータの貼り付け方法の1つ。貼り付けられたデータは、コピー元のデータと合わせて更新されるように、コピー元のデータとの関連付けが保持される。

ワークシート
データを入力したり、グラフを作成したりする場所のこと。1つのワークシートは、1,048,576行×16,384列のセルから構成される。Excelのシートには、ワークシートのほか、グラフ表示専用のグラフシートがある。
→グラフ、グラフシート、セル

ワードアート
Office製品に搭載された文字の装飾機能のこと。文字を立体化したり、波線状に並べたりして、インパクトのある文字を作成できる。

索　引

アルファベット
#VALUE!――――――――――――――210

記号・数字
100%積み上げ縦棒グラフ――――――――188
100%積み上げ横棒グラフ――――――――188
2軸グラフ―――――――――25, 138, 368
3-D円グラフ――――――――――――244
3-D回転――――――――――――――167
3-Dグラフ――――――――――――――166
3-D集合縦棒グラフ―――――――――166
3-D縦棒――――――――――――――168
3-D等高線グラフ――――――――――273
3-Dドーナツ――――――――――――244
3-D面グラフ――――――――――――224
ABC分析―――――――――――――340
Excel Online―――――――――364, 368
FREQUENCY関数――――――――304, 368
IFERROR関数――――――――――211, 368
IF関数――――――――――323, 341, 368
MAX関数――――――――――――――325
Microsoft Edge――――――――――364
Microsoftアカウント―――――――363, 368
MIN関数――――――――――――――325
N/A関数―――――――――――――368
NA関数―――――――――――209, 210
OneDrive――――――――――363, 368
　　Webページ――――――――――364
　　共有―――――――――――――365
　　ブラウザー――――――――――364
People Graph――――――――165, 368
PPMグラフ――――――――――――296
QUARTILE.EXC関数―――――――――324
SERIES関数―――――――――122, 368
SQRT関数――――――――――241, 368
SUM関数―――――――――――――368
XYZグラフ――――――――――――272
XYグラフ――――――――――――――270
Zチャート―――――――――336, 338

ア
アップロード―――――――――――363
印刷プレビュー――――――――41, 369
ウォーターフォール図―――――――354
エクスプローラー―――――――――363
絵グラフ――――――――――――――162
エラー値――――――――――――――369
円グラフ――――――――――――24, 230
　　回転――――――――――235, 261
　　コピー――――――――――――240

データラベルの追加――――――――231
円錐グラフ―――――――――――――168
オートフィル―――――――――306, 369
おすすめグラフ―――――――30, 133, 369
オブジェクトの配置――――――――――38
折れ線グラフ―――――――――24, 200
　　図形の塗りつぶし―――――――201
　　図形の枠線――――――――――201
　　データ要素を線で結ぶ――――――208
　　非表示および空白のセル――――209

カ
階層構造グラフの挿入―――――250, 253
階段グラフ―――――――――――――300
株価チャート――――――――326, 350
カラーリファレンス―――33, 112, 114, 243, 369
関数
　　FREQUENCY関数――――――――304
　　IFERROR関数――――――――――211
　　IF関数―――――――――323, 341
　　MAX関数――――――――――――325
　　MIN関数――――――――――――325
　　NA関数―――――――――209, 210
　　QUARTILE.EXC関数――――――――324
　　SERIES関数――――――――――122
　　SQRT関数――――――――――――241
ガントチャート―――――――――――330
行――――――――――――――――124
　　再表示―――――――――――――125
　　非表示―――――――――――――125
行/列の切り替え―――――――――――32
共有――――――――――――――――365
近似曲線――――――――――278, 280
クイックアクセスツールバー――30, 217, 369
クイックスタイル――――――――243, 369
クイック分析ツール――――――――31, 369
クイックレイアウト――80, 231, 237, 250, 256, 369
区切り文字―――――――――232, 264, 369
区分線――――――――――177, 198, 303, 369
グラデーション―――――――――――62
　　分岐点――――――――――――63
　　方向―――――――――――――64
グラフ――――――――――――24, 370
　　移動―――――――――――――36
　　色の変更――――――――――――48
　　印刷―――――――――――――40
　　オブジェクトの配置――――――――38
　　影――――――――――――――69
　　グラデーション――――――――――62
　　グラフスタイル――――――――――48

グラフの移動 ……………………… 45
グラフの種類の変更 …………… 35, 140
コピー ……………………… 254, 259
サイズとプロパティ ……………… 242
サイズ変更 ………………………… 36
作成 ………………………………… 28
白黒印刷 …………………………… 43
図形の効果 ………………………… 66
セルに合わせて移動するがサイズ変更はしない … 39, 125
テンプレート …………………… 366
配置 ………………………………… 38
フォントサイズ …………………… 52
グラフエリア ──────── 26, 33, 370
画像の挿入 ………………………… 61
角を丸くする ……………………… 68
図形の効果 ………………………… 68
図の挿入 ………………………… 153
テクスチャ ………………………… 58
グラフシート ──────── 44, 370
グラフスタイル ───── 27, 48, 370
グラフタイトル ── 26, 28, 30, 370
削除 ……………………… 30, 83, 251
セルの参照 ………………………… 82
追加 ………………………………… 83
フォントサイズ …………………… 52
グラフツール ──────── 27, 370
グラフの移動 ──────────── 45
グラフの基線位置 ─────────── 235
グラフの種類の変更 ── 158, 179, 213, 225
グラフフィルター ───── 115, 121, 370
グラフボタン ───── 115, 231, 370
グラフ要素 ──────── 26, 370
グラフエリア ……………………… 26
グラフタイトル …………………… 26
系列 ……………………………… 26
軸ラベル ………………………… 140
縦（値）軸 ……………………… 26
縦（値）軸ラベル ……………… 26
データ要素 ……………………… 26
名前 ……………………………… 60
凡例 ……………………………… 26
プロットエリア ………………… 26
横（項目）軸 …………………… 26
横（項目）軸ラベル …………… 26
系列 ──────── 26, 54, 370
上へ移動 ………………………… 176
拡大縮小と積み重ね …………… 164
系列の重なり …………………… 148
誤認識 …………………………… 133
削除 ……………………… 113, 134
下へ移動 ………………………… 175
順序 ……………………… 134, 174
図の挿入 ………………………… 163

選択 ……………………………… 134
第2軸 …………………………… 183
透明度 …………………………… 215
塗りつぶし ……………… 163, 215
貼り付け ………………………… 294
要素の間隔 ……………… 147, 215
系列の重なり ──────── 148, 345, 370
系列名 ──────────── 217, 370
桁区切りスタイル ──────────── 341
コピー
グラフ ……………… 240, 254, 259
ショートカットキー …………… 241
数式 ……………… 190, 323, 337
セル範囲 ………………………… 117
コンテキストタブ ──────── 27, 370

サ
サイズとプロパティ ──────────── 242
サインイン ──────────────── 363
作業ウィンドウ ── 27, 102, 276, 316, 371
三角関数 ──────────────── 270
サンバースト ──────────────── 250
散布図 ──────────── 156, 270, 278
2系列 …………………………… 281
シートとリンクする ──────────── 131
軸の種類 ──────────────── 371
軸の反転 ──────────────── 160
軸ラベル ──────────── 84, 123, 371
移動 ……………………………… 87
削除 ……………………… 87, 140
縦書き …………………………… 86
追加 …………………………… 140
指数関数 ──────────────── 270
四則演算 ──────────────── 210
四分位数 ──────────── 324, 327
集合縦棒 ──────────────── 29
主要プロット ──────────────── 371
上下対称グラフ ──────────── 24, 192
じょうごグラフ ──────────────── 357
ショートカットキー ── 117, 257, 327, 371
改行 …………………………… 136
コピー …………………………… 241
貼り付け ……………… 117, 241, 327
［書式］タブ ──────────────── 27
シリアル値 ──────────── 332, 371
白黒印刷 ──────────────── 43, 371
数式 ──────────── 122, 189, 193, 210
コピー …………………… 190, 323, 337
削除 …………………………… 211
数式バー ──────────── 247, 305, 371
図形 ──────────────────── 371
図形の効果 ──────────────── 246
図形の書式設定 ──────────────── 76

できる **377**

図形のスタイル	27, 77, 371
図形の挿入	74, 245
図形の塗りつぶし	56, 201, 246, 277
図形の効果	371
図形の高さ	38
図の挿入	153, 163
スパークライン	358, 371
種類	359
スタイル	360
頂点（山）	360
絶対参照	189, 337, 372
セル	372
セル範囲	29, 112, 116
形式を選択して貼り付け	193
図としてコピー	95
相関関係	278
相対参照	189, 337, 372

タ

第1横軸	140
第2軸	157, 328
第2軸縦（値）軸	159, 372
最大値	296, 329
第2軸横（値）軸	157, 372
最小値	184
第2軸横（項目）軸	298, 347
第2縦軸	297
第2横軸	298, 347
対数関数	270
縦（値）軸	26, 84, 138, 285, 372
最小値	104
最大値	104, 221
表示形式	150
表示単位	106
補助目盛線の追加	207
横軸との交点	291
縦（値）軸目盛線	71
縦（値）軸ラベル	26
縦（項目）軸	372
軸を反転する	161, 334
中央値	324, 327
積み上げ縦棒グラフ	24
順序	174
データラベル	178
積み上げ面グラフ	218
積み上げ横棒グラフ	182
ガントチャート	330
ツリーマップ	253
データソースの選択	114, 120, 175, 372
データテーブル	372
削除	95
表示	95
データの吹き出し	233, 286, 289, 372

データ範囲	29, 373
カラーリファレンス	33, 112
選択	321
追加	157
貼り付け	117
非表示	124
非表示および空白のセル	125
非表示の行と列のデータを表示する	125
変更	112, 114, 179, 243
データ要素	26, 54, 216, 373
図形の塗りつぶし	56
選択	235
塗りつぶしの色	155
データラベル	80, 90, 92, 178, 185, 373
位置	180
移動	92
系列名	191, 217, 223
追加	216, 222
データの吹き出し	91, 233, 286
分類名	232, 317
ラベルテキストのリセット	239
ラベルの内容	93
データラベル図形の変更	289
テキスト軸	126, 353, 373
テクスチャ	58
［デザイン］タブ	27
テンプレート	366, 373
統計グラフの挿入	309, 355
等高線グラフ	272, 275
透明度	215, 269
ドーナツグラフ	25, 244, 247, 248
ドーナツの穴の大きさ	251
度数分布表	304, 309

ハ

パーセントスタイル	255, 373
配列数式	305
箱ひげ図	25, 320, 322, 326
特異点	322
平均マーカーを表示する	322
バブルサイズ	288
バブルサイズの調整	284
バブルチャート	24, 282
2系列	289
パレート図	25, 340
Excel 2016	345
半ドーナツグラフ	254
ハンドル	373
凡例	26, 28, 277, 373
移動	89
入れ替え	32
系列の編集	121
削除	89, 221, 231, 301

凡例項目	120, 373
順序	134
ピープルグラフ	165
ヒストグラム	304
Excel 2016	308
ビンの幅	309
日付軸	126, 373
間隔	128
単位	128
補助目盛り	128
目盛りの間隔	128
表示形式	109, 131, 152, 189, 194, 268, 312, 373
シートとリンクする	131
ユーザー定義	312
表示形式コード	131, 155, 194, 373
表示単位	106, 373
表示単位ラベル	108
ピラミッドグラフ	25, 310
フィルハンドル	190, 193, 323, 326, 373
フォント	373
フォントサイズ	52
複合グラフ	138, 218, 342, 373
Excel 2010	141, 220
Excel 2013	139, 219
Excel 2016	139, 219
複合グラフの挿入	139
ブック	374
ブラウザー	364
プロットエリア	26, 212, 290, 374
テクスチャ	58
透過性	60
分岐点	63, 374
分類名	232, 264, 317, 374
棒グラフ	24
3-D回転	167
系列の重なり	148
要素の間隔	146
ポジショニングマップ	290
補助円グラフ付き円グラフ	236, 239
補助縦棒	374
補助縦棒付き円グラフ	236
補助プロットの値	238
補助プロット	374
補助目盛	374
補助目盛線	374
補助目盛線の追加	207
補助目盛の種類	130, 374

マ

マーカー	200, 204, 269, 374
種類	203
目盛	130, 206, 374
目盛線	70, 374

目盛線の追加	205
目盛の間	206
目盛の種類	73, 130, 375
面グラフ	25, 375
文字の塗りつぶし	247

ヤ

要素の間隔	146, 215, 302, 375
要素を塗り分ける	57, 284
横（値）軸	375
最小値	187
最大値	285
軸位置	222
横軸との交点	161
横（項目）軸	26, 84, 375
改行	119, 136
行／列の切り替え	33
縦書き	98, 136
テキスト軸	126
日付軸	126
表示形式	131
フォントサイズの縮小	119
編集	134
文字列の方向	98
ラベルの位置	101, 195
横（項目）軸目盛線	204
横（項目）軸ラベル	26, 123
横軸との交点	161, 291
横棒グラフ	24
ピラミッドグラフ	310
要素の間隔	146

ラ

ラベル	27, 375
ラベルテキストのリセット	239, 252
ラベルの位置	195
ラベルの間隔	375
リボン	27, 375
リンク貼り付け	375
［レイアウト］タブ	27
レーダー（値）軸	267
最大値	268
レーダーチャート	24, 266
ローソク足	353

ワ

ワークシート	40, 311, 375
ワードアート	375
ワードアートのスタイル	243

できるサポートのご案内

できるシリーズの書籍の記載内容に関する質問を下記の方法で受け付けております。

電話 | **FAX** | **インターネット** | **封書によるお問い合わせ**

質問の際は以下の情報をお知らせください

① 書籍名、ページ
② 書籍の裏表紙にある**書籍サポート番号**
③ お名前　④ 電話番号
⑤ 質問内容（なるべく詳細に）
⑥ ご使用のパソコンメーカー、機種名、使用OS
⑦ ご住所　⑧ FAX番号　⑨ メールアドレス

※電話での質問の際は①から⑤までをお聞きします。
　電話以外の質問の際にお伺いする情報については
　下記の各サポートの欄をご覧ください。

※**上記の場所にサポート番号が記載されていない書籍はサポート対象外です。ご了承ください。**

質問内容について

サポートはお手持ちの書籍の記載内容の範囲内となります。下記のような質問にはお答えしかねますのであらかじめご了承ください。

- ●書籍の記載内容の範囲を超える質問
　書籍に記載されている手順以外のご質問にはお答えできない場合があります。
- ●対象外となっている書籍に対する質問
- ●ハードウェアやソフトウェア自体の不具合に対する質問
　書籍に記載されている動作環境と異なる場合、適切なサポートができない場合があります。
- ●インターネットの接続設定、メールの設定に対する質問
　直接、入会されているプロバイダーまでお問い合わせください。

サービスの範囲と内容の変更について

- ●本サービスは、該当書籍の奥付に記載されている最新発行年月日から5年を経過した場合、もしくは該当書籍が解説する製品またはサービスの提供会社が、製品またはサービスのサポートを終了した場合は、ご質問にお答えしかねる場合があります。
- ●本サービスは、都合によりサービス内容・サポート受付時間などを変更させていただく場合があります。あらかじめご了承ください。

電話サポート 0570-000-078（東京）/ 0570-005-678（大阪）
（月～金 10:00～18:00、土・日・祝休み）

- ・サポートセンターでは質問内容の確認のため、最初に**書籍名、書籍サポート番号、ページ数、レッスン番号**をお伺いします。そのため、ご利用の際には**必ず対象書籍をお手元にご用意ください。**
- ・サポートセンターでは確認のため、お名前・電話番号をお伺いします。
- ・多くの方からの質問を受け付けられるよう、1回の質問受付時間をおよそ15分までとさせていただきます。
- ・質問内容によってはその場で答えられない場合があります。あらかじめご了承ください。
　※本サービスは、東京・大阪での受け付けとなります。**東京・大阪までの通話料はお客様負担となります**ので、あらかじめご了承ください。
　※海外からの国際電話、PHS・携帯電話、一部のIP電話などではご利用いただけません。

FAXサポート 0570-000-079 （24時間受付、回答は2営業日以内）

- ・必ず上記、①から⑧までの情報をご記入ください。（※メールアドレスをお持ちの方は⑨まで）
　○A4用紙推奨。記入漏れがあると、お答えしかねる場合がございますのでご注意ください。
- ・質問の内容が分かりにくい場合はこちらからお問い合わせする場合もございます。ご了承ください。
　※インターネットからFAX用質問フォームをダウンロードできます。 http://book.impress.co.jp/support/dekiru/
　※海外からの国際電話、PHS・携帯電話、一部のIP電話などではご利用いただけません。

インターネットサポート http://book.impress.co.jp/support/dekiru/ （24時間受付、回答は2営業日以内）

- ・インターネットでの受付はホームページ上の専用フォームからお送りください。

封書によるお問い合わせ
（回答には郵便事情により数日かかる場合があります）

〒101-0051
東京都千代田区神田神保町一丁目105番地
株式会社インプレス できるサポート質問受付係

- ・必ず上記、①から⑦までの情報をご記入ください。（※FAX、メールアドレスをお持ちの方は⑧または⑨まで）
　○記入漏れがあると、お答えしかねる場合がございますのでご注意ください。
- ・質問の内容が分かりにくい場合はこちらからお問い合わせする場合もございます。ご了承ください。
　※アンケートはがきによる質問には応じておりません。ご了承ください。

本書を読み終えた方へ
できるシリーズのご案内

シリーズ7000万部突破※1　売上No.1※2 ベストセラー

※1：当社調べ　※2：大手書店チェーン調べ

Excel 関連書籍

できるExcel 2016
Windows 10/8.1/7対応

小舘由典 &
できるシリーズ編集部
定価：本体1,140円＋税

レッスンを読み進めていくだけで、思い通りの表が作れるようになる！ 関数や数式を使った表計算やグラフ作成、データベースとして使う方法もすぐに分かる。

できるExcel データベース
大量データのビジネス活用に役立つ本
2016/2013/2010/2007対応

早坂清志 &
できるシリーズ編集部
定価：本体1,980円＋税

Excelをデータベースのように使いこなして、大量に蓄積されたデータを有効活用しよう！ データ収集や分析に役立つ方法も分かる。

できるExcel マクロ&VBA
作業の効率化＆スピードアップに役立つ本
2016/2013/2010/2007対応

小舘由典 &
できるシリーズ編集部
定価：本体1,580円＋税

マクロとVBAを駆使すれば、毎日のように行っている作業を自動化できる！ 仕事をスピードアップできるだけでなく、VBAプログラミングの基本も身に付きます。

できるExcel ピボットテーブル
データ集計・分析に役立つ本
2016/2013/2010対応

門脇香奈子 &
できるシリーズ編集部
定価：本体2,300円＋税

大量のデータをあっという間に集計・分析できる「ピボットテーブル」を身に付けよう！「準備編」「基本編」「応用編」の3ステップ解説だから分かりやすい！

できるExcel パーフェクトブック
困った！＆便利ワザ大全
2016/2013/2010/2007対応

きたみあきこ &
できるシリーズ編集部
定価：本体1,680円＋税

仕事で使える実践的なワザを約800本収録。データの入力や計算から関数、グラフ作成、データ分析、印刷のコツなど、幅広い応用力が身に付く。

できるExcel 関数&マクロ 困った！＆便利技 パーフェクトブック
2013/2010/2007対応

羽山 博・吉川明広 &
できるシリーズ編集部
定価：本体1,980円＋税

関数とマクロの活用ワザを400以上網羅！ 思いのままにデータを活用する方法が身に付く。豊富な図解で、基本から詳しく解説しているので、すぐに仕事に生かせる。

Windows 関連書籍

できるWindows 10

法林岳之・一ヶ谷兼乃・清水理史 &
できるシリーズ編集部
定価：本体1,000円＋税

できるWindows 10 活用編

清水理史 &
できるシリーズ編集部
定価：本体1,480円＋税

できるWindows 10 パーフェクトブック
困った！＆便利ワザ大全

広野忠敏 &
できるシリーズ編集部
定価：本体1,480円＋税

読者アンケートにご協力ください！
http://book.impress.co.jp/books/1115101141

このたびは「できるシリーズ」をご購入いただき、ありがとうございます。
本書はWebサイトにおいて皆さまのご意見・ご感想を承っております。
気になったことやお気に召さなかった点、役に立った点など、
皆さまからのご意見・ご感想をお聞かせいただき、
今後の商品企画・制作に生かしていきたいと考えています。
お手数ですが以下の方法で読者アンケートにご回答ください。
ご協力いただいた方には抽選で毎月プレゼントをお送りします！

※プレゼントの内容については、「CLUB Impress」のWebサイト
（http://book.impress.co.jp/）をご確認ください。

ご意見・ご感想をお聞かせください！

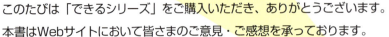

❶URLを入力して Enter キーを押す

❷[読者登録する]をクリック

◆会員登録がお済みの方
IDとパスワードを入力してアンケートページに進む

◆会員登録をされていない方
会員登録のうえ、アンケートページに進む

※Webサイトのデザインやレイアウトは変更になる場合があります。

アンケートに初めてお答えいただく際は、「CLUB Impress」（クラブインプレス）にご登録いただく必要があります。読者アンケートに回答いただいた方より、毎月抽選でVISAギフトカード（1万円分）や図書カード（1,000円分）などをプレゼントいたします。なお、当選者の発表は賞品の発送をもって代えさせていただきます。

 本書の内容に関するお問い合わせは、無料電話サポートサービス「できるサポート」をご利用ください。詳しくは380ページをご覧ください。

■著者

きたみあきこ

東京都生まれ。神奈川県在住。テクニカルライター。
お茶の水女子大学理学部化学科卒。大学在学中に、分子構造の解
析を通してプログラミングと出会う。プログラマー、パソコンイ
ンストラクターを経て、現在はコンピューター関係の雑誌や書籍
の執筆を中心に活動中。
近著に『できるポケット Excel困った！＆便利技 200 2016/
2013/2010対応』『できるExcelパーフェクトブック困った！＆
便利ワザ大全 2016/2013/2010/2007対応』『Excelお悩み解決
BOOK 2013/2010/2007対応（できる for Woman）』（以上、イ
ンプレス）、『この一冊でぜんぶわかる！エクセルの裏ワザ・基本
ワザ大全』（青春出版社）などがある

●Office Kitami ホームページ
http://www.office-kitami.com/

STAFF

本文オリジナルデザイン	川戸明子
シリーズロゴデザイン	山岡デザイン事務所<yamaoka@mail.yama.co.jp>
カバーデザイン	ドリームデザイングループ 株式会社ボンド
カバーモデル写真	©taka - Fotolia.com
本文イメージイラスト	廣島　潤
本文イラスト	松原ふみこ・福地祐子
DTP制作	株式会社トップスタジオ
	町田有美・田中麻衣子
編集協力	進藤　寛
デザイン制作室	今津幸弘<imazu@impress.co.jp>
	鈴木　薫<suzu-kao@impress.co.jp>
制作担当デスク	柏倉真理子<kasiwa-m@impress.co.jp>
編集	株式会社トップスタジオ（藤田拓志・加島聖也）
デスク	小野孝行<ono-t@impress.co.jp>
編集長	大塚雷太<raita@impress.co.jp>
オリジナルコンセプト	山下憲治

本書は、Excel 2016を使ったパソコンの操作方法について2016年3月時点での情報を掲載しています。紹介しているハードウェアやソフトウェア、各種サービスの使用方法は用途の一例であり、すべての製品やサービスが本書の手順と同様に動作することを保証するものではありません。
本書の内容に関するご質問は、380ページに記載しております「できるサポートのご案内」をよくお読みのうえ、お問い合わせください。なお、本書発行後に仕様が変更されたハードウェアやソフトウェア、各種サービスの内容等に関するご質問にはお答えできない場合があります。また、以下のご質問にはお答えできませんのでご了承ください。
・書籍に掲載している操作以外のご質問
・書籍で取り上げているハードウェア、ソフトウェア、各種サービス以外のご質問
・ハードウェアやソフトウェア、各種サービス自体の不具合に関するご質問
本書の利用によって生じる直接的、または間接的な被害について、著者ならびに弊社では一切の責任を負いかねます。あらかじめご了承ください。

●落丁・乱丁本はお手数ですがインプレスカスタマーセンターまでお送りください。送料弊社負担にてお取り替えさせていただきます。但し、古書店で購入されたものについてはお取り替えできません。

■読者の窓口
インプレスカスタマーセンター
〒101-0051　東京都千代田区神田神保町一丁目105番地
TEL　03-6837-5016　／　FAX　03-6837-5023
info@impress.co.jp

■書店／販売店のご注文窓口
株式会社インプレス 受注センター
TEL　048-449-8040　／　FAX　048-449-8041

できるExcel グラフ

魅せる＆伝わる資料作成に役立つ本　2016/2013/2010対応

2016年4月21日　初版発行

著　者　きたみあきこ＆できるシリーズ編集部

発行人　土田米一

編集人　高橋隆志

発行所　株式会社インプレス
　　　　〒101-0051　東京都千代田区神田神保町一丁目105番地
　　　　TEL　03-6837-4635（出版営業統括部）
　　　　ホームページ　http://book.impress.co.jp/

本書は著作権法上の保護を受けています。本書の一部あるいは全部について（ソフトウェア及びプログラムを含む）、株式会社インプレスから文書による許諾を得ずに、いかなる方法においても無断で複写、複製することは禁じられています。

Copyright © 2016 Akiko Kitami and Impress Corporation. All rights reserved.

印刷所　株式会社廣済堂
ISBN978-4-8443-8045-0 C3055

Printed in Japan